新时代

铁路客站建造新技术

（技术卷）

中铁建工集团有限公司 编

中国建筑工业出版社

图书在版编目（CIP）数据

新时代铁路客站建造新技术. 技术卷/中铁建工集团有限公司编.—北京：中国建筑工业出版社，2023.6

　　ISBN 978-7-112-28846-5

　　I.①新…　II.①中…　III.①铁路车站—客运站—建筑设计—研究—中国　IV.①TU248.1

　　中国版本图书馆CIP数据核字（2023）第112585号

本书采用案例的方式，分别从结构施工技术和装饰技术两个方面，系统介绍了当前中国铁路大中型客站采用的先进适用建造技术。

当前中国的大型客站，尤其是枢纽型客站，正在向 TOD 站城融合模式快速发展，规模和体量都有巨大的提升，也因此，为铁路客站施工技术的发展带来了有利的发展机遇。

大型枢纽客站建设类型多样，本书重点介绍了桥建合一型结构体系、大型双层复杂车场结构体系、复杂清水混凝土结构体系、重型和大跨度钢结构系统制作安装技术、铁路客站装配式结构、超深全地下车站结构体系等的施工技术，同时对大型交通建筑屋面系统施工技术、新型站台和雨棚施工技术、复杂异形混凝土雨棚技术、新型幕墙技术，以及营业线施工技术等也进行了全面的案例介绍。

随着中国铁路步入新时代，中国铁路客站的装饰装修技术得到了快速发展，装修装饰水平不断提高，能力不断增强，本书系统介绍了铁路客站装饰装修的深化设计管理，结合数字技术的虚拟仿真技术应用，装饰装修工业化装配化的技术发展趋势，以及新材料的应用，系统全面地介绍了当前铁路客站装饰装修技术的发展情况。

本书可供从事铁路客站建设的设计、施工、监理、咨询的工程技术人员、管理人员学习参考，也可供铁路工程运营管理及相关领域的科研人员、高等院校师生参考。

（除特别说明外，本书中尺寸和规格的单位为毫米）

责任编辑：王华月　张　磊
责任校对：芦欣甜
校对整理：张惠雯

新时代铁路客站建造新技术（技术卷）
中铁建工集团有限公司　编

*

中国建筑工业出版社出版、发行（北京海淀三里河路9号）
各地新华书店、建筑书店经销
北京点击世代文化传媒有限公司制版
北京富诚彩色印刷有限公司印刷

*

开本：787毫米×1092毫米　1/16　印张：23¾　字数：576千字
2023年8月第一版　2023年8月第一次印刷
定价：**96.00**元
ISBN 978-7-112-28846-5
　　　（41254）

编委会

序

百余年来，中国铁路从无到有、从探索到突破、从低速到高速、从引进到创造，科技创新推动铁路实现历史性、整体性的重大变化，取得世界瞩目的巨大成就。如今，全国铁路营业里程多达 15.5 万 km 以上，其中高铁超过 4.2 万 km，是全球高铁规模最大、速度最快、成网运营场景最丰富的国家。这是科技进步造福人民的重大范例，是人类交通史上的奇迹！

铁路客站如同一个纽带，把铁路与城镇联系在一起，精彩纷呈。中国铁路客站施工技术历经多次迭代更新，取得了长足的发展和进步。如今，广泛运用的标准化、智能化、机械化、工厂化等技术，凝聚着数代铁路客站建设者不懈的追求与创新的智慧！

党的十八大以来，中国国家铁路集团有限公司针对铁路客站建设提出"畅通融合、绿色温馨、经济艺术、智能便捷"的指导方针，建设"精心、精细、精致"精美站房的总体要求，为新时代铁路客站建造技术的发展提供了依据和指南。

贯彻落实中国国家铁路集团有限公司铁路客站建设指导方针与总体要求，铁路客站的建设技术快速高质量发展。客站建筑形体、交通功能、服务功能与城市融合越来越紧密；客站节能、环保等绿色建筑要求得到深入贯彻；室内装饰以人为本，致力于为旅客提供温馨舒适的候车环境；在充分考虑建筑功能实现的基础上，深入结合地域文化、历史文化、城市文化，开展设计创新，展现民族文化自信；深度应用智能化、信息化等技术，为旅客提供现代、快捷、舒适、环保的服务，为客站运营管理提供了高效的技术手段。

近年来，在中国国家铁路集团有限公司和各级建设单位的推动下，建成运营了一批高品质的铁路客站工程。如 2017 年的厦门站，2018 年的千岛湖站、杭州南站，2019 年的颍上北站，2020 年的南通西站，2021 年的平潭站、嘉兴站、雄安站，2022 年的北京丰台站、郑州航空港站、杭州西站等，都是在中国国家铁路集团有限公司铁路客站建设指导方针、总体要求下建成的精品客站，为铁路客站建设起到了积极的样板引导作用。

在新时代铁路客站建设中，结合铁路客站多专业、多学科、系统集成的特点，管理技术有了突出的创新。广泛引入绿色建造技术，节能减排降碳成为建设过程中重要的技术发展要求和管理要素；信息技术、数字技术的发展，使建设管理技术集约化的发展成为可能；深入运用基于BIM的物联网技术和综合信息管理技术，使客站建设的高效集成化成为现实；信息技术支持下物联网的发展，为铁路客站发展智慧工地管理提供了技术和设备条件，大幅提升了铁路客站建设的效率和安全性；大型铁路客站建设普遍应用基于大数据、物联网支持的网格化管理方法，促进了建造的标准化、程序化、智慧化，为优质、高效施工提供了技术支持。

已经建成运营的雄安站、北京丰台站、杭州西站、郑州航空港站等特大型高铁客站，在施工技术创新方面成就卓越，代表着中国大型交通综合枢纽建设的高质量、高水平。清河站采用桥建合一结构施工技术，郑州东站、杭州西站采用建构合一预应力结构施工技术等，为高强高性能混凝土结构体系在大型震动交通建筑中的应用，起到了积极的实践意义；北京丰台站是首座高铁、普速双层车场并融合多条地铁的综合交通枢纽，其双层复杂结构体系施工技术、重型钢结构数字化建造全生命周期施工技术的应用，为站场、站房建设再创新起到了良好的借鉴作用；雄安站、郑州航空港站采用大跨装配式清水混凝土结构，具有形态复杂、构件跨度大、体量巨大、清水饰面要求高等特点，大型装配式清水混凝土结构的成功，是中国高铁客站结构施工技术发展的又一个里程碑。

同时，中国的高铁客站在超深全地下车站建造技术、新颖异型站台雨棚施工技术、大跨度大体量钢结构屋盖系统整体提升或累计滑移技术、超大面积屋面系统综合施工技术、装配式结构施工技术、新型复杂幕墙施工技术、营业线施工技术、精品站房装饰装修施工技术等方面，进行了大量的科技研发，为高铁客站施工技术的进步和发展，积累了丰富的经验。

铁路客站建设，全面展现了中国建造、中国智造的能力和水平。展望未来，随着综合性交通枢纽、TOD型交通枢纽的快速发展，"交通综合""站城融合"和"站城一体化"交通基础设施建设将对城市化、城镇化进程发展起到重要的牵引作用。铁路客站建设将继续在智慧建造与数字化施工、建筑施工智能化、建筑工业化装配化、绿色低碳可持续发展方面，不断创新发展，不仅引领着中国建筑行业的发展趋势，更代表着中国创造走向世界的时代跨越。

本书从铁路客站施工管理、结构施工、装饰施工等方面，比较系统、全面地总结了新时代铁路客站建造所采用的新技术，并采用案例的形式，对铁路客站管理创新、技术创新和呈现效果进行了全面的展示，为中国铁路客站精品工程建设提供了有益的借鉴和参考。

中国工程院院士

2023 年 8 月

前言

截至 2022 年底,中国铁路营业里程达到 15.5 万 km,其中高铁 4.2 万 km。建成世界最大的高速铁路网络,路网覆盖全国 99% 的 20 万以上人口城市和 81.6% 的县,高铁通达 94.9% 的 50 万人口以上城市,营业客站已经建成近 3000 座。

高铁客站是交通建筑的一个分支,是公共运输交通中的交换点,属于大型综合交通枢纽,始终处于高强度的抗振动环境中。随着社会的变迁,时代的进步,中国的高铁车站正在向站城融合、TOD 模式快速发展,由此也导致铁路客站施工技术出现了新的积极的变化和大规模的创新发展。

新时代,已经建成的枢纽型大型客站,如北京丰台站、雄安站、杭州西站、郑州航空港站,以及目前正在建设中的广州白云站、重庆西站、福州南站、南昌东站等,都广泛运用了大量的创新技术,推动着中国建筑业的进步与发展,引领着世界交通建筑的发展潮流。

高铁客站创新技术的发展,可以分成主要的六类,分别是混凝土结构施工技术、钢结构施工技术、地下结构施工技术、围护系统施工技术、营业线施工技术、装饰装修施工技术等。

混凝土结构技术创新,主要有大型桥建合一型结构体系、大型建构合一型结构体系、复杂清水混凝土结构体系、装配式结构体系、复杂异形站台雨棚结构体系等,这些结构体系相关的施工技术在丰台站、雄安站、郑州航空港站、杭州西站、广州白云站得到了广泛的运用,为大体量、大跨度、复杂结构体系下高铁站房的建设,积累了丰富的经验。

钢结构施工技术创新,主要有重型钢结构制作与安装、大型劲性结构制作与安装、大型钢结构屋盖系统(提升、滑移、吊装)施工技术、大型重载垂直运输设备布置与部署等。丰台站重型钢结构制作与安装、杭州西站大型屋盖钢结构旋转提升等,都是钢结构施工技术比较大的创新与突破。

地下结构施工技术创新,主要是超深地下车站施工技术,地下车站建设所涉及之地下连续墙等围护结构,超大超深桩基施工技术、逆做法施工技术、顺逆结合施工技术、地下临时交通系统设计技术等。天津于家堡站是超深地下结构施工的典型代表，在地下结构施工创新方面具有良好的借鉴意义。

围护系统施工技术创新，主要是构成建筑外立面的建筑系统，包括屋面系统、幕墙系统等。由于建筑规模大小不一、建筑造型形体差异比较大，当今铁路客站基本应用于大型金属屋面系统和复杂大面积铝板玻璃复合幕墙系统，部分客站建筑设计有膜结构系统，特大型金属屋面系统、多形态复杂幕墙系统的施工技术创新，在铁路客站建设中极其广泛。在北京丰台站、杭州西站、随州站、自贡站施工中，对这类施工技术进行了丰富的实践，取得了很好的效果。

营业线施工是铁路客站建设中非常专业的施工技术类型，具有安全风险大、准备时间长、作业时间短、"天窗"作业等特点。在无锡站、镇江站、株洲站等客站站改施工中，围绕安全、快速、稳定、标准化管理，进行营业线的技术创新起到了良好的示范作用。

装饰装修施工技术创新，主要是铁路客站内装饰系统。新时代的铁路客站内装系统，改变了传统装饰散、乱、小的施工技术组织模式，注重以深化设计为基础的装饰准备工作。针对装饰装修越来越复杂的特征，广泛开展数字化虚拟仿真深化设计，并与工厂数据共享，研究推进模型数据化、单品工厂化、现场装配化、施工机械化作业，在杭州西站、福州南站、丰台站等客站的施工中，具有快速、安全，质量可控的特征，具有良好的推广应用效果。

此外，本书除对铁路客站先进施工技术的创新进行介绍外，也对新型装饰材料的应用、发展和技术创新进行了介绍，也是新时代铁路客站建设"四新"技术的重要组成部分。

本书包含了中铁建工集团和中国国家铁路集团有限公司、铁路系统各建设单位多年的科研成果和技术总结，同时也参考了国内外部分相关的研究成果和资料。在编写过程中，许多业内同行专家给予了大力支持，并提出宝贵建议，在此一并感谢。

由于经验、水平和能力的局限性，本书难免有一些不足和欠缺，愿与业内外专业人士共同探讨，也请行业内各位专家给予批评指正。

杨　煜　吉明军

2023 年 8 月于北京

目录

第 1 章
铁路客站施工新技术

1.1 大型桥建合一混合型结构体系施工技术

高铁车站由于受到列车运行振动荷载的影响，一般采用"桥建分离"与"桥建合一"两种形式，经过近二十多年对设计理论、结构体系、振动舒适度的研究以及工程实践，"桥建合一"以其简洁的结构布局与建筑功能流线融为一体，逐渐成为大型铁路枢纽站房的主流模式，早期出现了以京沪高铁的北京南站、上海虹桥站、南京南站等为代表的特大型高铁枢纽站房，截至目前国内已经建成了数十座桥建合一型的大型铁路枢纽站房。桥建合一型车站通过将承轨层框架结构与高架候车层大跨度结构体系融为一体，实现了大型客站的重大建筑创新，从建筑空间上自下而上分为出站层、站台层（承轨层）、高架候车层，实现了融合地铁、公交、出租、社会停车与高铁进出站等功能无缝衔接，真正实现了"站城融合"的设计理念。

国内目前在建的大型高铁站房一般采用"跨线高架站房"布局，到发线轨道层与高架站房共柱，综合考虑建筑布局与功能需求，承轨层结构、高架候车层结构、大跨度钢屋盖结构进行一体化设计。

1.1.1 清河站桥建合一结构施工技术

清河站是京张高铁第二站，担负着京张高铁普速及部分高铁的始发终到功能，缓解北京北交通压力，构建西北方向出京新交通门户。

清河站为线正上式车站站型，建筑面积为 14.6 万 m^2，地下 2 层，地上 2 层，局部夹层。站场规模为 5 台 10 线，岛式站台。铁路旅客流线为"上进下出"，地铁流线模式为"下进下出"模式，在地下一层实现国铁、地铁"零换乘"与安检互通。

清河站建筑造型采用曲面屋顶、抬梁式悬挑屋檐、简化的斗拱、柱廊等设计手法，展现北京古都风貌，凸显古都古韵、新貌新颜的同时，体现中国高铁客站发展建设新成果（图 1.1.1-1）。

图 1.1.1-1　清河站

1. 建筑结构特征

清河站主站房为桥建合一结构体系，与承轨桥梁的柱墩共用结构柱，承轨层桥墩之间完全独立，列车轨道梁及站台板结构通过支座在桥墩盖梁顶部连接，高架候车厅钢管混凝土柱下插于桥墩柱，结构从下到上形成"钢筋混凝土框架 - 承轨层桥墩 - 钢管混凝土柱钢框架 - 大跨度钢桁架屋盖"的桥建合一的复杂高层结构；结构基本柱网为 25m（7 跨）×21m（5 跨），候车层柱网变为 25×（84 ~ 42）m，建筑高度 43m（图 1.1.1-2）。

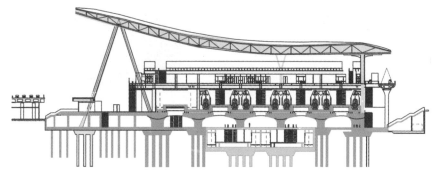

图 1.1.1-2　桥建合一特征

地下一层公共空间采用桥墩 + 盖梁结构形式，根据站场轨道布置，承托单线 U 形梁桥、双线 U 形梁桥。单线 U 形梁桥梁采用单线 25 m 及双线 U 形梁桥梁采用双线 25 m，均为预应力混凝土简支 U 形梁。U 形截面作为承轨结构支承轨道及列车，且兼作地下中部公共换乘空间的屋面结构。站台墙整体为"π"结构形式，并为"2+3+2"钢筋混凝土连续梁结构，顺轨方向主梁与 U 形承轨梁共用墩身，"桥墩—盖梁—U 形梁—站台梁"结构形式，避免设置东西垂轨向连梁，可使站台下部空间高度达到最高，为管线布置创造了条件（图 1.1.1-3）。

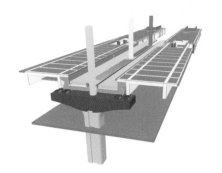 

图 1.1.1-3　地下空间结构

主站房区结构"桥建合一"设计，承轨结构为七单元七孔预应力 U 形简支梁结构，两侧与框架结构相连。桥梁采用钻孔桩基础，桥梁基础与站房基础由房建专业统一设计，部分墩柱与地下二层框架梁、板结构连接，形成整体。4 个轴线采用独柱式钢筋混凝土桥墩，设置预应力钢筋混凝土盖梁；2 个轴线采用钢筋混凝土桥式桥墩。其中：独柱式钢筋混凝土桥墩，墩身曲线变化段的外轮廓由墩身矩形截面（3.5m×2.8m，倒角半径0.5m），向上放样渐变为圆端形截面（7.08m×3.8m）。钢筋混凝土桥式桥墩，墩身曲线变化段的外轮廓由墩身矩形截面（6.5m×2.8m，倒角半径0.5m），向上放样渐变为圆端形截面（8.02m×3.8m）（图1.1.1-4）。

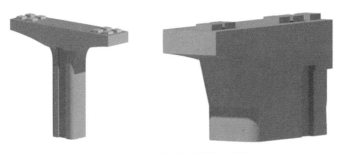

图1.1.1-4 独柱式钢筋混凝土桥墩

主站房区承轨结构为简支预应力U形梁，外观整体呈现"U"字形，为开口薄壁结构，分别为单线A1、A2型，双线B1、B2、B3型。其中：双线梁，梁长24.9m，梁体结构高度2.3m，支座中心横桥向间距10.4m，梁体混凝土强度等级C55；单线梁，梁长24.9m，梁体跨中高度2.075m，端部高度2.3m，支座中心横桥向间距4.6m（图1.1.1-5）。

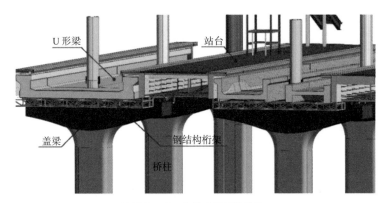

图1.1.1-5 主站房区承轨结构

2. 技术难点与难度

施工期间西侧紧邻城铁13号线、G7高速，东侧为成熟小区及办公楼建筑，周边环境复杂，交通组织难度大；场区呈现狭长带状（670m×146m），铁路红线内无临时用地，施工组织、U形梁、候车层及屋盖钢结构施工技术方案实施难度大。

墩身及盖梁结构按室内清水混凝土饰面标准设计，构件冠状曲面造型复杂，且构件截面3.5m×2.8m（最大截面6.5m×2.8m）大，要实现现浇结构清水混凝土效果，重点是模板、支架等技术方案的合理性及现场质量控制水平。U形梁结构腹板高度2.3m，底板、腹板整体浇筑一次成型，混凝土结构浇筑质量及冷缝、温度裂缝控制难度大。

受周边施工环境限制，综合考虑工期因素，承轨U形结构与上部候车层、屋盖层钢结构流水穿插施工，且钢结构吊装采用大型机械走行钢栈桥工法，施工中形成了工况复杂的空间交叉作业体系，安全风险系数高，安全保障技术难度大。

3.关键工序组织

主站房区承轨结构为七座七孔简支U形梁结构，候车层钢管混凝土柱下插进入墩身，站台梁板结构共用墩身，并支承于桥墩上部。因桥墩为各构件的受力主体，各竖向柱构件及梁构件均依附桥墩上，总体施工顺序安排为：竖向桥墩→U形梁→候车层钢框架及屋盖钢桁架结构→站台梁、板结构施工。考虑U形梁结构预应力张拉空间及时间限制，将主站房区U形梁分为4个施工流水段，在具备条件后，从4-5轴往南北两侧依次流水进行墩身、梁体施工作业（图1.1.1-6）。

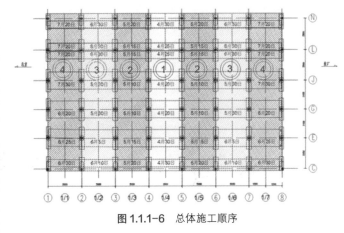

图1.1.1-6　总体施工顺序

预应力简支U形梁结构工序复杂，为桥建合一承轨结构核心组成构件，每孔梁体施工顺序如图1.1.1-7所示。

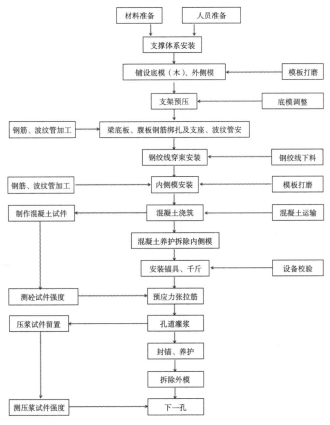

图1.1.1-7　预应力简支U形梁结构工序

4. 关键施工技术

（1）冠状曲线预应力桥墩柱施工技术

地下一层公共空间冠状曲线预应力桥墩柱，为清水混凝土一次浇筑成型，采用现浇混凝土的自然肌理作为饰面，显得天然、庄重，体现出建筑原始的美感。钢模板加工制作通过三维软件精确放样，对于每一道曲线，每一个曲面由点到线再到面进行曲率控制，精确建模以达到墩型设计要求。然后通过软件对面板进行展开放样。制作过程中通过数控切割机进行精准切割，然后进行编号。拼装过程中先进行模板骨架背肋定位，使模板结构基本成形，然后对每一块成型面板进行顺序拼装成形（图1.1.1-8）。

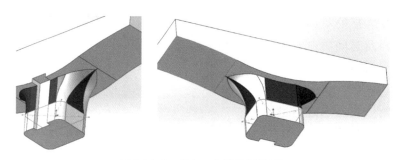

图 1.1.1-8　墩身双曲截面模板放样

桥墩及盖梁清水模板采用组合钢模板，重点控制模板的刚度、垂直度、平整度。钢模板直板面板采用6mm厚Q235钢板，横竖向法兰采用100mm×12mm钢板，竖向加肋为10#槽钢@280；圆弧模板法兰为100mm×12mm钢板，直模加肋为双槽钢2[16，横向加肋为双槽钢2[20，两道直接放置于竖向肋上，横向间距为1000mm。利用短拉杆在模板外围形成封闭锁环，平模处设置2根对拉杆，间距1650mm，拉杆采用25精轧螺纹钢，两端套锚具，拉杆外套ϕ32 PVC套管，套管端部安装堵头，避免漏浆隐患。墩柱300mm×1200mm内凹模板制作成两侧各10mm的向外扩大角，避免拆模时结构缺棱掉角（图1.1.1-9）。

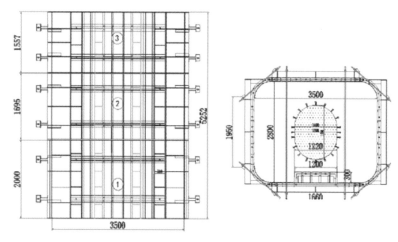

图 1.1.1-9　墩柱模板总装图

（2）承轨U形梁施工技术

1）承轨U形梁模板方案

承轨U形梁侧模采用定型大模板，底模采用木模板，采用上部外对拉，中部内对拉位于外模凹槽部位，下部采用外对拉进行固定，与底模接缝处采用通长角钢保证接缝平直且不漏浆。对拉杆顺桥向间距随外侧模支架间距。在其上部为保证梁体两侧模板整体稳固，将梁体两侧模板每五跨外侧模支架采用钢丝绳或钢筋焊接进行对拉稳固。

梁体底模采用木模，次龙骨间距同支撑在架体上的梁体，其下支设横向通长90mm×90mm木方@500。结构梁底距离盖梁顶部距离为500mm，采用90mm×90mm长约290mm木方纵横向进行主龙骨支顶，支顶间距为@500，局部地面不平整部位采用薄木楔进行调平支顶。

U形梁端模采用18mm厚多层板，次龙骨90mm×90mm木方@250横向布置，主龙骨双钢管竖向布置@500（每两个锚穴之间布置一个），采用穿墙螺杆焊接Φ16钢筋进行拉结。

2）U形梁支架架体安装及预压

U形梁梁体支撑体系主龙骨采用10#槽钢，布置间距随架体间距；次龙骨采用100mm×100mm木方，底板下布置间距200mm，腹板下布置间距200mm，底板下架体最大间距为0.9m×1.2m，腹板下架体最大间距为0.9m×0.6m，架体在顶层处设置水平安全网。

（3）栈桥法方案与技术

清河站周边施工环境复杂，西侧紧邻城铁13号线运营地铁及G7高速，东侧为紧邻建成小区，考虑巨型椭圆钢柱及屋盖钢桁架等钢构件运输、吊装需求，在U形梁施工期间，采用大型吊机走行钢栈桥法施工工法（图1.1.1-10）。地上结构吊装顺序为自下而上、由西向东退装的方式进行，候车层及钢屋盖同步施工。

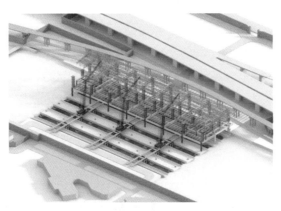

图1.1.1-10　屋盖钢桁架施工示意

承轨层钢柱、候车厅钢梁等钢结构，设置三条280t履带吊行走通道进行吊装作业，通道为格构支撑栈桥形式，跨"简支U形梁"通行，减少对桥梁结构的交叉施工影响。

为保证承轨层结构与钢结构吊装能同时施工，缩短结构施工工期，按照现场U形梁平面布置，设置跨线路架空钢栈桥。280t 履带吊车走行于栈桥上，路基箱铺设于线路之间临时支架上，支架底标高为地下一层结构板标高 -9.65m，顶标高为首层地面结构标高 ±0.000，路基箱顶标高 +0.70m。路基箱底面距离桥梁 0.50m，U 形梁间国铁站台层待临时栈桥拆除后再施工。提前在地下一层 -9.65m 混凝土楼板上预留埋件，注意避开楼板开洞位置，避免局部杆件插入地下室底板。钢栈桥需要在路基箱与桥墩钢柱之间增设定位支撑，保证栈桥稳定性（图 1.1.1-11）。

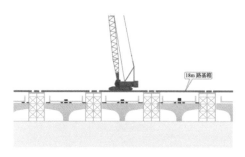

图 1.1.1-11　承轨层栈桥施工示意

1.1.2　杭州西站桥建合一结构施工技术

1. 建筑结构特征

杭州西站站场规模 11 台 20 线，采用分场布置的方案，其中，湖杭场规模 6 台 11 线（含正线两条），杭临绩场规模 5 台 9 线（含正线两条），设侧式基本站台 2 座，岛式中间站台 9 座。杭州西站总建筑面积约 51 万 m^2，主要包括站房及客运服务设施、城市配套工程，其中站房建筑面积约 10 万 m^2，站房主体地面 5 层，地下 2 层。

杭州西站是典型的桥建合一大型枢纽车站，旅客流线为线上候车，线下出站的模式。结构自下（±0.000）到上出站层结构、夹层、承轨层、候车层、钢结构屋顶，其中雨棚采用钢筋混凝土与候车层同为一个楼层。雨棚、承轨层、候车层、屋盖钢结构的通过劲性钢结构柱传力到下部结构基础。站房范围没有传统的桥梁结构，行车道部分轨道采用预应力混凝土箱梁结构，与劲性钢结构柱形成梁柱式受力体系，形成了线路与站房结构高度融合的"桥 - 建"完全合一结构体系。站内正线临靠站台，分开布置，正线与到发线间距 7.0m，到发线间距 6.5m 设置，采用线间立柱（正线与到发线、到发线与到发线）的形式（图 1.1.2-1、图 1.1.2-2）。

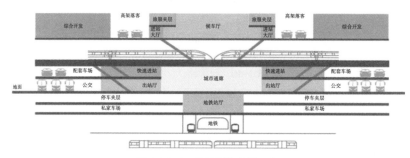

图 1.1.2-1　杭州西站空间示意

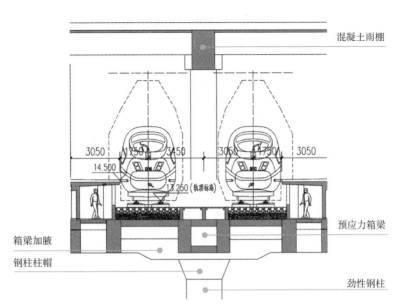

图 1.1.2-2 杭州西站承轨层剖面图

杭州西站承轨层地上标高 12.1m，结构为采用纵横井字梁板结构，主梁采用预应力矩形箱梁，主梁采用跨中预应力箱形梁＋支座实心梁，箱梁最大截面尺寸 3200mm×2700mm，每个箱梁钢筋上下部共配置 4 排钢筋，钢筋间距 100mm，箱梁在梁柱节点处有柱帽、梁底加腋和预应力加腋等，钢柱采用双十字形柱和钢圆柱的形式，梁柱节点钢筋、预应力筋布置复杂（图 1.1.2-3）。

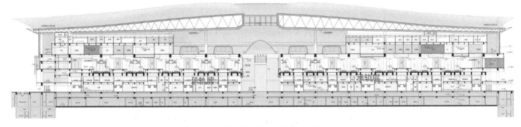

图 1.1.2-3 杭州西站建筑结构特征

2. 技术难点与难度

杭州西站作为典型桥建合一的超大型车站，其施工难度较大，施工材料组织运输、钢筋节点处理、预应力布置、超厚大结构支撑等均是重点研究内容。

（1）施工交通组织难度大

杭州西站站房及雨棚施工核心区域南北方向长 302m，东西长 450m，单层面积约 135900m²。地铁机场线和 3 号线南北向贯穿站房，东西走向地铁 K2、K3 线位于站房南、北两侧，均与站房同步施工。4 条地铁以"工"字形布局将杭州西站分割为东、西两个施工区域。每个施工区域仅单边具备场地布置和道路运输条件，给站房施工材料运输造成了极大的困难。湖杭场铁路桥同步施工，相互影响（图 1.1.2-4）。

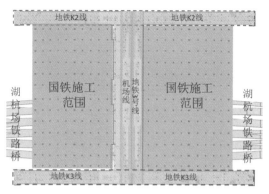

图 1.1.2-4　杭州西站周边

主体施工阶段场内材料运输组织成为本工程是否能按期完成的重要影响因素。以承轨层为例：该层铁标混凝土在施工期最高峰日供应量达到 3600m³，现场 8 台泵车同时浇筑，进出罐车约 360 车次，其他材料运输约 150 车次，共计约 500 车次的运输车辆进出。同时，还有汽车吊、叉车、装载机等各类装卸吊装车辆近 50 台，场内运输道路通行压力巨大。

（2）钢柱吊装施工难度大

本工程地上钢柱在承轨层以下为双翼缘十字形截面，截面规格有 +1600×350×30×50、+1600（1200）×350×30×50、+1600×350×30×60、+1500×350×30×50、+1500×350×30×60。

部分钢柱从承轨层开始过渡为单翼缘十字形截面，截面规格有 +1000×300×25、+900×300×25；另一部分钢柱从承轨层开始过渡为圆管截面，圆管柱截面规格为 $\phi1600×25$、$\phi1600×50$、$\phi1500×25$、$\phi1500×50$。在站台夹层（+14.37m）和候车层（+23.9m）节点处圆管柱截面加厚为 80mm，且部分节点区钢柱为梭形管（图 1.1.2-5、图 1.1.2-6）。

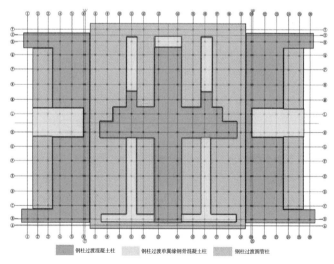

钢柱过渡混凝土柱　　　钢柱过渡单翼缘钢骨混凝土柱　　　钢柱过渡圆管柱

图 1.1.2-5　钢柱分类平面布置图

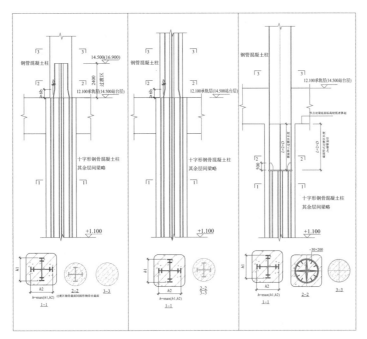

图 1.1.2-6　钢柱三种类型大样图

本工程施工作业面广、需密切配合土建施工是本项目的最大特点。整个结构东西长416m，南北宽180m，站房中部云谷路在地铁区未贯通。因此，针对本工程钢结构施工，如何进行施工分区、交叉作业施工组织等是本工程的重点。本工程采用了钢骨混凝土柱、钢管柱，钢柱采用的截面较大且钢板厚度较厚，安装需采用大型吊装机械，钢柱现场对接焊缝的焊接质量要求高，且易产生焊接变形（图 1.1.2-7）。

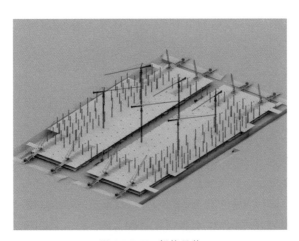

图 1.1.2-7　钢柱吊装

（3）钢筋预应力布置节点复杂

杭州西站工程承轨层中箱梁在梁柱节点处设有柱帽、梁底竖向加腋和预应力加腋等，梁柱节点钢筋布置复杂，钢筋交错布置数量多达三百余根，空间狭小，纵横向箱梁钢筋、柱帽钢筋、梁腋钢筋交错布置，钢筋间距控制偏差不得大于5mm，否则钢筋及预应力筋则会产生碰撞，无法施工。合理的施工钢柱、柱帽、梁腋、箱梁钢筋和预应力筋之间的关系是施工需考虑的重点（图1.1.2-8）。

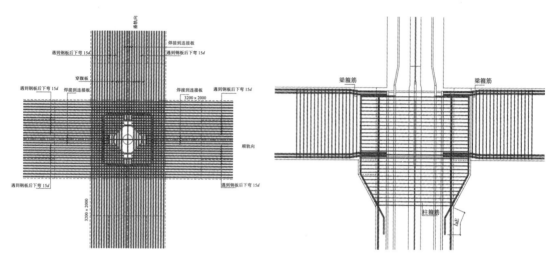

图1.1.2-8　钢筋节点布置

（4）预应力设置种类多，节点穿插复杂

本工程结构承轨层梁采用了劲性混凝土柱与有粘结预应力箱梁、缓粘结预应力筋组合结构形式，最大箱梁截面尺寸为3200mm×2700mm。其在支座位置处为实心梁、跨中为空心箱梁，预应力筋布置孔数过多。有粘结预应力波纹管穿梁柱核心区节点是本工程一大难点。且由于承轨层上部二次荷载（道砟、站台层）过大，二次荷载未形成前张拉预应力可能会引起结构梁的反拱甚至开裂。

由于施工通道影响，预应力在深化设计时应当考虑楼板预留对预应力的影响。本工程楼板采用缓粘结预应力筋，预应力筋的缓粘结剂的张拉适用期与楼板施工时间、预应力张拉等是预应力施工的重要内容。

（5）承轨层箱梁施工荷载较大，下部楼板不能满足承载力要求

承轨层结构采用纵横梁方案，其中：

1）型钢柱间采用3200mm×2700mm箱梁；

2）次梁为普通混凝土梁，截面尺寸分别为600mm×1200mm、350mm×600mm、900mm×2500mm、600mm×2300mm。

3）线路下板厚度为400mm；其余部分板厚200mm。

站房承轨层若采用满堂脚手架现浇施工，脚手架从±0.000结构板处搭建，箱梁施工总荷载达60.4kN/m²，非箱梁区域总荷载为28.26kN/m²，±0.000结构板无法达到受力要求。若下部架体不拆除，则影响地下后续施工（图1.1.2-9、图1.1.2-10）。

3. 关键工序组织

本工程楼层板主要采用跳仓法作业施工，针对每个仓块和施工通道，合理地设置各个区块的施工作业时间，整体原则是由中间地铁区域向东西两侧施工（图1.1.2-11、图1.1.2-12）。

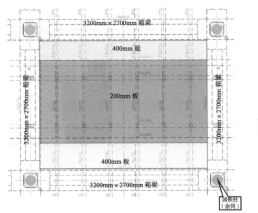

图 1.1.2-9 承轨层结构楼板局部放大

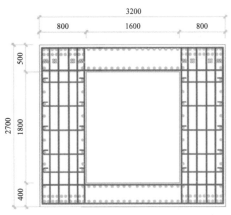

图 1.1.2-10 箱梁截面放大

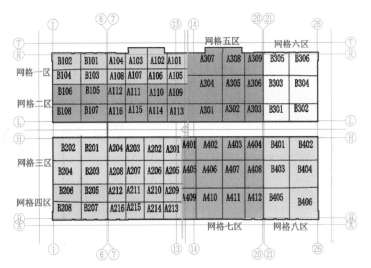

图 1.1.2-11 跳仓法施工分区

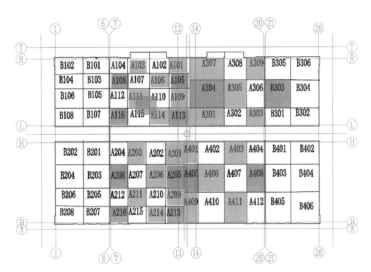

图 1.1.2-12 第四批浇筑区块图

各个区块整体施工流程如下：

5.8m 夹层混凝土浇筑→夹层上钢柱第一节浇筑→架体搭设→梁底模板支设→梁柱节点处理→箱梁钢筋绑扎→预应力加腋钢筋绑扎→梁预应力波纹管施工→板模板施工→板下铁钢筋绑扎→预应力穿插→板钢筋施工→混凝土浇筑→养护→预应力张拉。

4. 关键方案与技术

（1）施工交通道路组织

杭州西站作为三边不具备通行条件，仅单边通行纵深长的案例，合理的交通组织会极大提高施工工效，加快施工节奏。杭州西站交通道路组织优化总体思路是重点优化施工组织顺序，合理规划施工道路，利用未施工场地和已施工完成结构进行道路灵活切换，充分发挥场内塔吊、汽车吊、汽车泵等大型机械功效，确保各类施工物资供应及时到位。

地下结构施工阶段，综合考虑站房结构特点，设置"一主两辅"的行车通道。利用本工程"湖杭"与"杭临绩"两个车场拉开形成的24m宽"云谷"区域设置云谷主通道。在"云谷"区域 -9.5m 底板结构施工后，以此区域底板作为整个工程的施工材料运输主通道，道路宽度18m（图1.1.2-13）。

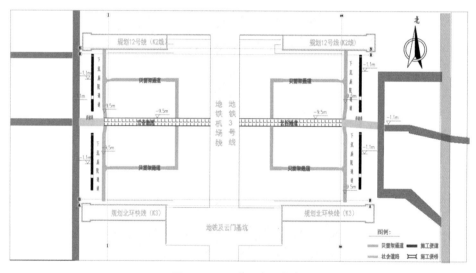

图 1.1.2-13 施工交通道路

云谷主通道服务于整个工程的主体结构施工，在地下结构标段施工时超前为上部结构施工策划，该区域预留 -5.1m（局部）、-0.2m 层结构不施工，在高架候车层混凝土结构施工完成后再施工此范围预留结构。

同时，在湖杭场、杭临绩场基础底板上分别设置6m宽辅助通道，-5.1m 夹层结构预留，与云谷主通道及下沉广场通道形成小环路，-0.2m 层结构施工时采用贝雷架支撑形成通道（图1.1.2-14、图1.1.2-15）。

地上施工阶段，类同地下阶段的交通组织，设置云谷主路和 -0.2m 楼层辅路。-0.2m 层楼板设置的辅助通道主要是服务于12m承轨层结构施工。通道以外的12m层结构施工完成后，由内向外、自下而上依次施工预留的6m、12m层结构。由于12m承轨层箱

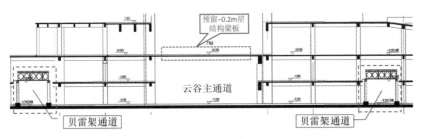

图 1.1.2-14 贝雷架通道

图 1.1.2-15 云谷主通道

梁结构复杂施工周期长，为减少预留结构的施工作业工期，我们采用工字钢支撑结构架体先行实施箱梁的模板、钢筋及预应力工程，大大缩短了预留通道结构的施工工期（图 1.1.2-16、图 1.1.2-17）。

图 1.1.2-16 承轨层施工通道布置

图 1.1.2-17 工字钢支撑

站房东、西两侧杭临绩场范围内设置 120m 长上 12m 层钢栈桥坡道，桥面坡度约 6.2°，落差 13.1m。西侧设 8m 宽钢栈桥 1 座，东侧设 6m 宽钢栈桥 1 座，坡道设置于铁路桥之

间，钢栈桥限载 60t。12m 钢栈桥为承轨层的站台结构和装修工程提供了运输通道
（图 1.1.2-18、图 1.1.2-19）。

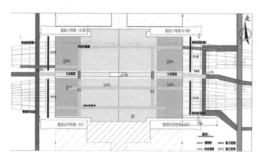

图 1.1.2-18　钢栈桥布置

图 1.1.2-19　钢栈桥实景

（2）劲性钢柱安装技术

1）总体安装思路

云谷区域土建结构甩项，作为地上施工阶段的运输通道。

站房中央布置 6 台大塔吊，塔吊型号中联 T1200，臂长 80m，吊装 7～20 轴钢柱。

东西两侧各在地面广场层（-0.200m）上用 80t 汽车吊安装除云谷路之外的 1～7 轴
和 20～26 轴线上的钢柱。

G～M 轴交 2～10 轴和 17～25 轴钢柱用 300t 级履带吊在云谷路运输通道内吊装。

现场钢柱总体施工顺序按 P1～P8 顺序进行（图 1.1.2-20、图 1.1.2-21）。

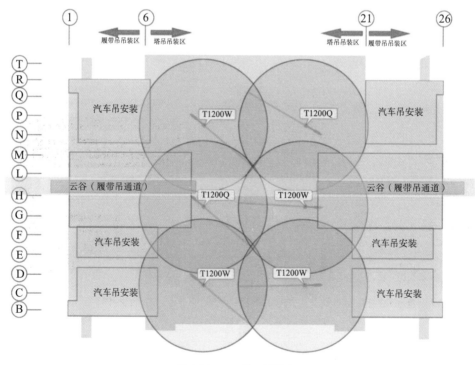

图 1.1.2-20　施工平面布置

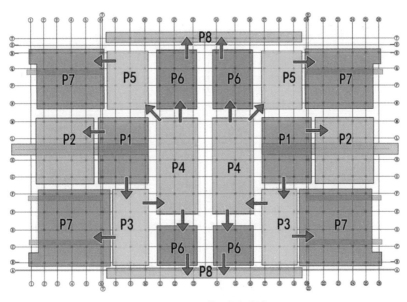

图 1.1.2-21 施工组织顺序

2）分段划分

0～24m 钢柱分段共有五种类型，根据吊装半径的大小、钢柱重量以及吊车的性能参数，将钢柱分为五段（图 1.1.2-22～图 1.1.2-24），最大高度及最大重量见表 1.1.2-1。

钢柱起始标高为 +1.0m 和 +1.1m 两种，其中 +1.0m 主要为地铁范围移交钢柱。

钢柱分段长度为 3.53～13.4m，钢柱分段重量为 10～29.5t。

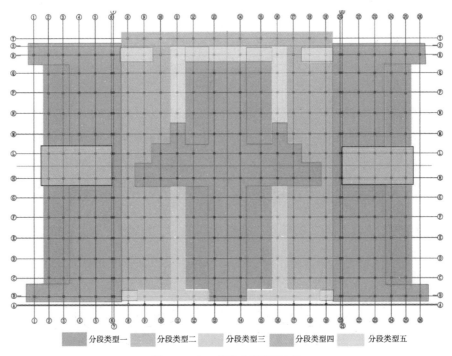

分段类型一　　分段类型二　　分段类型三　　分段类型四　　分段类型五

图 1.1.2-22 钢柱分段平面布置

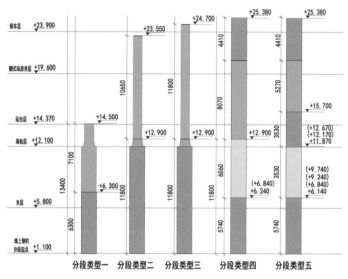

图 1.1.2-23　钢柱分段详图

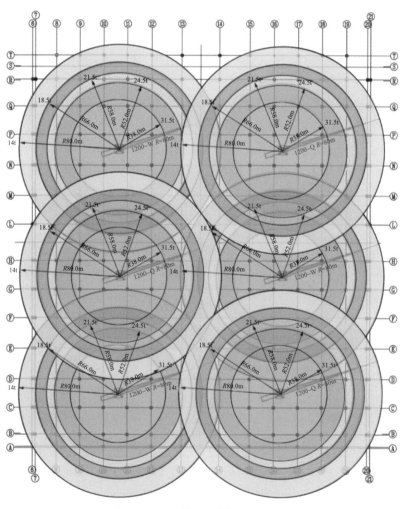

图 1.1.2-24　塔吊吊装半径及起重量

最大高度及最大重量 表 1.1.2-1

分段类型	结构形式	最大高度	最大重量	备注
类型一	十字形柱（截止承轨层）	13.4m	24t	吊重满足
类型二	十字形柱（截止候车层）	11.8m	28t	吊重满足
类型三	十字形柱（截止商业夹层）	11.8m	29.5t	吊重满足
类型四	十字形柱过渡圆管柱	8.07m	29.5t	吊重满足
类型五	十字形柱过渡圆管柱（有站台层节点）	5.74m	29.5t	吊重满足

3）钢柱最不利工况分析

云谷路 G ~ M 轴交 2 ~ 10 轴和 17 ~ 25 轴最不利工况分析：

履带吊站位于云谷路上，最不利工况为吊装 G 轴、M 轴钢柱，吊装半径达到 34m，最大钢柱重量 29.5t，起重量 33t，满足要求（图 1.1.2-25）。

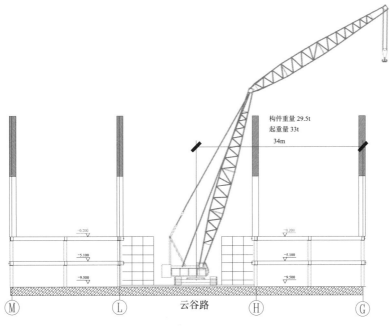

图 1.1.2-25 云谷路履带吊安装最不利工况分析

站房区域 A ~ T 轴交 7 ~ 20 轴最不利工况分析：

站台中间区域采用 1200c 重型塔吊吊装，最大吊装半径为 79m，钢柱分段重量控制在 13.5t，起重量 14t，满足要求（其余塔吊覆盖区域同理）（图 1.1.2-26）。

雨棚区域 B ~ R 轴交 1 ~ 7 轴和 20 ~ 26 轴最不利工况分析：

使用 80t 汽车吊上 -0.2m 板面吊装，第一种工况最大吊装半径达到 8m，构件重量 18t，起重量 22t，满足要求。第二种工况吊装半径 7m，构件重量 29.5t，起重量 32t，满足要求（图 1.1.2-27）。

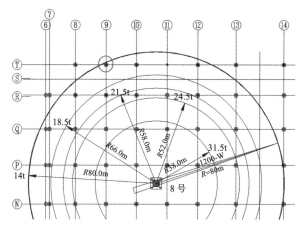

图 1.1.2-26　1200c 重型塔吊安装区域最不利工况分析

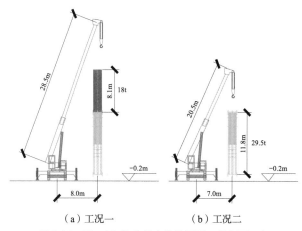

（a）工况一　　　　（b）工况二

图 1.1.2-27　80t 汽车吊安装最不利工况立面示意

塔吊范围外钢柱吊装：

T 交 8 轴、13 轴、14 轴、19 轴四根钢柱塔吊无法覆盖，采用汽车吊在地铁 C1 基坑外吊装，吊装半径最大 30m，采用 220t 汽车吊安装，起重量 15t（图 1.1.2-28）。

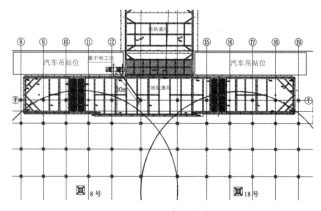

图 1.1.2-28　汽车吊安装平面

（3）复杂钢柱节点钢筋穿插技术

杭州西站承轨层为桥建合一的结构楼层设计，楼板轨行区板厚为400mm，站台区楼板厚度为200mm。承轨层主要结构钢柱＋预应力箱梁混凝土结构，箱梁截面尺寸最大为3200mm×2700mm，箱梁与钢柱交接处有梁加腋和柱帽，此处钢筋密集，约300多根，且钢筋型号较大，均为φ40钢筋，施工空间狭小，连接方式多变。钢柱根据截面不同分为十字形柱和圆骨柱，钢柱截面分为2200mm×2200mm和2100mm×2100mm两种。

1）建立BIM模型分析：

BIM模型是对整个建筑设计的一次"预演"，建模的过程同时也是一次全面的"三维校审"过程。在此过程中可发现大量隐藏在设计中的问题，这些问题往往不涉及规范，但跟各个专业的配合密切相关，或者属于空间位置上的冲突。通过对梁柱节点采用Revit建模，对每根钢筋实际位置进行排布，使得工程节点完整的呈现出来，将局部的碰撞问题及时反馈给设计人员，与业主、顾问等及时沟通协调，做到在不改变结构受力的情况下，消除结构碰撞冲突，提高现场施工效率。经过模型综合分析，现场钢筋施工定位允许偏差不得超过5mm，这样才能保证纵横向钢筋和预应力筋的碰撞冲突，对现场钢筋安装提出了较大的挑战。经综合考虑，梁柱节点首先进行箱梁上下铁钢筋短接头的焊接，长度分别出柱边300mm和1700mm（距托板边400mm、1800mm），相互错开35d，后进行梁绑扎完成后进行梁底加腋钢筋焊接。此短钢筋接头焊接在加工厂装配化预制，与钢柱一同进场安装，提高焊接质量和现场施工效率（图1.1.2-29）。

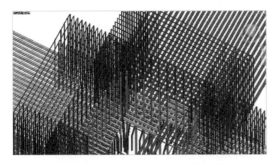

图1.1.2-29 BIM模型钢筋碰撞检查

2）在实际首件实施过程中，钢筋、钢柱等均存在部分偏差，5mm的偏差施工难度较大，部分区域无法达到相应的要求，为保证受力，经过现场试验和调整，对每根钢筋的布置状态进行原则性布置，现场可按此原则进行局部微调，保证便于施工（图1.1.2-30）。

3）钢筋绑扎顺序：

箱梁钢筋垂轨向钢筋和顺轨方向钢筋在梁柱节点重叠交叉，正确的绑扎顺序可以大大提高施工效。经过现场实际首件，对箱梁上下铁、柱帽钢筋、梁加腋钢筋绑扎进行顺序调换和总结，总结出最优最快的解决方案，如下：

①圆钢柱箱梁施工顺序：

箱梁下铁第一/二排短钢筋短接头焊接→上铁二排钢筋短接头焊接→箱梁上铁第二排钢筋绑扎→上铁第一排钢筋绑扎→上铁第一/二排钢筋端头/中间焊接→箍筋→下铁第

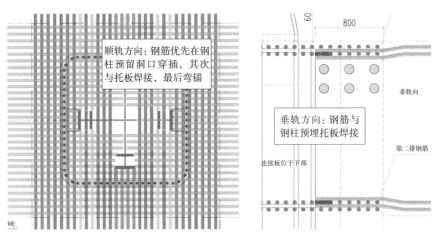

图 1.1.2-30　钢筋布置原则

一排钢筋绑扎→下铁第一排钢筋中间焊接→下铁第二排钢筋绑扎→下铁第二排钢筋中间焊接→小箍筋安装→吊筋→预应力波纹管→穿预应力筋→梁加腋钢筋安装焊接→柱帽钢筋。

②十字形柱箱梁施工顺序：

箱梁下铁第一／二排钢筋短接头焊接→上铁第一／二排钢筋短接头焊接→上铁第一排钢筋绑扎→上铁第二排钢筋绑扎→上铁中间焊接→箍筋→下铁第二排钢筋绑扎→下铁第二排钢筋中间焊接→下铁第一排钢筋绑扎→小箍筋→吊筋→预应力波纹管→梁底加腋钢筋安装焊接→柱帽钢筋。

（4）重载结构缓粘结与有粘结预应力技术

缓粘结预应力是一种新型预应力技术，既具有无粘结预应力施工简便的优点，又具有粘结预应力良好的传力机制。缓粘结预应力技术是在有粘结预应力技术和无粘结预应力技术之后发展起来的一种预应力技术，是预应力技术发展的一大创新。

缓粘结预应力由裸线（钢束与钢绞线）、缓凝剂（缓凝砂浆与缓粘结剂）与带肋的外包护套 3 部分组成。缓粘结预应力筋的关键在于缓凝剂，缓凝剂具有缓凝固化特性，其固化时长和固化后的强度与组成材料的种类、掺合量有关。施工期内缓凝剂类似无粘结预应力用润滑油脂，钢绞线可在护套内自由滑动，待缓粘结剂固化之后，钢绞线通过粘结剂与混凝土产生机械咬合，达到共同工作的状态（图 1.1.2-31）。

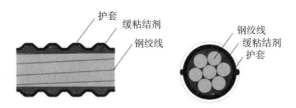

图 1.1.2-31　缓粘结预应力示意

承轨层梁采用了劲性混凝土柱与缓粘结粘结预应力箱梁组合结构形式，以满足承轨层重载的荷载特征。最大箱梁截面尺寸为 3200mm×2700mm，在支座位置处为实心梁、跨中为空心箱梁，预应力筋布置孔数 9 孔（图 1.1.2-32）。

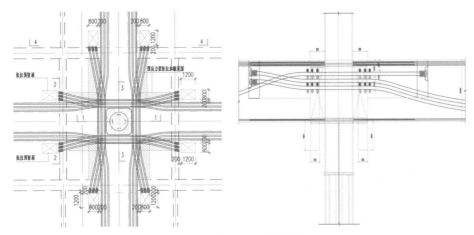

图 1.1.2-32 承轨层应力梁柱节点穿筋方案

部分承轨层箱梁预应力筋采用有粘结预应力，波纹管直径 50～110mm，节点处波纹管截面数量达 12 束，垂轨和顺轨预应力筋交叉排布，与钢筋碰撞问题较多，此处预应力筋作为承轨层箱梁的主要受力筋，其施工排位顺序应优先于钢筋。通过对钢筋和预应力筋的精心排布，在钢柱中间预留足够尺寸的预应力筋孔，保证节点处预应力筋顺利施工（图 1.1.2-33）。

图 1.1.2-33 钢柱中间预留预应力穿筋孔

1）波纹管与箱梁吊筋、梁加腋预应力筋、柱主筋冲突：

①原则：优先保证预应力筋的施工，并保证预应力筋的矢高满足图纸要求。

②波纹管遇到柱主筋无法穿过的情况。

波纹管直径 110mm，柱子尺寸为 2200mm×2200mm，以柱边钢筋 40 根为例，钢筋间距 2200÷20=1100mm，钢柱每边钢筋为两排或三排，由于钢筋排布无法达到理论内外两排完全对称，内外错开即可导致波纹管无法穿过（图 1.1.2-34）。

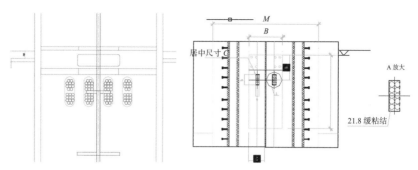

图 1.1.2-34 钢柱开孔示意

经查看现场实际情况和结构受力情况，承轨层混凝土箱梁主受力结构为预应力，因此应优先保证预应力筋的穿行，保证结构受力（图 1.1.2-35）。

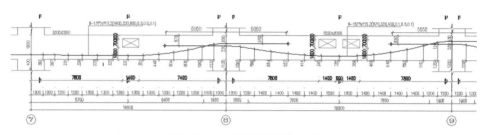

图 1.1.2-35 预应力筋穿行示意

波纹管在梁柱节点最高点，距梁面 320mm，根据预应力曲线，在柱边缘 1100mm 范围内，波纹管高度距距完成面 390mm，即当现场柱主筋偏位较大，波纹管无法穿行时，柱主筋需切割 390+110÷2=445mm（柱主筋切割需得到设计认可）。

③吊筋的布置需躲避波纹管位置，可以多根并排布置。

2）预应力搭接

预应力筋在铺设中如遇到施工预留通道，则进行甩筋，不可断筋。待施工预留通道封闭后，将甩筋翻起再进行铺设。

承轨层预应力箱梁采用缓粘结预应力筋，因此通道部分预应力筋、钢筋不断开，架体采用工字钢搭设通道，混凝土后浇筑。板预应力筋则进行甩端头处理，预应力筋甩出长度满足进入主梁至少 1.5m，并保证跨梁搭接（图 1.1.2-36、图 1.1.2-37）。

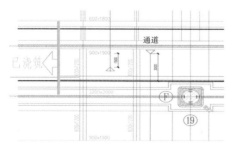

图 1.1.2-36 缓粘结预应力筋搭接

图 1.1.2-37 缓粘结预应力甩筋处理

（5）支撑架体构造体系技术

12.1m 承轨层最大梁截面 3200mm×2700mm，支撑架体选择 Q345 48.3m×3.2m 和 Q345 60.3m×3.2m 立杆和 Q235B 48.3m×2.5m 横杆。承轨层支模基础为 -0.2m 及 5.8m 夹层，5.8m 夹层大梁底立杆排布同承轨层，立杆上下尽量保持在同一投影面。

经过荷载计算，由于承轨层荷载较大，下部各楼层无法满足承载力要求，经综合对比，选择各楼层在承轨层荷载达到设计要求拆模前均不拆除。下部架体不拆除涉及两个方面的问题：站房范围内架体满堂搭设，无法达到通行要求；地铁区域支撑架体为地铁单位施工，需明确支撑回顶方案。

1）贝雷梁支架转换技术

为配合站房及雨棚主体地上部分结构施工及材料运输，同时有利于其余部位的连续施工，利用钢柱支撑贝雷架作为承轨层结构的承重架，在站房两侧 -9.5m 底板高度各设置环形通道 2 处，确保下部净空 ≥ 5m，控制钢柱支撑的间距 ≥ 6m，作为架体内后续施工的临时道路。环形通道位置 -5.1m 结构预留后做，因承轨层荷载传递，架体无法拆除，在承轨层箱梁加固架体位置采用 321 组合式贝雷片形成桥洞，桥洞顶部支设 -0.2m 结构模板支撑架。

通道下部结构：贝雷架通道立柱采用直径 630mm 壁厚 8mm 螺旋管作为基础，钢管底部焊接在预埋钢板上，预埋钢板尺寸为 700mm×700mm×10mm，钢板锚筋为直径 20 螺纹 U 形钢筋，预埋于底板混凝土中，钢管立柱横向间距为 2.5m、3m 两种。连接系采用 [20a 型钢做为剪刀撑及连接件。通道跨径分别为 7.82m、6.82m、5.82m 三种（图 1.1.2-38）。

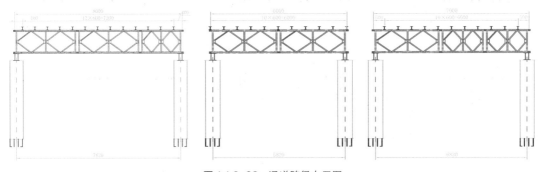

图 1.1.2-38　通道跨径布置图

通道上部结构：柱顶承重梁用于贝雷架通道纵向檩系安放，柱顶横向采用 2[45a 作为承重分配梁。钢管柱顶采用钢板封盖直接上放的方式设置（图 1.1.2-39）。

柱顶钢板尺寸为 700mm×700mm×10mm，柱顶横梁设置相应的限位板，防止分配梁位移。其上搁置单层八排"321"军用贝雷梁，布置间距为 0.175+7×0.45+0.175m，在贝雷梁上方纵桥向按 60cm 一道均布 [20a 型钢作为分配梁，分配梁下部与桁梁上弦杆采用限位卡板固定，分配梁上安装满堂支撑架。

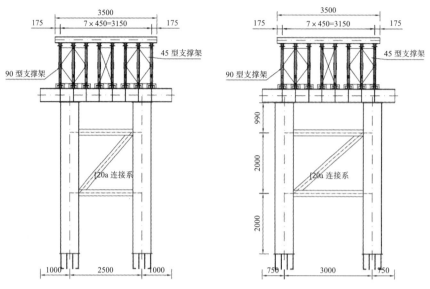

图 1.1.2-39 通道立面布置图

2）支撑架体回顶

站房中间为地铁施工区域，地铁施工进度与站房不同，其应拆除架体的时间较早，经综合研究，项目共提出三种箱梁支撑回顶方案，并经过综合分析比较，选定了满堂支撑盘扣架体回顶的方案

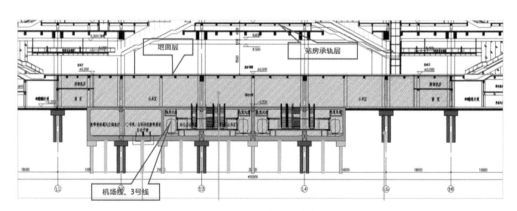

图 1.1.2-40 支架回顶方案一

方案一：设计原则：承轨层箱梁支撑架荷载传递至筏板（图 1.1.2-40）。。

具体做法：承轨层下每层大梁位置区域的支撑架配置，均与承轨层箱梁配置相同，下层各梁板只传递荷载至基础层。

方案要求：承轨层箱梁以下立杆上下对齐，承轨层施工完成前架体不得拆除（图 1.1.2-41）。

方案二：设计原则：站房承轨层采用满堂支撑架支撑在地铁 ±0.000 层结构板上，若局部位置不满足，需局部采取临时支撑措施加强。

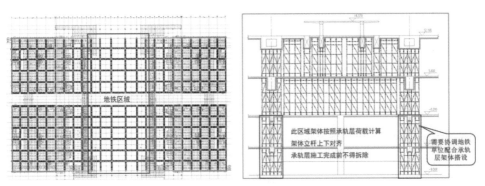

图 1.1.2-41 地铁区域架体满堂支撑

　　地铁 ±0.000 层结构自身需承担站房承轨层结构自重与施工荷载，该荷载大于地铁运营期使用荷载，地铁 ±0.000 层结构板整体结构刚度需加强，需将该层板的纵横梁 + 井字梁的截面与配筋加大，增加工程费用。目前该层地铁结构板按站房箱梁承轨层投影范围内 60kPa，其他区域按 30kPa 的施工荷载来设计（图 1.1.2-42）。

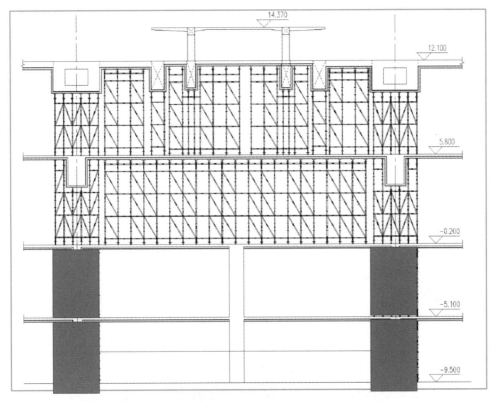

图 1.1.2-42 支架回顶方案二

　　方案三：承轨层框架柱上预留钢牛腿，安装贝雷架，在贝雷架上搭设模板支撑架体。

　　地铁上部柱跨最大跨度 30m，按照施工荷载进行验算，贝雷架承载能力较强，方案实施非常困难（图 1.1.2-43）。

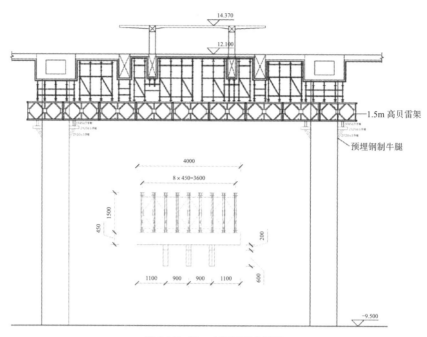

图 1.1.2-43　支架回顶方案三

1.1.3　郑州东站桥建合一结构施工技术

1. 建筑结构特征

郑州东站位于郑州市郑东新区,是新建石武(石家庄—武汉)客运专线和徐兰(徐州—兰州)客运专线十字交汇枢纽,由主站房和站台雨棚组成,总建筑面积为 411841m²,其中站房建筑面积 149981m²(图 1.1.3-1)。

图 1.1.3-1　郑州东站效果图

郑州东站主站房为全高架桥建合一铁路站房,无地下层(但有地铁从下部穿过),地上共三层。首层为出站通道、售票厅、设备和商业用房以及停车场,为地面层,地面标

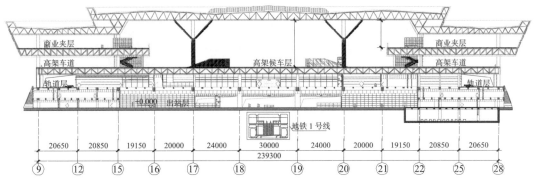

图 1.1.3-2　顺轨方向剖面图

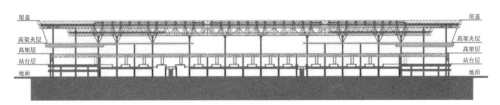

图 1.1.3-3　垂直于轨道剖面图

高为 ±0.000m ，顶面标高为 10.250m，层高为 10.25m，在线侧局部区域设置小夹层，其楼面标高为 5.000m，主要为办公用房；二层为轨道层，由线路、站台和线侧的基本站台、候车厅组成，楼面标高为 10.250m，顶面标高为 20.250m，层高为 10.0m；三层为候车厅层，楼面标高为 20.25m，屋面标高为 44.250～52.050m，局部设商业夹层，平面呈 U 形，夹层楼面标高为 30.450m；候车层最大平面尺寸：顺轨方向为 239.3m，垂直于轨道方向为 490.7m。地铁结构位于国铁出站层以下，走向与国铁轨道垂直，地铁与站房结构和国铁结构完全脱开，见图 1.1.3-2、图 1.1.3-3。

轨道层柱距顺轨方向为 20m～30m，垂直轨道方向为 22～30m，采用"钢骨混凝土柱＋双向预应力混凝土箱形框架梁"桥建合一结构体系。

高架候车层顺轨方向最大跨度为 30m，垂直于轨道方向 45m，采用"钢管混凝土柱＋大跨度钢桁架"结构。钢桁架上下弦杆的中心距为 2.9m，利用桁架高度范围内空间，布置设备。

商业夹层最大跨度为 78m，采用"钢管混凝土柱＋大跨度钢桁架"结构。

屋盖结构平面尺寸为 272.15m（顺轨方向）×510.5m（垂直轨道方向），最大跨度 78m，采用"截面为三角形或菱形双向空间管桁架结构"。

基础采用直径分别为 800mm、1000mm 和 1200mm 的桩端和桩侧复合压浆钻孔灌注浆，桩长 50～70m 不等。

2. 桥建合一结构特征

为了在建筑层高一定的条件下，尽可能地减小桥梁的结构高度和桥墩（柱）的截面尺寸，增加出站层的净空高度和使用面积，主站房中轨道层以上站房的结构柱在站场范围内与轨道层柱重合，且轨道层采用双向刚接框架结构，形成桥梁与房建合一的站房结构。轨道层结构既是桥梁结构，又是站房的底层结构（属于建筑结构）。轨道层结构设计需同时满足铁路桥梁结构和建筑结构的规范、规程和规定，即为桥建合一，该结构形式系世界范围内首次采用。此结构不仅具有良好的结构安全性、经济性和抗震性能，而且有效地减小了桥梁结构（梁和柱）的截面尺寸，提高了出站层的建筑净空高度和使用面积。

轨道层结构体系有以下特点：

（1）钢骨混凝土柱与双向预应力混凝土箱形框架梁的梁柱节点为类似井式双梁节点的新型节点，框架梁内大部分纵筋（包括预应力筋和非预应力筋）不穿越柱中钢骨，方便施工，确保梁柱节点的施工质量。

（2）顺轨方向柱距为20m、24m和30m，垂直轨道方向柱距为22~30m，双向框架梁截面均为3.1m×2.0m（肋梁截面为0.8m×2.0m），梁下净空高度（即出站层净空高度）为6.1m，有效地提高了出站厅层的净空，达到预期目的。

（3）跨度为30m的框架梁在距柱边3m的范围内采用截面为3.1m×2.0m矩形梁，以提高框架梁在梁端区域的抗剪能力，梁柱节点具有良好的抗震性能。其余部位采用箱形框架梁，箱形梁自重较轻，具有良好的抗弯、抗剪和抗扭能力。

（4）利用桥梁结构布置特点，沿轨道边设置上翻的预应力混凝土次梁L2（兼起挡渣作用），梁截面为0.8m×3.5m，L2将站台及部分铁路荷载传至跨度相对较小的垂直于轨道方向的框架梁上，减小跨度较大的顺轨方向框架梁所承担的竖向荷载，使双向框架梁具有相同的梁高，这是减小框架梁梁高至关重要的一点（图1.1.3-4、图1.1.3-5）。

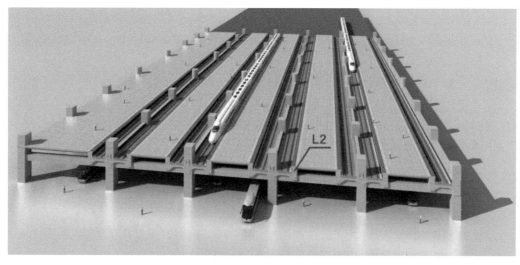

图1.1.3-4　轨道层结构布置轴测图

（5）站台采用普通混凝土梁板结构，支承于梁L2上，次梁数量少，且只在标高10.150m处采用梁板结构（标高8.100m只有框架梁，无楼板与次梁），较大地减小结构自重，不仅降低了站场结构本身的造价；而且也降低了基础造价（图1.1.3-6）。

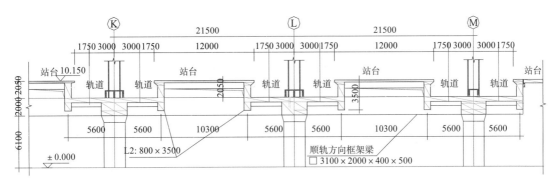

图 1.1.3-5　轨道层垂直于轨道方向结构布置图

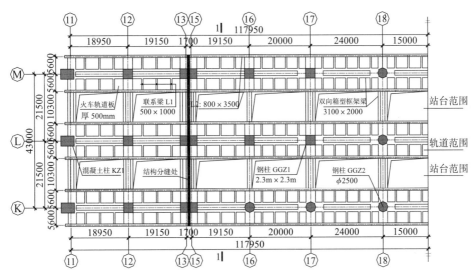

图 1.1.3-6　标高 8.100m 处轨道结构布置图

（6）作为桥建合一结构，由于站场层上部的高架层采用"钢管混凝土柱 + 钢桁架结构"，站场层的框架柱采用钢骨混凝土柱，截面尺寸为 2.3m×2.3m 方柱或 ϕ2.5m 圆柱，减小了柱在出站层中所占的空间。

（7）除了框架梁和顺轨次梁 L2 为预应力梁外，其余均为非预应力结构，预应力筋数量少，施工方便、快捷。

（8）轨道层采用现浇混凝土梁板结构，8.100m 处的轨道板与 10.150m 处的站台板构成了"U"形状的结构，同时保证框架梁直线拉通，既保证了轨道层整体刚度，便于水平力的传递，同时又有利于减少温度产生的内力。

（9）顺轨方向在 9~11 轴和 24~26 轴间设置双柱断开桥梁结构，在横轨道方向合理设置防震缝兼伸缩缝，一方面降低此方向站场结构的温度作用，减小桥梁结构的侧向变形，同时确保桥梁结构侧向刚度满足桥梁抗震要求。

3. 结构施工总体部署

（1）基础及地基处理

郑州东站基础形式为钻孔灌注摩擦桩，采用后注浆工艺以保证桩基承载力。完成桩基及承台施工后，由于地面回填深度较大、回填厚度差异亦较大、轨道层结构荷载大（站台边梁部位近 90kN/m²）等不利因素，为保证结构施工的安全，将站台板和轨道梁分开施工，并对荷载较大的轨道梁区域使用 CFG 桩进行地基加固，待 CFG 桩达到设计强度后对地面进行平整硬化，再开始搭设架体。架体使用碗扣架，根据轨道梁区域荷载的不同调整立杆间距，分别为 600mm×900mm、600mm×600mm 及 300mm×300mm。架体搭设完成后，参照桥梁施工经验使用钢筋原材作为压载对架体进行预压，在架体根部、顶部等部位安装百分表用于记录架体各部位的沉降及变形，并根据变形数据对架体进行调整后，再开始结构施工。

（2）主体结构

郑州东站主体结构以 M 轴为界分为东西两个区域，轨道层梁板从中间向东西两侧推进施工，施工区段划分利用后浇带和变形缝自然形成。R 轴及 H-J 轴间两座正线桥按简支梁和刚构连续梁的结构形式单独划分区段。轨道层主梁及站台梁均为预应力混凝土梁，预应力工程穿插于混凝土结构过程施工，主梁钢筋绑扎期间进行预应力波纹管安装，上翻梁模板施工期间进行预应力钢绞线及张拉端安装。每座桥全长 238m，预应力用量约100t，由于穿插及流水施工，每座桥五个流水段整体施工时间仅需增加一天用于预应力。

钢结构由两家专业队伍以 Q 轴为分界，待轨道梁施工完成后，使用钢结构格构柱及路基箱在横轨方向搭设 6 条栈道，使用 12 台 250t 履带吊垂直于轨道向东西两侧退行施工，同时吊装轨道层钢管柱、高架层梁柱及屋盖钢桁架（图 1.1.3-7）。

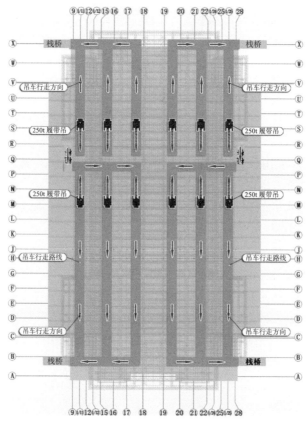

图 1.1.3-7　郑州东站钢结构安装平面布置

钢结构退行施工过程中，退至塔吊位置时，为防止塔吊与履带吊施工相互影响，用履带吊对塔吊进行拆解。高架层、高架夹层楼板为压型钢板非组合楼板，由于轨道层结构先于钢结构施工完成，塔吊拆除后，楼板材料由履带吊在地面直接分散吊至高架层施工部位，混凝土由汽车泵直接泵送到位。

4. 关键方案与技术

（1）钢骨劲性结构深化设计及施工

钢骨劲性结构深化设计的内容包括：柱身钢骨与主筋、箍筋的关系；梁柱节点部位钢骨与柱主筋、柱箍筋、梁主筋、梁箍筋、预应力筋的关系；钢骨分段设计；钢结构自身制作与吊装的设计等。

柱身设计：劲性钢骨柱柱身设计主要考虑三方面的问题。

1）钢骨与钢筋、预应力筋的关系，主要解决满足钢筋、预应力筋的布置需要。预应力工程深化设计后，将预应力筋需要开孔的位置、大小反映到钢结构深化设计图中。

2）考虑混凝土浇筑及振捣要求，钢骨柱在深化过程中，横隔板中间位置留置 $\phi250$ 混凝土下料口及振捣孔，横隔板角部预留 $\phi50$ 排气孔。

3）钢结构自身制作与吊装的设计，钢骨加工顺序、下料尺寸、焊缝形式、焊缝高度、吊装耳板、定位线标识等。

钢骨柱分段设计：钢骨分段设计主要根据现场吊装起重设备的能力，柱插筋对钢结构焊缝的影响等因素。郑州东站钢骨柱深入承台底面上 0.9m 处，承台底面至 0.9m 高为锚栓，钢骨柱总长度为 15m，根据起重设备及垂直度控制要求，钢骨柱分为 2 节。因钢骨柱周围有密集的柱子竖向钢筋，钢筋之间净距只有 70mm，为方便钢骨焊接，第一节钢骨比预留柱插筋高 300mm，即第一节柱高为 7.7m，第二节柱高为 7.3m。

梁柱节点设计：梁柱节点涉及钢结构、预应力筋、非预应力筋，非常复杂。轨道层以下为钢骨混凝土柱，轨道层以上为钢管混凝土柱，在梁高范围内完成节点转换。十字形钢骨柱在轨道层梁柱节点高度范围内变成方钢管柱，方钢骨柱在轨道层梁柱节点高度范围内截面尺寸由 1.9m × 1.9m 变为 1.5m × 1.5m。

轨道梁截面为 3100mm × 2000mm，梁宽同柱帽宽度，纵横梁在此交汇。232 根直径 40mm 的 HRB400 钢筋、26 孔 15 束预应力筋、钢骨交织在梁柱接头部位。为形象表达梁柱接头各种材料的关系，采用 BIM 技术进行施工模拟，研究钢筋、预应力筋的摆放位置及施工顺序、钢筋与钢骨柱的连接方式、预留混凝土浇筑下料口及振捣位置等，对钢筋、预应力筋准确定位。

轨道层结构体系采用钢骨混凝土柱，钢骨柱为十字形柱和方柱两种形式，板厚 80mm。在轨道层高度内完成钢骨混凝土柱向钢管混凝土柱的节点转换。钢骨柱的厚板焊接、钢筋绑扎、混凝土浇筑是施工的难点。钢骨柱及牛腿、柱筋、梁筋、预应力筋交织在梁柱节点部位，钢骨柱进行深化设计时需要注意钢筋、预应力工程的穿孔及连接，钢骨柱的深化设计完成前必须完成预应力的深化设计（图1.1.3-8）。

图1.1.3-8　梁柱节点三维图示

（2）钢结构施工措施

钢结构栈桥为独立的支撑结构体系，由格构式支撑架和各类标准重型路基箱组成，与轨道层梁板或桥梁结构完全脱离，栈桥支撑结构均为临时结构；标准重型路基箱跨度为 18m、15m、8m 和 6m，宽度 2m；格构式支撑、路基箱均为周转材料，可多次使用。

栈桥设置原则：把控制风险放在首位，尽可能不受轨道层混凝土和桥梁结构施工进度的制约，尽可能不影响轨道层混凝土工程的施工（图 1.1.3-9）。

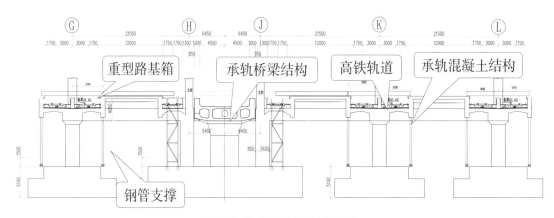

图 1.1.3-9　钢结构栈桥支撑体系

（3）预应力设计深化及张拉

预应力设计深化的内容包括：预应力张拉端与固定端设计，预应力筋与非预应力筋位置冲突时对非预应力筋采取的措施，梁柱节点部位预应力筋与非预应力筋、钢骨柱的关系。

张拉端设计：轨道桥预应力张拉端的形式包括，梁端凹入式、梁侧凸出式、梁侧凹入式、后浇带中张拉、板中留洞张拉、梁面凸出式张拉等多种形式。轨道层主梁设置 12 孔 15 束预应力，预应力张拉端原设计预应力多为梁内张拉端，需在梁板内留设大量预留孔洞，但由于轨道层框架梁荷载大、钢筋密集、直径大（主筋为 $\Phi36$、$\Phi40$），且张拉用千斤顶直径达到 500mm，钢筋净距亦无法穿过变角器，若按原设计位置进行张拉就只能切断梁主筋，从而对结构安全造成极为不利的影响。经与设计协商，采用两种方案对原梁内张拉进行调整，方案一：延长预应力筋至梁外或梁上设置"牛腿式"张拉台，从根本上解决了张拉对结构安全的影响；方案二：将部分靠近后浇带的张拉端，延伸至后浇带内，由于后浇带为贯通留置，比原梁内张拉预留空间更大，从而减少了预留孔洞数量，因其为温度后浇带，按设计要求需两侧结构完成 60d 后进行封闭，而预应力张拉只需待结构强度达到设计值即可，故时间穿插合理。

预应力张拉：按设计要求，结构混凝土强度达到设计值 100% 且弹性模量达到设计值 90% 后方可开始张拉。在预应力筋张拉之前，先用小型张拉设备对每束钢绞线进行预紧处理，使其在波纹管中的每根钢绞线保持顺直，保证在大型设备张拉时张拉端受力均匀。梁中预应力筋有直线筋和曲线筋两种，直线筋为混凝土抗裂筋，曲线筋为结构受力筋。为保证结构受力合理，张拉方案专门召开了专家评审会，最终确定"先张拉曲线筋，

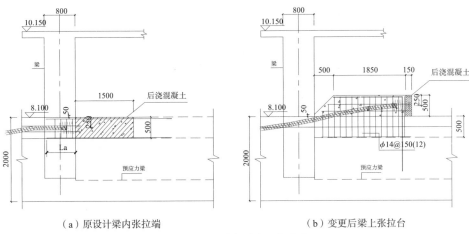

（a）原设计梁内张拉端　　　　　　（b）变更后梁上张拉台

图 1.1.3-10 张拉端变更前后对比

后张拉直线筋；同条件下优先采用先对称张拉顺轨方向筋，后张拉横轨方向筋；先张拉次梁筋，后张拉主梁筋"的原则（图 1.1.3-10）。

（4）动载作用下 HRB400 钢筋机械连接试验及应用

轨道桥主受力钢筋采用 HRB400 钢筋，钢筋总用量 2.2 万 t，接头总数量约为 20 万个。按照桥梁规范要求，直接承受动载的结构，钢筋连接应采用焊接接头，若采用机械连接必须满足疲劳试验要求。但在施工过程中，机械连接质量更易于控制，且施工简便，不会出现焊接接头在连接区钢筋密集以至于影响混凝土浇筑及振捣密实。经过方案比选，采用机械连接提高了工作效率，经型式试验验证，采用特制桥梁直螺纹连接套筒，接头满足 200 万次的循环加载疲劳试验，保证了工程质量。

（5）混凝土配合比设计

轨道桥混凝土为 100 年耐久性混凝土，对混凝土氯离子含量、电通量、氯离子扩散系数、抗硫酸盐结晶破坏等级、抗冻等级等均有耐久性指标要求。混凝土一方面要满足混凝土强度及耐久性指标，另一方面要具有良好的和易性、流动性、易于施工。

1.1.4　珠海站桥建及地下室合一结构施工技术

珠海火车站站房地上建筑面积（不含雨棚面积）19488.32m²，其中站房建筑面积15829.75m²，站台雨棚结构投影面积 3623.89m²。地下建筑面积 70612.80m²。珠海站为广珠城际快速轨道交通工程的终到站，车站为高架站，设 6 条到发线（含正线 2 条），采用四台六线布置形式。最外侧 2 股停靠跨线长途车，设 477.0m×9.0m×1.25m 和488.0m×9.0m×1.25m 侧式站台各 1 座；中间 4 股供城际列车使用，设 477.0m×12.0m×1.25m 岛式站台 2 座。车站下设二层地下室，地下一层为出租车换乘中心及社会车辆停车库，地下二层为社会车辆停车库。首层局部设置夹层，作设备用房及办公室用途，地上二层为站台层（图 1.1.4-1）。

1. 建筑结构特征

珠海站采取"桥建合一"的结构形式，桥梁结构承台基础位于地下室结构下方，桥

图 1.1.4-1　珠海站

梁墩柱穿过 2 层地下室结构，五柱门式桥梁墩盖梁于标高 +8.615m，置于地下室结构上方。站台无柱雨棚钢结构支座设在与桥梁盖梁连接的纵向通长劲性转换梁上。站房东西设备夹层为 2 层混凝土框架结构，顶板标高同盖梁顶标高 +8.615m。站厅范围内屋面钢结构为钢管桁架，支座设于桥梁盖梁上。如图 1.1.4-2 所示。

图 1.1.4-2　桥建合一结构形式

结构的相互关系：

（1）桥梁承台与地下室底板结构相互关系：桥梁承台位于地下室底板底标高下 3m，承台高度 4m，承台上部 1m 与地下室底板重叠。

（2）桥梁墩柱盖梁与地下室框架结构相互关系：桥梁墩柱上穿地下室 2 层结构至标高 +8.615m，桥梁盖梁位于地下室结构上方。

（3）轨道梁、站台梁与地下室框架结构相互关系：轨道梁、站台梁结构支座均设于桥梁盖梁上，梁体均位于地下室结构上方；轨道梁为预制混凝土箱梁，站台梁为现浇混凝土箱梁。

（4）雨棚钢结构转换梁与桥梁盖梁相互关系：雨棚钢结构转换梁为劲性钢骨混凝土梁，梁内钢骨穿过桥梁盖梁端部（图1.1.4-3）。

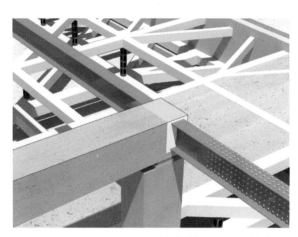

图1.1.4-3　雨棚钢结构转换梁与桥梁盖梁相互关系

（5）雨棚钢结构与轨道梁、站台梁相互关系：雨棚钢结构为整跨拱形钢箱梁，位于轨道梁及站台梁上方，轨道梁及站台梁范围内均无钢结构柱。

2. 技术难点与难度

珠海站结构、地下空间、铁路轨道桥梁三位于一体，共建实施，从施工的技术条件看，工程特殊结构多、特殊工况多，存在桥梁承台与地下室结构共建、桥梁盖梁与站房结构共建、桥梁轨道梁与纯钢结构雨棚同步实施、桥梁预应力体系与站房结构相互衔接等工况，桥梁与站房结构的施工流程、相互连接节点交叉施工等多方面带来了一系列施工难点，多种结构形式交叉共建产生诸多相互衔接、相互制约的问题。

由于桥梁结构荷载大，空间关系复杂，站房结构基本都采用了劲性结构或纯钢结构，为站房施工带来了相当大的难度。钢结构节点与桥梁结构的衔接、与站房结构的衔接，以及钢结构安装的特殊工艺对施工组织与流程具有比较大的影响。

雨棚钢结构与桥梁结构存在结构位置交叉，轨道梁、站台梁与雨棚基础多重交叉，为施工工序转换带来困难。同时桥建合一结构形式以及劲性雨棚转换梁施工，对房建结构模板支撑体系的安全性提出了更高的要求。

雨棚为纯钢结构，满覆盖于轨道梁及站台层上空，雨棚钢结构空中斜交同时互为支撑，其斜交支撑中心置于正线轨道梁上，在桥梁轨道梁与钢结构同步施工的条件下，传统钢结构吊装方法难以实施，无法满足轨道桥架梁机架设需求，同时对雨棚结构及桥梁结构的衔接实施带来了不利影响。

3. 关键工序组织

（1）关键交接工序一：地下空间土方开挖至-14.2m，施工桥梁承台；桥梁承台-11.2m以下浇筑完成，移交地下室底板施工；底板浇筑完成后，移交站前桥梁墩柱及盖梁施工。

（2）关键交接工序二：桥梁盖梁施工完成后，地下室结构施工；地下室结构封顶后，移交站前地上结构现浇站台梁结构施工。

（3）关键交接工序三：轨道梁架设完成，移交站台雨棚吊装；地上结构雨棚吊装完成，移交站前轨道工程施工。桥建合一结构总体施工流程如图1.1.4-4所示。

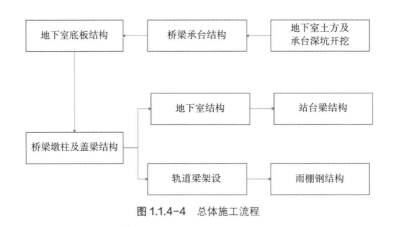

图1.1.4-4　总体施工流程

4. 关键方案与技术

（1）地下空间施工组织

工程为站桥合一结构，桥梁25～36号墩均位于地下室5～16/A～E轴线范围以内，在地下结构施工中，存在深基坑、地下结构及桥梁结构同步施工的工况。结合施工场地条件限制，桥梁轨道梁的施工顺序，将地下室施工区段划分为2个区段（图1.1.4-5）。

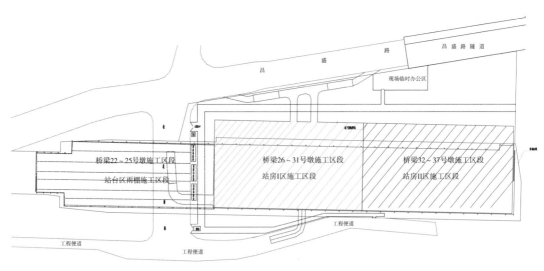

图1.1.4-5　地下室施工区段划分示意图

在部署地下空间总体施工流程时，以站房结构为核心，作为主控制施工段，上下延伸、前后展开。总的施工安排为：基坑支护工程、主站房桩基础、土方开挖、地下室钢筋混凝土结构与桥梁承台及墩柱盖梁结构同步施工。塔吊覆盖范围内的站房使用塔吊进行水平与垂直运输，覆盖不到的位置采用汽车吊补充运输。主要施工平面布置如图1.1.4-6所示。

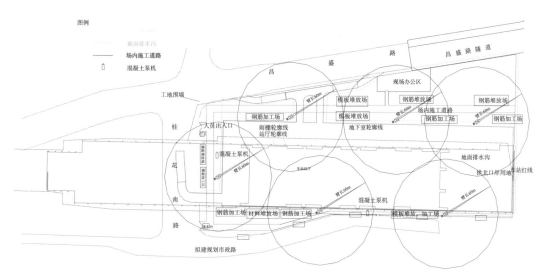

图 1.1.4-6　地下空间结构施工平面布置示意图

　　站房结构与桥梁结构同步施工，在施工区域有交叉重叠，施工顺序上应严密合理组织。站房结构与桥梁结构的相互关系及施工顺序如下：

　　1）桥梁承台与地下室底板结构

　　相互关系：桥梁承台位于地下室底板底标高下 3m，承台高度 4m，承台上部 1m 与地下室底板重叠。

　　施工顺序：土方开挖至底板底标高 -11.200m 后，逐个开挖桥梁承台土方至标高 -14.200m；考虑到地下室底板结构的整体性及避免底板过多冷缝导致底板渗漏，桥梁承台在标高 -11.200m 留置水平施工缝；承台上部 1m 混凝土与地下室结构底板同步浇筑。

　　2）桥梁墩柱盖梁与地下室框架结构

　　相互关系：桥梁墩柱上穿地下室 2 层结构至标高 +8.615m，桥梁盖梁位于地下室结构上方。

　　施工顺序：地下室底板结构完成后，劲型桥梁墩柱及盖梁结构施工，墩柱施工脚手架及盖梁模板支架搭设于地下室底板上。

　　3）轨道梁、站台梁与地下室框架结构

　　相互关系：轨道梁、站台梁结构支座均设于桥梁盖梁，梁体均位于地下室结构上方；轨道梁为预制混凝土箱梁，站台梁为现浇混凝土箱梁。

　　施工顺序：轨道梁为预制梁采用架桥机架设，与地下室结构不发生关系，轨道梁架设与地下室结构同步交叉施工；站台梁为现浇梁，在地下室结构封底后搭设满堂模板支撑架于地下室顶板施工。

　　4）桥梁盖梁与雨棚钢结构转换梁

　　相互关系：雨棚钢结构转换梁为劲性钢骨混凝土梁，梁内钢骨穿过桥梁墩柱端部。如图 1.1.4-7 所示。

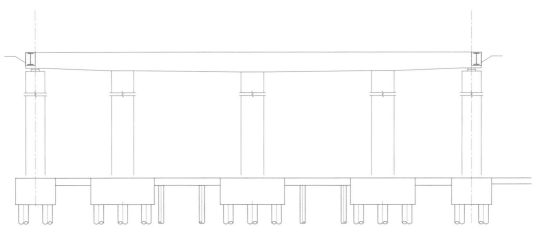

图 1.1.4-7 桥梁盖梁与雨棚钢结构转换梁

施工顺序：桥梁盖梁施工期间，预埋转换梁钢骨及钢筋；地下室封顶后搭设转换梁模板支撑架。

（2）关键方案技术

工况一：

土方开挖至底板底标高 -11.200m 后，逐个开挖桥梁承台土方至标高 -14.200m；桥梁承台在标高 -11.200m 留置水平施工缝；承台上部 1m 混凝土与地下室结构底板同步浇筑，避免底板施工缝过多导致渗漏（图 1.1.4-8、图 1.1.4-9）。

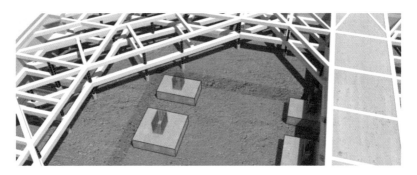

图 1.1.4-8 桥梁承台及地下室底板结构施工

图 1.1.4-9 地下室底板结构施工

工况一关键技术：

基坑开挖深度为 10.42 ～ 11.61m，面积约 38000m²，基坑侧壁安全等级为一级。支护设计采用地下连续墙（混凝土强度 C35）＋混凝土内支撑。

基坑支护易受到勘察设计与施工质量、周边建筑物荷载、周边堆载、地面防水、土方开挖与降水作业、气候条件等因素的影响，其实际工作状态与设计工况往往存在一定的差异，根据设计要求和基坑监测技术要求，规范"应测"的监测项目及工程具体情况，确定相关监测项目及控制标准，保证施工安全。

工况二：

地下室底板结构完成后，进行桥梁墩柱及盖梁结构施工，墩柱施工脚手架及盖梁模板支架搭设于地下室底板上（图 1.1.4-10）。

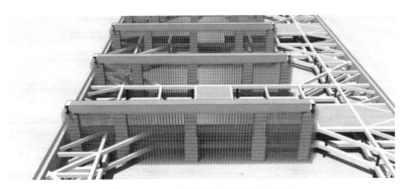

图 1.1.4-10 桥梁墩柱及盖梁结构施工

工况二关键技术：

桥梁盖梁的模板支撑体系是从地下室筏板基础面开始，地下室深度为 10.2m，地上盖梁底标高为 6.615m，模板支撑体系支撑高度为 16.815m，属于高大模板。梁下支撑采用碗扣式钢管脚手架，采用木模方案，木方、钢管做背肋，钢管配合可调支撑做支撑及加固。纵横立杆间距为 900mm×900mm，主龙骨采用 100mm×100mm 木方，间距 900mm，次龙骨采用 100mm×100mm 木方，间距 200mm。为保证支撑的牢固性，立杆下设纵横扫地杆，在外侧周圈设置由下至上的竖向连续式剪刀撑，水平剪刀撑设置上、中、下三道，沿扫地杆、中间垂直剪刀撑顶部、梁底连续设置。

由于桥梁盖梁为后张拉预应力结构，盖梁端部预埋雨棚转换梁劲性钢骨型钢基础。盖梁浇筑完成，预应力钢绞线张拉时，张拉仪器和转换梁劲性钢骨型钢存在一定的位置冲突。结合设计意见，对影响到预应力张拉部位的型钢适当地割除，待张拉封锚完成后，再对被割除的型钢部位采用相同规格的钢板进行补焊，焊缝需满足一级焊缝标准，并在隐蔽之前进行探伤检测（图 1.1.4-11、图 1.1.4-12）。

工况三：

轨道梁为预制梁，采用架桥机铺设，轨道梁架设与地下室结构同步交叉施工；站台梁为现浇梁，在地下室结构封顶后搭设满堂支撑架于地下室顶板施工。桥梁盖梁施工期间，预埋转换梁钢骨及钢筋，地下室封顶后搭设转换梁模板支撑架（图 1.1.4-13）。

图 1.1.4-11　封锚端张拉前　　　　　　图 1.1.4-12　张拉后补焊型钢

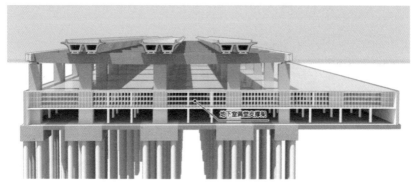

图 1.1.4-13　地下室结构施工及轨道梁架设

工况三关键方案：

站台梁模板支撑体系立于地下室顶板之上，由于站台梁本身荷载以及施工荷载较大，为保证结构安全，地下室支撑架体不能拆除。

根据桥梁专业提供的相关荷载，将轨道桥梁专业站台梁在地下室投影范围内模板支撑体系（加密区）梁、板底立杆间距均加密为 600mm×600mm，水平杆步距 1200mm，其余构造要求同梁、板普通区（图 1.1.4-14）。

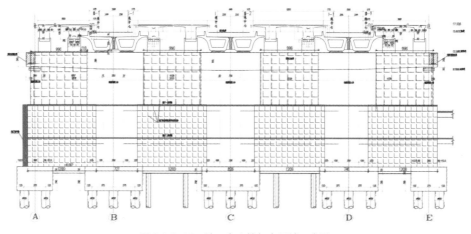

图 1.1.4-14　地下室支撑加密区域示意图

工况四：

正线轨道梁架设完成后进行钢结构安装，钢结构临时支撑置于正线轨道梁上。站台梁与雨棚钢结构不发生关系，钢结构滑移与站台梁现浇施工同步交叉进行。

工况四关键方案：

由于现场条件限制，雨棚钢结构无法实现原位吊装，经过比选采用钢结构滑移方案，同步滑移及安全保证措施显得尤为重要。

雨棚钢结构在平面上分为两个施工阶段。第一施工阶段为吊装区雨棚钢结构的吊装，第二施工阶段为滑移区雨棚钢结构的滑移安装（图1.1.4-15）。

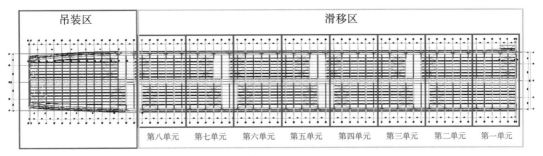

图1.1.4-15 雨棚钢结构施工分区图

滑移轨道布置需考虑结构特点及现场实际情况。本工程滑移轨道共计三条（每条均为双轨），中部轨道双轨间距1.8m，两边轨道双轨间距1.020m，轨道下设埋件（图1.1.4-16）。

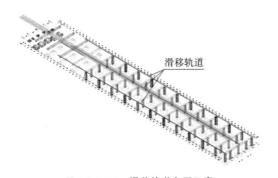

图1.1.4-16 滑移轨道布置示意

滑移安全措施主要为两部分。第一部分为设备安全措施。楔形夹轨器具有单向自锁作用，当油缸伸出时，夹块工作（夹紧），自动锁紧滑移轨道；油缸缩回时，夹块不工作（松开），与油缸同方向移动。每台液压油缸主缸上装有液压锁，防止失速卸压。第二部分为现场安全措施，滑移设备安装时，地面应划定安全区，禁止交叉作业，结构滑移空间内不得有障碍物，以避免设备造成人员受伤。滑移过程中，应指定专人观察夹轨器、液压油缸、液压泵站等的工作情况，针对异常情况及时采取处理措施。

1.2 大跨度双层复杂结构体系施工技术

丰台站是集铁路、地铁、公交、出租、社会车辆等市政交通设施为一体的大型综合交通枢纽工程，为国内首例高、普速双层车场上、下重叠布置的铁路站房。

站房建筑外轮廓东西向 587m，南北向 320.5m。地下二、三层为新建地铁 16 号线（市政工程）站厅、站台层，与站房共结构；地下一层标高 -11.500m，为普速出站层与城市通廊，中部设置国铁与地铁 16 号线换乘厅，东南角设置国铁、16 号线、既有地铁 10 号线换乘厅；地面层为普速车场及站厅层，10m 层为高架候车层、23m 为高速车场及站台。总建筑面积 39.88 万 m²，含铁路高、普速双层车场共计约 73 万 m²，屋面最高点标高为 36.50m。

高速车

普速车场

图 1.2.1-1 丰台站立体效果图

1.2.1 双层复杂结构特征

丰台站采用双层车场设计，普速车场位于地面层，采用上进下出的流线方式；高架车场位于 23m 标高层，采用下进下出的流线方式（图 1.2.1-1 ~图 1.2.1-3）。

西站房基础为异形条基，埋深 7 ~ 8m；中央站房为筏板基础，基础埋深 12m，局部 20m；东站房为桩基独立承台 + 转换梁跨越 10 号线隧道，梁埋深 6 ~ 7m。框架柱从 -13.3m 筏板基础预埋段至 20.5m 高速场承轨层均为钢管柱，截面为田字形，尺寸多为 2m×2.2m，内灌 C60 高强自密实混凝土；局部为九宫格钢管柱，内插钢筋笼并灌注自密实混凝土，出 20.5m 高速场承轨层后转换为十字箱形截面。柱间距东西向 20.5m，南北向 21.5m。框架梁大量采用劲性钢骨混凝土梁。-2.5m 普速场、10m 候车大厅层局部区域、20.5m 高速场承轨层均为通长劲性钢梁，内部为"工""王"形钢骨，外包钢筋混凝土，其余各层梁在柱节点处为非通长钢牛腿。楼板均为钢筋混凝土，局部楼板分布有温度预应力筋。屋盖为空间钢管桁架主次梁，最大跨度 40m，最大悬挑 16m。钢柱最大截面尺寸为箱形 4550mm×2000mm×50mm，最大板厚 100mm，钢梁最大截面尺寸 H3900×2900×50×70，最大板厚 80mm。

工程钢结构用量 19 万 t，大量 H 形钢梁、箱形钢梁、箱形柱属于超限构件，超限构件数量 4337 件，占总件数的 43.5%（不含屋盖桁架数量），超限构件重量 130141t，占总重量的 73%（不含屋盖桁架重量）。钢筋用量 16 万 t，混凝土 86 万 m³，模板 110 万 m²，支撑体系 350 万 m³。

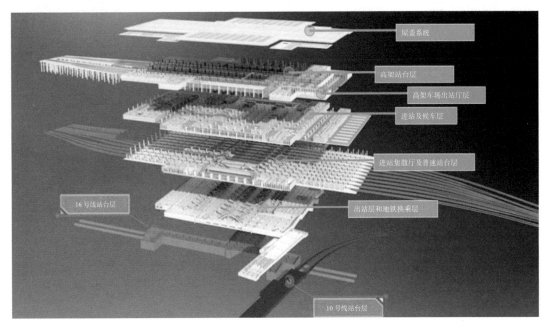

图 1.2.1-2　双层车场结构分解图

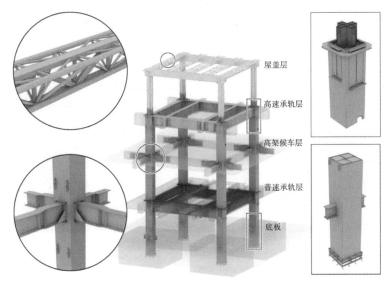

图 1.2.1-3　双层车场刚架剖面图

根据结构伸缩缝设置情况，站房整体分为 18 个分区，从西到东依次为西站房（5-1、5-2 分区）、中央站房（1-1 ~ 4-3 分区）、东站房（6-1、6-2 分区）、雨棚（7-1、7-2 分区）。主要结构形式为劲性钢结构（图 1.2.1-4）。

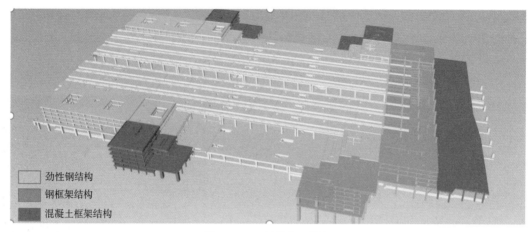

图 1.2.1-4　结构分区情况

1.2.2　工况条件分析

（1）周边交通限制因素多

丰台站建设期间区域主干道、次干道大多未按规划实施，道路通行能力不足。现有道路连通性较差、等级较低，汽车运输通行能力较差。一期工程仅南侧为丰台东路，宽度不足 6m，作为施工通道。二期工程仅北侧一条东货场路，宽度同样不足 6m，且路两侧多停靠私家车，做为施工道路通往丰台东大街（图 1.2.2-1）。

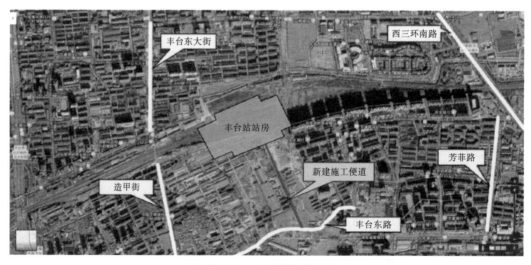

图 1.2.2-1　工程周边交通条件

（2）周边交叉施工干扰因素多

站房区域内，同期实施的标段多，施工交叉大。结构施工阶段，站房共 2 个标段（站房 1 标为站房工程，站房 2 标为信息工程），其他相邻工程涉及 8 个标段，总计 10 个标段。

西站房西侧同期建设行包库、行包通道、丰台站特大桥，为其他单位施工，同时有市政匝道桥穿插施工。

东站房东侧同期建设四合庄框涵和东行包通道，与雨棚共构，为不同单位交叉施工。既有地铁 10 号线从东南角斜穿站房，东站房采用桩基 + 承台 + 转换梁基础跨越 10 号线双线盾构区间。

既有京沪、永丰等运营铁路线车站房北侧东西向横穿站房，受工程外条件限制需进行站内倒改，将站房天然分割为一期、二期工程。

新建 16 号线东西向横穿站房地下，与站房共柱，不同实施单位同期建设。线路铺轨、接触网挂设与站房建设交叉施工见图 1.2.2-2。

图 1.2.2-2　丰台站与周边工程关系

（3）工程受既有京沪、永丰等运营铁路线和在建 16 号线影响，分成了三部分建设，一期工程北区实于2017 年 9 月 1 日开始进场施工，2018 年 12 月 3 日开始土方开挖，路线转线至一期工程。一期工程南区建筑面积 27.36 万 m²，提供施工面。二期工程建筑面积 17.08 万 m²，2020 年 9 月提供施工面。2021 年 5 月底装修方案确定，全面开展站房基本完成大面的装修和安装工程，2022 年 3 月进行竣工验收和路；西侧为车站其他配套在建工程，东侧为三环新城，仅有南侧道路工限制（图 1.2.2-3）。

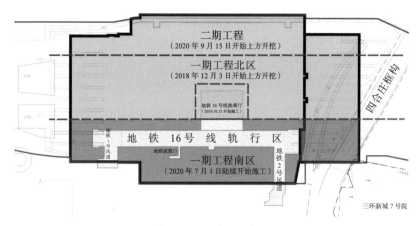

图 1.2.2-3　分区示意图

（4）施工场地狭小，施工组织难度系数高

施工场地狭小，北侧邻近铁路既有线，现场施工布置难度大；周围市政配套设施不完善，对外运输通道仅有南侧施工道路可以通行，施工道路受限，现场多家作业，施工组织难度大。随着不同的施工阶段需要变更现场临建和施工道路，重载车辆需用大面积的可周转临时施工道路，现场道路及临时设施经过六次倒改（图 1.2.2-4）。

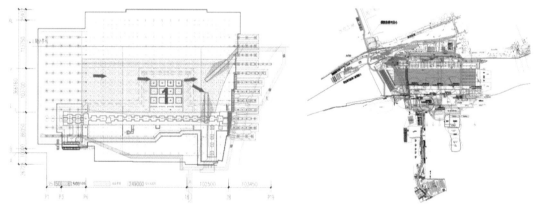

图 1.2.2-4　不同阶段的道路布置示意

（5）临地铁高铁安全风险高

既有铁路京沪下行线接触网回流线距离站房基坑最近距离为 9.9m，距 AB 轴约 15.45～31.8m，接触网电压为 2.75 万 V，施工风险高；正在运营的 10 号线与站房在东南角处斜交，站房基础横跨 10 号线盾构区间，工程桩与运营中地铁 10 号线盾构结构之间最小水平距离仅为 3.1m，护坡桩及桩基施工风险大，全部结构施工需要通过地铁的设计和施工方案安评，按照安评的要求组织地铁影响区的施工组织顺序，对工期有较大的影响。

（6）临铁边界条件穿插交叉复杂

丰台站在建 16 号地铁和换乘厅（其他单位施工）东西向横贯站房地下二层，站房工程与地铁线路及换乘厅结构共建，站房进度受地铁施工限制；同时与周边行包通道、框涵局部共柱；双层车场工程结构复杂，场地狭小与周边工程交叉施工，施工组织难度极大。

新建地铁 16 号线东西向贯通站房地下部分，为地下二层和三层结构，站房与地铁共建钢管柱及混凝土柱 90 根，地铁与国铁重叠面积 21232m²；站房局部柱基与地铁地下连续墙结构共建；与四合庄框涵结构共建（共建框架柱 12 根）；雨棚柱与行包通道共建（共建框架柱 6 根）（图 1.2.2-5）。

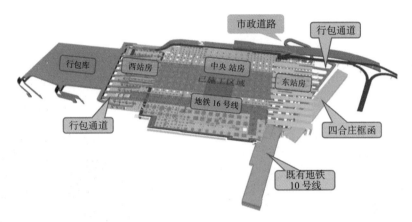

图 1.2.2-5　站房与相邻工程关系

1.2.3　技术重点难点分析

（1）超长厚大混凝土构件多，混凝土裂缝控制难度大

中央站房筏板基础东西向长 364.5m，宽为 320.5m，东西站房条形基础长度约为 100m，大体积筏板基础厚度有 1200mm、1300mm、2000mm、2500mm，承台厚度均为 2000mm 以上，基础梁最大截尺寸 4500mm×7000mm，承台尺寸为 7000mm×6500mm，钢梁尺寸为 5600mm×1400mm，钢管柱截面尺寸 2000mm×2200mm，南北进站集散厅劲性结构柱 3000mm×5200mm，基础筏板一次浇筑最大方量超过 4000m³。大体积混凝土基础受到混凝土柱墩和钢管混凝土柱的约束，钢梁梁板层混凝土的梁和板构件尺寸差异大，各个部位混凝土收缩不一致，施工期存在温度场梯度不一致问题，易产生应力集中现象，裂缝控制难度高。

（2）劲性钢结构构件重量大厚度大，加工制作安装难度高

工程钢结构共计 19 万 t，大量采用劲性钢结构，高强结构钢用量大，构件截面形式复杂多样，板材最大厚度达到 100mm，加工、安装、焊接难度大（图 1.2.3-1）。

（3）大截面劲性钢梁节点复杂，施工难度系数高

丰台站为双层车场重载结构，承轨层大量采用大构件劲性钢骨体系，其与混凝土结构节点连接复杂。劲性钢骨与混凝土结构的钢筋连接，以及连接点的设计制约着梁柱复杂节点的有效实施（图 1.2.3-2）。

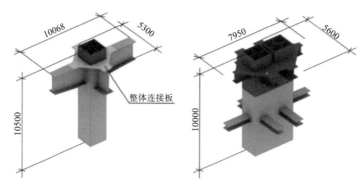

图 1.2.3-1 单个构件 82t

图 1.2.3-2 大截面劲性钢骨节点

1.2.4 关键工序组织

（1）钢结构与混凝土结构的施工顺序

基于丰台站结构特点，钢结构与混凝土结构工序从基础阶段共生。为减少相互影响，可供选择的方案有钢结构一次到顶、一次多层或分层吊装，随后混凝土结构作业依次插入。两者各有优缺点，具体见表 1.2.4-1。

钢结构施工顺序分析表　　　　　　　　　　　　　　　　　表 1.2.4-1

钢结构吊装顺序	对钢结构影响	对混凝土结构影响
一次到顶或一次多层	1. 可减少钢柱分段，减少现场对接焊缝。但丰台站层高地下为5m，地上多为10m、12m，受道路运输条件限制，单层钢柱长度已达到上限。 2. 最大限度减少与混凝土结构作业交叉，安全度较高。 3. 钢结构初始安装量大，加工制作压力大，需投入较多设备、人员	1. 钢柱越高，起重量越大，设备投入大，采用履带吊时还需要通过计算确定结构是否需要加固。 2. 上部钢结构就位后，不利于材料垂直运输和一次就位，对作业效率影响较大。 3. 混凝土作业插入晚，但插入后需连续作业，资源投入相对较大
分层吊装	1. 钢结构一次安装量小，利于大作业面多点同步展开施工。 2. 需与混凝土结构穿插进行。若采用履带吊上楼板作业，混凝土强度增长影响后续作业开始时间，采用塔吊则不受此影响	1. 较符合混凝土框架施工习惯，利于大面展开作业。 2. 材料运输一次到位，减小二次搬运，有利于整体工期

对比两种方式对钢结构、混凝土结构施工影响，结合各层结构特点综合考虑后，确定钢结构以分层吊装为主，上部非通长钢梁或钢梁分布间距较大时可多层吊装，材料运输考虑塔吊为主，尽量减少履带吊上楼板作业量。

钢结构吊装分段如下：结构竖向分为四个分区，分区一为地下室基础预埋段部分，分区二为基础预埋段顶部至 −2.500m 普速承轨层，分区三为 −2.500m 普速承轨层至 22.500m 高速承轨层，分区四为高速承轨层至屋盖。水平分段配合混凝土结构施工顺序进行流水施工（图 1.2.4-1、图 1.2.4-2）。

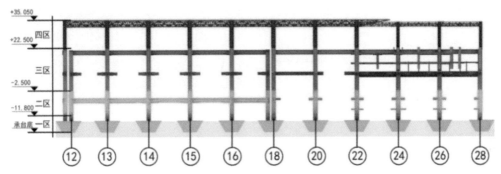

图 1.2.4-1 竖向分区划分示意图（局部）

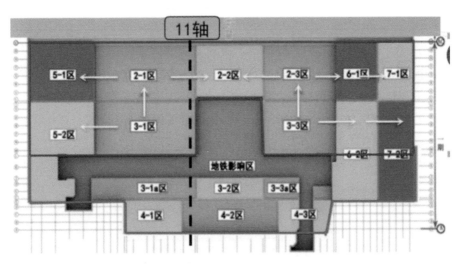

图 1.2.4-2 平面流水段划分示意图（一期工程）

（2）复杂环境下材料运输方案

钢结构安装常规方式分为原位拼装、整体提升、滑移。本工程钢结构框架体量占 90%，适合采用原位拼装方式，屋盖钢桁架下部为高速站台，采用整体提升需要在高速场进行拼装，影响站台施工作业，对整体工期不利；如采用滑移，需在地面普速场设置拼装滑移场地，对相邻标段影响较大，不可行。因此，本工程钢结构均采用原位拼装，垂直运输设备采用移动式塔吊（或龙门吊）、履带吊、重型固定塔吊，在工程中具体见表 1.2.4-2。

钢结构运输方式分析表   表 1.2.4-2

钢结构垂直运输方式	方案概述	优点	缺点
移动式塔吊	在楼层相对较小的南北进站大厅、中央光廊处设置移动式塔吊，在 −13.3m 筏板上布设塔吊，完成钢结构吊装后拆除塔吊补齐滑轨处 0m 层（进站厅大厅）、−2.5m 层、10m 层（中央光廊）楼板	塔吊布置数量少、节约成本	1. 塔吊数量配置少，多作业面展开时，吊运能力不足。另外受同期施工的地铁 16 号线影响，东西两个区不联通，需独立设置。 2. 移动范围内混凝土结构后施工，对结构影响大。 3. 移动范围内普通塔吊需避让，造成一定盲区，影响混凝土结构施工
履带吊	根据承轨层承载能力特点，履带吊分别在 −13.3m 筏板、−2.5m 普速承轨层、20.5m 高架承轨层分三次进入结构内吊装，按流水段穿叉混凝土结构施工	1. 可在工作状态下移动，设备小，吊装灵活。 2. 进出场费、月租费低	1. 吊装通道站台结构需后施工，影响普速场转线节点工期。 2. 需在筏板、承轨层混凝土达到一定强度后可铺设路基箱，中间有间歇期，夏季一般 7～10d，冬期更长。对整体工期不利。 3. 需另外配置履带吊倒运材料
重型固定塔吊	在筏板施工前安装重塔，与混凝土结构施工普塔形成塔群，分工合作，重塔负责钢结构吊运，普塔负责钢筋、模板、周转料吊运，普塔盲区可由重塔辅助完成吊运。钢结构优先安装，混凝土结构具备条件立即插入施工	1. 覆盖范围大，卸料、安装快捷方便，减少二次倒运。 2. 钢结构施工不占用混凝土结构施工场地，互不影响。 3. 拆塔后结构补洞区域小	1. 塔吊基础、进出场费、租费稍高。 2. 拆塔较为复杂，结构内部立塔，需要履带吊配合拆塔

结合工程特点，对比移动式塔吊、履带吊、重型塔吊等起重方式优缺点，确定钢结构吊装采用重型塔吊解决垂直运输，重塔覆盖盲区采用履带吊安装，混凝土结构施工采用常规普通塔吊，与重型塔吊、履带吊形成多机种群塔运输方案。

（3）起重机械组织方案

受国铁既有线和地铁 16 号线影响，工程分三个阶段实施。群塔布置时，根据各阶段施工任务和周边环境动态调整。塔吊选型既要考虑吊装半径、起重量、自由高度、基础形式、拆塔条件等因素，又要考虑与相邻塔吊、已完成结构和相邻标段起重设备保留安全距离，确保施工安全。同时，结合各阶段现场条件，动态调整施工道路，确保通过地面水平运输将材料运送至各塔覆盖范围内，减少作业面水平运输工作量，最大限度提升工效。各阶段塔吊动态布置情况如下：

第一阶段：开工至 2019 年 12 月 26 日，一期北段布置 10 台塔吊，分别为 1 号、2 号、5A 号、5 号、6 号、7 号、8 号、9 号、11 号、18 号塔吊（图 1.2.4-3）。

第二阶段：2019 年 12 月 27 日至 2020 年 2 月 15 日，一期北段群塔中，对 5A 号、5 号、6 号、7 号、8 号塔吊进行调整，其余塔吊此阶段不调整。调整如下：①拆除 5A 号塔吊；②5 号塔吊顶升一节，高度由 32.3m 提升至 35.3m，满足其覆盖范围内屋盖钢柱吊装；③6 号塔吊高度顶升，由 36.8m 顶升至 42.8m；④7 号塔吊高度顶升，由 42.8m 顶升至 71.3m；⑤8 号塔吊臂长由 65m 加长至 75m，高度 41.45m 提升至 53.45m；此阶段现场共计 9 台塔吊（图 1.2.4-4）。

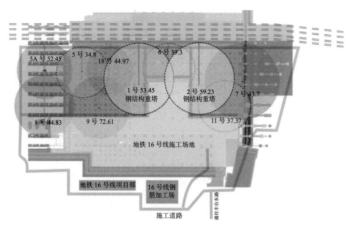

图1.2.4-3 第一阶段塔吊平面布置图

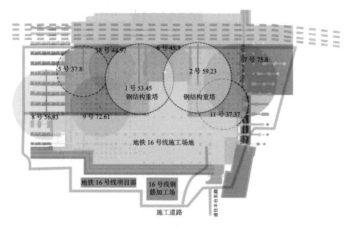

图1.2.4-4 第二阶段塔吊平面布置图

第三阶段：2020年2月15日至2020年5月30日，①顶升11号塔吊，高度由34.87m顶升至46.87m；②换乘厅周边增加10号、10A号塔吊；③一期南段增加14号、15号、15A号塔吊以及安装19号塔吊；此阶段现场共计17台塔吊（图1.2.4-5）。

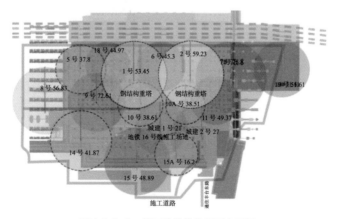

图1.2.4-5 第三阶段塔吊平面布置图

第四阶段:2020 年 5 月 30 日至 2020 年 6 月 30 日，①拆除一期北段 5 号、18 号塔吊；② 9 号塔吊由 TC8039 调整为 TC7020，高度由 68.11m 降至 42.61m，半径不变；③ 14 号塔吊由 T7020 调整为 TC8039，高度由 39.37m 顶升至 67.87m，半径由 70m 增至 80m；④ 15 号塔吊由 TC7525 调整为 TC8039，高度由 45.3m 顶升至 73.5m，半径由 75m 增至 80m；此阶段现场共计 15 台塔吊（图 1.2.4-6）。

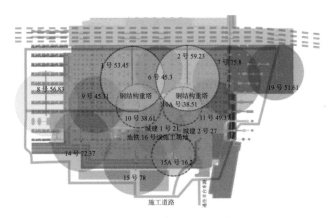

图 1.2.4-6　第四阶段塔吊平面布置图

第五阶段：①拆除一期北段 1 号、2 号、6 号、7 号塔吊、城建 1 号、2 号塔吊，其中 19 号塔吊于 8 月 15 号拆除；② 10 号塔吊高度由 34.11m 顶升至 68.31m；③ 10A 号塔吊高度由 34.01m 顶升至 68.21m；④ 15A 号塔吊高度由 13.7m 顶升至 34.7m；⑤由西向东依次安装 3A 号、3 号、16 号、17 号塔吊；此阶段现场共计 13 台塔吊（图 1.2.4-7）。

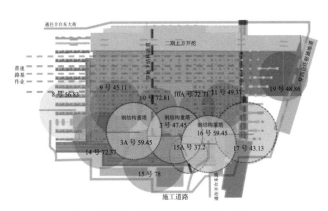

图 1.2.4-7　第五阶段塔吊平面布置图

其中 1 号、2 号、3 号、3A 号、16 号塔吊主要进行钢结构钢柱、钢梁、主桁架的吊装工作，吊装构件重量为 20 ~ 50t。根据工作半径完成此区域钢结构的吊装及钢筋、模板、周转材料的吊装。其余塔吊（5 号、6 号、7 号、8 号、9 号、10 号、10A 号、11 号、14 号、15 号、15A 号、17 号、18 号、19 号）用于完成混凝土结构施工期间钢筋、模板等周转材料的垂直运输和水平运输工作，负责配合完成各施工范围内屋面次桁架、檩条的吊装作业。

1.2.5　关键方案与技术

（1）邻近地铁运营线上跨、下穿、左右大开挖复杂条件下数值模拟辅助地基基础施工技术

丰台站站房与市政配套工程基础均邻近地铁 10 号线丰台站~泥洼站已运营区间，关系复杂，包括同期实施的 16 号线明挖车站、16 号线盾构下穿、丰台站中央站房、东站房桩基独立承台＋连梁转换基础、东雨棚条基、中空站台和下挂风道、站台行包通道、四合庄西路共 8 项主体内容，风险高，管理难度大。

以 10 号线为中心，西侧为明挖国铁中央站房一级基坑，坑底高于 10 号线盾构顶部 2m，16 号线明挖车站为二级基坑，位于中央站房基坑下部，为坑中坑，坑底位于盾构隧道底部 10m；东侧为四合庄西路明挖基坑，坑底高于盾构顶 2m；下部为 16 号线区间盾构，位于 10 号线隧道下 2m；上部为国铁东站房承台基础＋转换梁、雨棚条基、站台和行包通道基础，开挖最深处距 10 号线盾构顶 6m。

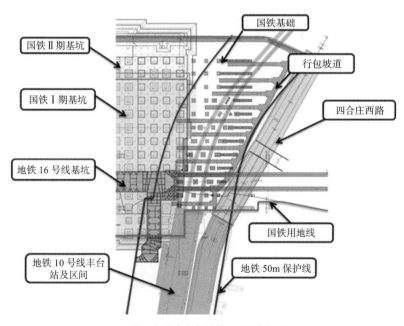

图 1.2.5-1　施工各项内容与地铁 10 号线位置关系平面图

图 1.2.5-1 填充绿色为中央站房基坑、橘色为地铁 16 号线明挖车站、粉红色为东站房承台＋转换梁基础、雨棚条基、土褐色为行包通道＋站台区域、灰色为四合庄西路框构、桃红色为地铁 16 号线盾构区间，深灰色为地铁 10 号线车站及盾构隧道。其中中央站房基坑、四合庄西路基坑均采用排桩或双排桩＋预应力锚索支护体系，16 号线二级基坑采用地下连续墙＋现浇内支撑支护。

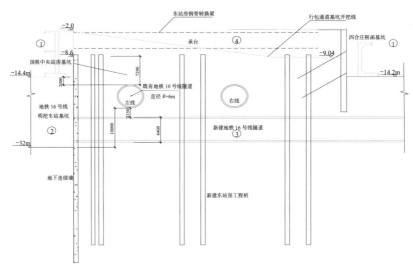

图 1.2.5-2　施工各项内容与地铁 10 号线位置关系剖面图

（2）工序确定

上述施工内容涉及 2 个建设单位与 4 家施工总承包单位，其中丰台站中央站房、东站房桩基独立承台＋连梁转换基础、东雨棚条基、中空站台和下挂风道、站台行包通道为铁路出资建设、四合庄西路为地方出资铁路代建，由 2 个施工单位完成。16 号线明挖车站、16 号线盾构区间为地方出资建设，由 2 个施工单位完成。由于 10 号线为既有运营线路，各项施工务必保障 10 号线结构安全、稳定，且需保障其正常运营。

根据各项施工内容建设、施工任务划分、工序制约和与 10 号线位置关系，可以归并为 4 个区域，即位于 10 号线西侧的国铁中央站房一级基坑和东侧的四合庄框涵基坑相对独立，西侧开挖范围大于东侧，但开挖深度基本一致，开挖引起 10 号线水平向侧移方向相反，适宜对称开挖，有利于平衡 10 号线东、西两侧土压力，归并为施工序列①；其次是地铁 16 号线车站明挖基坑（二级基坑），其开挖需在国铁基坑开挖后方可进行，列为施工序列②；然后是 16 号线盾构区间隧道下穿施工，其位于最底部，过早实施其余项施工均对其有影响，列为施工序列③；最后是国铁东站房基础、行包通道和中空站台基础开挖施工，均位于 10 号线上部，开挖范围大，沿 10 号线纵向呈条形分布但基槽彼此交错，且需在国铁中央站房、四合庄西路地下结构回填完成，破除支护体系后方可开挖施工，列为施工序列④（图 1.2.5-2）。

根据各施工序列与 10 号线空间关系，定性分析其对 10 号线的影响关系见表 1.2.5-1。

各施工序列对 10 号线影响情况　　　　　　　　　表 1.2.5-1

施工序列	对 10 号线影响情况	备注
①	造成既有隧道结构上浮、水平向变形	基坑底高于隧道顶 2m
②	造成既有隧道结构下沉变形	基坑底低于隧道底 10m
③	造成既有隧道结构下沉变形	洞顶低于隧道底 2m
④	造成既有隧道结构上浮变形	基坑底高于隧道顶 7～8m

立足于工程施工组织和保护 10 号线既有隧道需要，对各施工序列进行组织，确定工筹有以下三种，各有优劣，具体见表 1.2.5-2。

工筹安排对工程及 10 号线影响　　　　　　　　　　表 1.2.5-2

工筹安排	对工程影响	对 10 号线影响	代号
第一步，站房、框涵先对称开挖，结构施工； 第二步，16 号线二级基坑开挖施工； 第三步，肥槽回填后开挖东站房、雨棚、行包通道基础； 第四步，16 号线盾构下穿	1. 工程总体进度最优； 2. 16 号线盾构下穿受影响最小	施工造成 10 号线竖向、水平反复扰动，尤其竖向出现折点 3 次，对隧道结构不利	① ↓ ② ↓ ④ ↓ ③
第一步，16 号线盾构下穿； 第二步，站房、框涵先对称开挖，结构施工； 第三步，16 号线二级基坑开挖施工； 第四步，肥槽回填后开挖东站房、雨棚、行包通道基础	1. 由于 16 号线从远端盾构掘进，至站房段需一定周期，工程总体进度受 16 号线影响大； 2. 16 号线盾构下穿受后续施工影响最大	扰动反复同上，对隧道结构不利	③ ↓ ① ↓ ② ↓ ④
第一步，站房、框涵先对称开挖，结构施工； 第二步，16 号线二级基坑开挖施工； 第三步，16 号线盾构下穿； 第四步，肥槽回填后开挖东站房、雨棚、行包通道基础	1. 工程总体进度受 16 号线下穿一定影响； 2. 上部开挖对 16 号隧道影响较小	施工扰动 10 号线相对较小，出现折点 2 次	① ↓ ② ↓ ③ ↓ ④

注：上述全部工筹前置工序为基坑支护体系施工，同时进行影响较小的东站房工程桩施工。

根据上述综合分析，按工筹①→②→③→④部署施工，对 10 号线影响最小，工程总体进度可控，对 16 号线影响较小，确定为最优方案。

受站房北侧国铁既有线、南侧 16 号线施工影响，站房分为三个阶段实施，先实施中部无 16 号线下穿部位（一期北区），同步进行 16 号线明挖车站施工；16 号线地下结构完成后移交国铁施工地下结构（一期南区）；中部完成后将国铁既有线转至结构内，开挖北侧基坑（二期）。其中一期南区关系最为复杂，涉及 16 号线下穿，如图 1.2.5-3 所示。丰台站站房及配套工程邻近既有地铁线风险点见表 1.2.5-3。

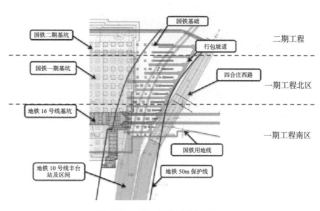

图 1.2.5-3　分期实施划分图

丰台站站房及配套工程邻近既有地铁线风险点 表 1.2.5-3

序号	既有线部位	风险点	
1	地铁 10 号丰台站及线丰台站 ~ 泥洼站区间	丰台站站房基坑邻近 10 号线丰台站及区间	
2		丰台站东侧高架结构主体上跨 10 号线区间	站房结构桩基施工
			上跨地铁转换梁基础开挖施工
3		行包通道上跨 10 号线区间	

1）工序模拟

阶段一：打设东站台基础桩（图 1.2.5-4）。

阶段二：打设站房基坑围护桩（图 1.2.5-5）。

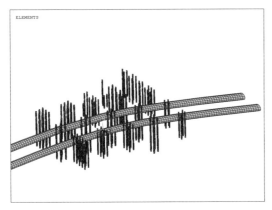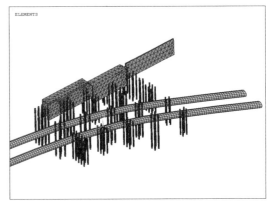

图 1.2.5-4 模拟工序一——东站台基础桩　　图 1.2.5-5 模拟工序二——基坑围护桩

阶段三：开挖站房基坑至坑底（图 1.2.5-6）。

阶段四：跳挖东站房基础及行包通道基坑 1、4（图 1.2.5-7）。

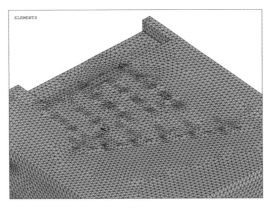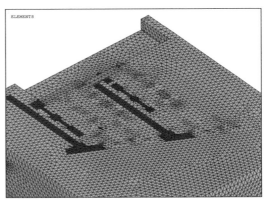

图 1.2.5-6 模拟工序三——基坑至坑底　　图 1.2.5-7 模拟工序四——跳挖东站房基础及行包通道基坑 1、4

阶段五：跳挖东站房基础及行包通道基坑 2、5（图 1.2.5-8）。

阶段六：跳挖东站房基础及行包通道基坑 3、6（图 1.2.5-9）。

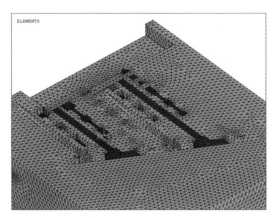

图 1.2.5-8　模拟工序五——跳挖东站房基础及
行包通道基坑 2、5

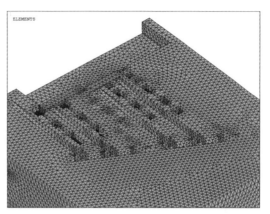

图 1.2.5-9　模拟工序六——跳挖东站房基础及
行包通道基坑 3、6

2）区间变形预测（表 1.2.5-4、图 1.2.5-10）

区间变形预测结果　　　　　　　　　　　　　表 1.2.5-4

阶段	说明	竖向变形（单位：mm）		横向变形（单位：mm）	
		左线	右线	左线	右线
阶段一	打设东站台基础桩	−0.110	−0.114	0.082	0.046
阶段二	打设站房基坑围护桩	−0.240	−0.164	0.112	0.046
阶段三	开挖站房基坑至坑底	+0.375	+0.176	0.475（西）	0.123（西）
阶段四	跳挖 1、4 单元基坑	+1.176	+0.933	0.498（西）	0.136（西）
阶段五	跳挖 1、4 单元基坑	+1.376	+1.133	0.498（西）	0.136（西）
阶段六	跳挖 1、4 单元基坑	+1.667	+1.354	0.454（西）	0.332（西）

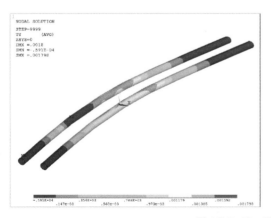

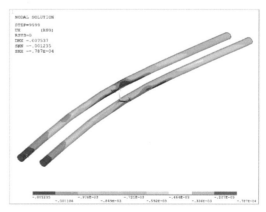

图 1.2.5-10　区间变形预测模拟

3）地铁隧道变形观测及应急响应措施

地铁 10 号线每天运营时间为 05：16 ～ 23：48，日载客流量超 50 万人次，施工安全问题后果极为严重。因此在数值模拟分析基础上，需对结构与轨道进行多项变形监测，全面反应隧道结构、道床、轨道工作状态。同时，还需建立应急响应机制，便于工程管理多方第一时间了解信息，必要时采取应急处置措施。静态监测应从结构、轨道综合考虑，具体项目包括：①区间结构变形。②轨道结构变形及差异变形。③轨道结构几何形位：轨道水平、轨距、高低、轨道扭曲（三角坑）。④钢轨爬行情况。⑤道床与地铁结构剥离情况。⑥地铁结构及道床裂缝情况。

4）变形监测措施研究

考虑施工作业期间，地铁不间断运营，期间人员无法进入区间内进行人工观测，故需同时采用自动化监测和人工监测方式进行，两种方式相辅相成。自动化监测可在轨道交通运营期间保持实时监测，但相对监测项目有限，不能满足观测要求，故需在地铁停运后辅以人工监测和巡视。

监测对象、项目、仪器及精度、频率及周期见表 1.2.5-5、表 1.2.5-6。人工巡查对象、内容、频率及周期见表 1.2.5-7。

监测对象、项目、仪器及精度　　　　表 1.2.5-5

序号	类别	监测对象	监测项目	监测仪器	监测精度
1	自动化监测	车站、区间结构	车站、区间结构竖向变形	静力水准仪	0.1mm
2	人工监测	车站、区间结构	车站、区间结构竖向变形	电子水准仪	0.3mm
3	人工监测	车站、区间结构	车站、区间结构横向变形	全站仪	0.5mm
4	人工监测	隧道结构	隧道结构收敛	收敛计	0.01mm
5	人工监测	管片	管片错台	游标卡尺	0.01mm
6	人工监测	轨道结构	轨道结构竖向变形	电子水准仪	0.3mm
7	人工监测	轨道	几何形位	轨距尺	1.0mm
8	人工监测	轨道	无缝线路钢轨位移	小钢尺	0.1mm
9	人工监测	轨道、车站结构	裂缝	游标卡尺	0.01mm
10	人工监测	附属结构	附属结构竖向变形	电子水准仪	0.3mm
11	人工监测	附属结构	附属结构横向变形	电子水准仪	0.3mm
12	人工监测	围护结构	桩体水平位移	测斜仪	0.02mm/0.5m

监测对象、项目、频率及周期　　　　表 1.2.5-6

序号	监测对象	监测项目	现场监测频率	现场监测周期
1	车站、区间结构	车站、区间结构竖向变形自动化监测	20 ～ 60min 一次	施工前至车站主体结构顶板结构施做完成
2	车站、区间结构	车站、区间结构竖向变形	工程施工前至土方施工完成后，每晚列车停运后监测 1 次（每周监测 2 ～ 3 次）；主体结构施做期间 7 天监测一次；主体结构施做完成后 1 个月监测一次，监测数据稳定后 3 个月监测一次	工程施工前至施工完成后一年且结构变形稳定后。变形稳定标准为最后 100d 的平均速率 V_m100 不大于 0.01mm/d
3	车站、区间结构	车站、区间结构横向变形		
4	隧道结构	隧道结构收敛		
5	管片	管片错台		
6	轨道结构	轨道结构竖向变形		

续表

序号	监测对象	监测项目	现场监测频率	现场监测周期
7	轨道	几何形位	工程施工前至土方施工完成后,每晚列车停运后监测1次(每周监测2~3次);主体结构施做期间7天监测一次;主体结构施做完成后1个月监测一次,监测数据稳定后3个月监测一次	工程施工前至施工完成后一年且结构变形稳定后。变形稳定标准为最后100d的平均速率V_m100不大于0.01mm/d
8	轨道	无缝线路钢轨位移		
9	车站、轨道结构	裂缝观测		
10	附属结构	附属结构竖向变形		
11	附属结构	附属结构横向变形		

人工巡查对象、内容、频率及周期 表 1.2.5-7

序号	类别	巡查对象	巡查内容
1	人工巡查	既有线路轨道及设备	结构裂缝:包括裂缝宽度、深度、数量、走向、发生位置、发展趋势。结构渗水:包括渗漏水量、发生位置、发展趋势等
2	车站和隧道结构、道床结构、轨道	同人工监测频率	同人工监测周期

根据重要性,在隧道内每隔20~40m布设监测断面,对隧道、轨道位移、几何形位、管片错台、结构裂缝等进行监测、检查(图 1.2.5-11~图 1.2.5-13)。

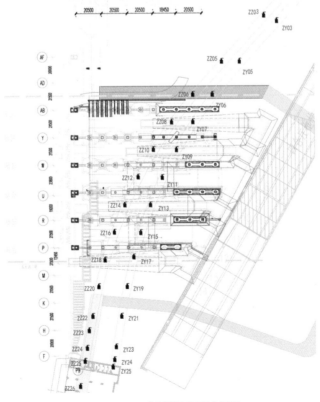

图 1.2.5-11 监测断面平面布置图

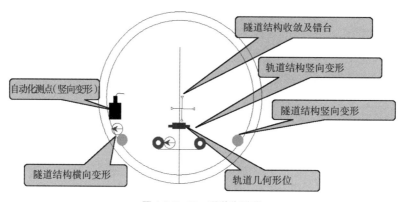

图 1.2.5-12 隧道监测项

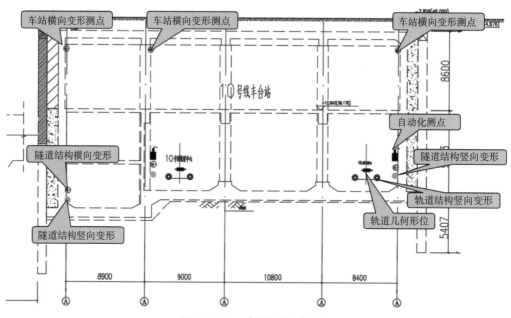

图 1.2.5-13 车站监测点位分布

5）应急响应机制

为便于各方及时掌握信息，建立第三方监测单位为主导的微信群，地铁运营单位、参建各单位相关负责人纳入群管理。

施工过程中，通过日报、周报、阶段性报告、成果报告等形式及时发布监测信息（表1.2.5-8、表1.2.5-9、图1.2.5-14）。

自动化测点阶段变形最大值及累计变形最大值统计表 表 1.2.5-8

序号	监测对象	监测项目	测点编号	阶段变化最大值（mm）	累计变化最大值（mm）	变化速率（mm/d）	控制值（mm）	监测结论
1	隧道结构	隧道结构竖向变形	2Y23、2Y24	−0.02		−0.02	0.5mm/d	正常
			ZY13		+3.18	−0.01	[−3，+2]	超预警值

备注：表中竖向变形值及速率各栏中，"+"代表隆起，"−"代表下沉。

人工各监测项目测点阶段变形最大值及累计变形最大值统计表   表 1.2.5-9

序号	监测对象	监测项目	测点编号	阶段变化最大值（mm）	累计变化最大值（mm）	变化速率（mm/d）	控制值（mm）	监测结论
1	隧道结构	隧道结构竖向变形	SDCJZ2-2	−0.6		−0.10	0.5mm/d	正常
			SDCJZ18-1、SDCJ218-2、SDCJ225-1、…		+1.9	−0.00	[−3，+3]	正常
2		隧道结构横向变形	SDSPZ13、SDSPZ26、SDSPY10、…	± 0.3		± 0.05	0.5mm/d	正常
			SDSPZ25		+1.3	+0.02	± 0.3	
3		隧道结构收敛	SLY17	+0.12		+0.02	± 1.0	正常
			SLZ6、SLZ24		−0.08	−0.01		
4		管片错台	CTY8	−0.13		−0.02	± 1.0	正常
			CTY8、CTY15		± 0.09	± 0.01		
5	轨道结构	轨道结构竖向变形	GDCJY28-2、GDCJZ4-1	−0.4		−0.07	0.5mm/d	正常
			GDCJZ18-2、DCJZ25-1		+2.0	+0.02	[−3，+3]	正常
6		轨道结构横向变形	GDSPZ8、GDSPZ10、GDSPZ13、…	± 0.2		± 0.03	0.5mm/d	正常
			GDSPZ18		+1.2	0.00	± 3.0	
7		轨道轨距	GJY8、GJY15、GJY22、…	± 0.2		± 0.33	[−2，4]	正常
			GJY1、GJY3、GJY5、…		± 1.0	± 0.33		
8		轨道水平	SPY4、SPY8、SPY13、…	± 0.2		± 0.30	± 4	正常
			SPY1、SPY2、SPY4、…		± 1.0	± 0.20		
9	轨道结构	结构裂缝检查	LFZ42260	+0.07		+0.01		正常
			LFZ42013、LFZ42065、LFZ42260、…		± 0.04	± 0.01		
10		无缝线路钢轨位移	YY1-1 ～ YY1-2	−0.4		−0.07		正常
			YY1-1 ～ YY1-2		−0.3	−0.07		

备注：表中竖向变形值及速率各栏中，"+"代表隆起，"−"代表下沉，水平变形值及速率各栏中，"+"代表靠近基坑，"−"代表远离基坑。

6）变形监测结果与分析

根据最终监测结果，本阶段施工引起最大地铁上浮 3.18mm，经采取措施后长期稳定在 2.8mm（图 1.2.5-15）。

（3）多机种起重设备防碰撞技术

丰台站一期工程北区、南区、二期工程施工过程中均存在多塔交叉施工现象，部分区域为 4 塔交叉，且与相邻标段塔吊也有交叉重叠。同时由于塔吊间距较近，互有交叉，履带吊进入结构内施工作业，主臂回转过程中易与固定式塔吊起重臂、小车钢丝绳碰撞，需要从技术、管理方面开展多单位、多机种防碰撞技术研究。

各阶段履带吊数量 4 ～ 6 台不等，走行工况和工作工况下均主动或被动地与多塔存在碰撞趋势。

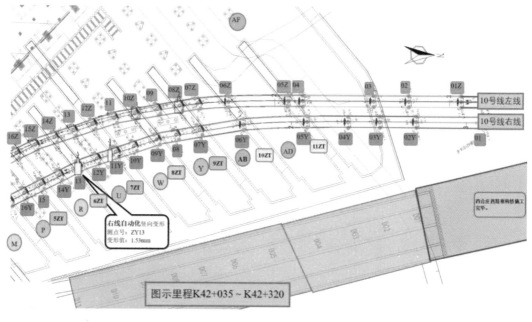

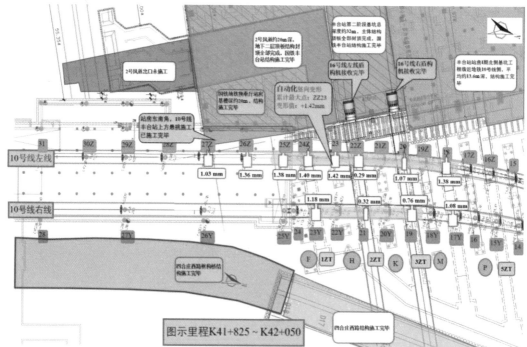

图 1.2.5-14　每日监测信息报送

　　为防止群塔发生碰撞事故，引入群塔防碰撞电子系统，并在此基础上研究塔吊与履带吊防碰撞逻辑关系，进行多机种防碰撞系统应用。

　　系统由塔吊远程监控管理平台、数据传输及存储系统、地面实施监控系统、黑匣子监控设备四部分构成系统拓扑如图 1.2.5-16 所示。

　　塔吊防碰撞自动截停功能：相邻塔吊的距离达到系统设置的预警危险值时，两台塔

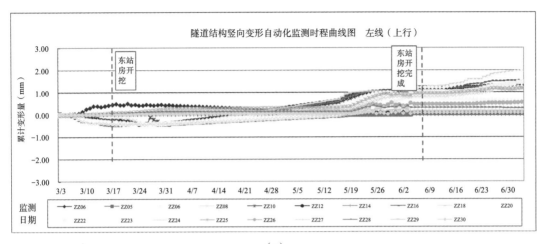

（a）

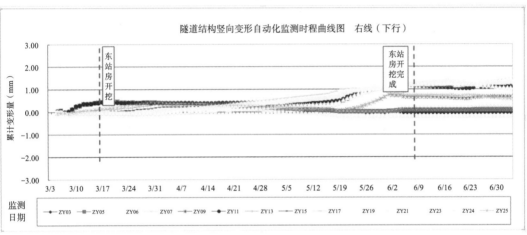

（b）

图 1.2.5-15　施工阶段累计变形曲线

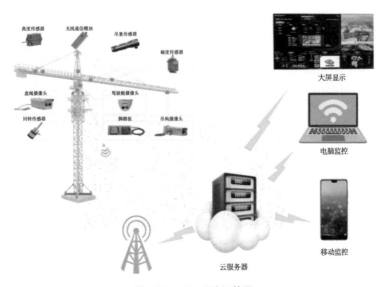

图 1.2.5-16　系统拓扑图

吊的监控设备会发出声光和语音报警，及时有效的提醒驾驶室工作人员，同时将塔吊的运动状态从高速截断至低速，如果两台塔吊的位置进一步靠近，达到监控系统设置的报警值时，系统会持续报警，并将切断塔吊向危险方向动作的电源，避免碰撞事故的发生；若向反方向（安全方向）可正常运转，不受截断截停控制影响。

为加快现场施工生产进度，提高塔吊的有效工作效率，同时保证铁路线以及施工安全，当塔吊大臂旋转到铁路线区域上方，塔吊小车转到危险区域时，进入预警及报警区域，塔吊停止旋转。当塔吊小车或回转角度到达保护区域铁路线上方的预警值时，系统会自动将塔吊的小车或回转由高速切至低速状态，并发出声光和语音报警，当塔吊小车或回转角度到达保护区域的报警值时，系统会自动将小车或回转断电，达到实现区域保护的目的。当塔吊工作中的小车达到与铁路线水平距离安全区域时，塔吊大臂可从非铁路线区域上方正常旋转工作（图1.2.5-17）。

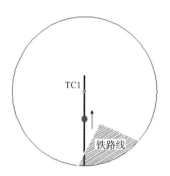

图 1.2.5-17　铁路保护区域预警示意图

（4）大跨度钢梁施工技术

钢筋绑扎、模板支设逆作技术：

丰台站 -2.5m、20.5m 承轨层均为通长钢梁，跨度 20m、21.5m，截面尺寸较大，大部分为 1200mm×2600mm、1800mm×2900mm，最大梁截面为 1400mm×5600mm，内部为"工"字形钢梁，上下翼缘距梁外皮 200mm，板厚 25～70mm 不等，翼缘上部分布有栓钉。

常规混凝土大截面梁制作工艺为：先支梁底模，再支设钢筋马凳，然后绑扎梁上部筋，绑扎箍筋，穿梁下部筋和腰筋，安装拉钩，最后合侧模浇筑混凝土。该工艺在钢梁上操作时受到种种限制：内箍筋需穿翼缘板，无法整体安装，且安装后即定位，影响梁下部筋和腰筋穿设；外箍筋需大角度掰口后同时包住钢骨和上部筋，操作困难，效率低；下部钢筋受底模限制穿设难度大，无法与钢柱连接。为解决上述问题，丰台站采用先绑筋后支模的逆作工艺（图1.2.5-18）。

图 1.2.5-18　钢梁钢筋逆作工艺

在型钢翼缘板上放置垫铁→排布梁上部筋第二排钢筋→在型钢上翼缘布置钢筋马凳

（间距 1.5m）→排布梁上部筋第一排钢筋→安装梁箍筋→排布梁下部第一排钢筋→放置垫铁钢筋（间距 1.5m）→排布梁下部第二排钢筋→调整梁纵筋间距并与箍筋绑扎→将梁纵筋与连接板焊接→在型钢下翼缘上放置垫铁钢筋（间距 1.5m）→放置梁下铁第三、四排钢筋→梁抗扭筋与接驳器连接→绑扎梁拉筋→绑扎混凝土垫块→支设梁底模→合梁侧模。

根据钢梁特点，将拉钩与对拉螺栓合二为一，减少梁腹板上开孔数量。具体做法是：在梁拉钩直线部分焊接对拉螺栓丝杆，并通过受力计算复核焊接可靠性和母材强度。

梁柱节点钢筋密集处混凝土密实度过程监测技术：丰台站劲性梁柱复杂节点钢筋间距窄且密度大，混凝土施工质量不易控制，采用了一种基于内窥镜的劲性梁柱节点混凝土浇筑密实度监控方法，在狭小空间布设透明亚克力管，采用内窥镜在混凝土浇筑过程中全程监控，保证所在区域混凝土密实（图 1.2.5-19）。

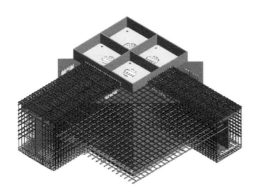

图 1.2.5-19　劲性梁柱复杂节点

（5）大截面钢骨地梁施工技术

东站房基础形式为钢骨混凝土基础转换梁，为东站房上部主体的承载传力结构，防止上部荷载对地铁轨行区造成影响，东站房地上结构采用钢框架结构＋楼承板混凝土组合结构形式，主要功能为旅客接送平台及车站内人员办公。

基础梁截面尺寸为 H3400×2900×50×70、H3900×2900×50×70 两种，根据履带吊吊装通道布置和履带吊起重性能，每节转换大梁分为 6～8 段，重量 32～47t，最重钢梁分段重量 47t，钢梁总重为 300t。

钢骨混凝土转换梁施工技术：将基础转换梁部位的土方超挖 1m，利用该空间进行箍筋安装。在钢梁与垫层之间支撑胎架，为钢梁箍筋安装提供操作空间。钢梁吊装前，对支撑胎架对应的局部地基加固处理，满足上部钢梁荷载需要。支撑胎架为格构式，提前与埋件进行焊接固定；胎架顶部设计为竖向钢板，利用竖向钢板的切割或接长灵活调节基础钢梁标高；根据最重的单节重量 47t 计算，每节转换基础大梁下面需设置四个临时支撑，支撑下部设置预埋件，并在垫层施工阶段同步完成预埋件的施工（图 1.2.5-20、图 1.2.5-21）。

基础施工前，为确保钢梁与钢筋绑扎能够有序、合理地进行，钢结构需提前进行深化。根据基础梁钢筋规格与排布，提前在钢梁的翼缘及腹板处留设穿筋孔，在 Revit 模型中，提前查看钢结构深化的合理性，如与钢筋有碰撞，则需相应调整。

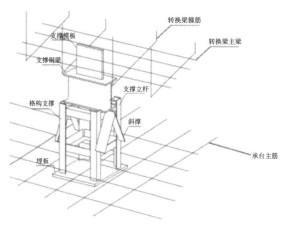

图 1.2.5-20 支撑转换节点示意

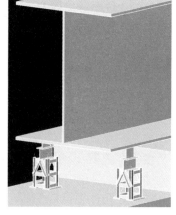

图 1.2.5-21 支撑胎架示意

四个临时支撑下部设置预埋件，在垫层施工阶段同步完成预埋件施工；当垫层养护至一定强度后，在埋件上定位临时支撑，调节好支撑上端的支撑钢板标高，支撑与埋件焊接固定。

整段转换大梁跨越地铁上方，根据大梁下部是否有承台可将大梁划分为承台区和非承台区。承台钢筋在承台区转换大梁下部，为便于承台钢筋的绑扎，将格构式支撑作为基础转换梁支撑形式，支撑立杆采用 L75×5，四根立杆间距 400mm。格构支撑底部必须与预埋件贴合紧密，且支撑需保持竖向垂直，不可倾斜。

吊装前每段钢梁上翼缘两端设置测量定位点，采用全站仪测量精确定位。因钢梁分段重量较重，后期无法采用常规方法进行校正，因此需待校正测量定位好后，方能松钩进行下一分段的吊装。分段定位时必须同时测量梁上钢柱定位位置，避免钢梁及地上结构偏移。

分段定位后，将钢梁分段与下部的格构支撑焊接固定。考虑构件形式、焊接特点、焊工操作难度等。现场接头采用单面单边 V 形坡口形式，其根部间隙在 7mm 左右，坡口的角度设置为 35°。

（6）高性能混凝土施工

1）超长厚大体积混凝土应用技术

丰台站中央站房筏板基础东西向长 364.5m，宽为 320.5m，东西站房条形基础长度约为 100m，大体积筏板基础厚度有 1200mm、1300mm、2000mm、2500mm，承台厚度均为 2000mm 以上，基础梁最大截尺寸 2200mm×7000mm。基础受到大体积混凝土柱脚和钢管混凝土柱的约束，结构层的梁和板构件尺寸差异大，导致各个部位混凝土收缩不一致，施工期温度场梯度不一致，易产生应力集中现象，裂缝控制难度高。施工期间研究超长结构温度应力控制，通过理论计算并采取各种综合措施，控制大体积混凝土裂缝的产生。

配合比设计在满足混凝土设计强度的情况下，以"以抗裂为主、综合耐久性指标优先"为设计原则，①尽可能降低胶凝材料的总用量和水泥的用量。②控制单方混凝土中用水量。③选择合理的粉煤灰掺量。④采取控制混凝土凝结时间和温度应力调控的技术措施。

配合比试验：利用补偿收缩混凝土技术，结合跳仓法施工，大幅度减少后浇带数量，控制混凝土的中心温度峰值，延迟峰值出现的时间，避免水化热所产生的温度应力和混凝土干缩应力的共同作用，导致结构开裂。

采用 60d 强度作为混凝土的验收强度，考虑北京地区市售的水泥品种状况，通过大掺量粉煤灰控制混凝土的中心温度峰值，掺加膨胀剂补偿混凝土收缩，采用聚羧酸高性能减水剂。配合比设计时采用低胶凝材料和低水胶比原则，控制混凝土的干缩和水化热引起的温度应力。

优化变形缝和后浇带，将原设计 29 条底板变形缝，减少 5 条，保留 2 条，其余均改为膨胀加强带，基础底板施工完成后整体性良好，未发现明显裂缝。

2）钢管柱自密实混凝土高抛与顶升工艺：

目前自密实钢管混凝土浇筑施工主要采用高位抛落和泵送顶升两种方法。

高位抛落是在柱顶设浇注口直接浇筑混凝土，利用混凝土从高位落下时产生的动能达到混凝土自密实的目的，对隔板、钢结构构件影响小，施工操作简单。但混凝土经高位抛落后，因冲击力较大，易产生离析，影响结构承载能力。本方法对混凝土的性能要求较高，在下落冲击力作用下不能产生离析分层。

泵送顶升法是利用混凝土输送泵的泵送压力将自密实混凝土由钢管柱底部灌入，从下向上流动，直至注满整根钢管柱的一种免振捣施工方法，混凝土密实度易于保证。

丰台站根据现场实际情况制作了钢管混凝土试验柱，配合比经过试验室优化设计，通过顶升法施工工艺与高抛法施工工艺实验对比，分析两种施工工艺效果和区别。从拆模后混凝土外观来看，采用高抛法施工的混凝土表面效果与顶升法相近，外观光洁，气泡较少，且经过声波透射法监测，两种方法均能满足混凝土内部密实要求；由于顶升施工工艺，需要在钢管柱侧壁开孔，影响钢管柱强度，故丰台站最终选择高抛法，施工简单、效果好。

（7）采用 ABAQUS 进行沉降分析取消上部结构后浇带

本工程分为三期建设，不同区段之间设有沉降后浇带。一期工程开工于 2018 年 9 月，二期工程开工于 2020 年 9 月 15 日（图 1.2.5-22、图 1.2.5-23）。

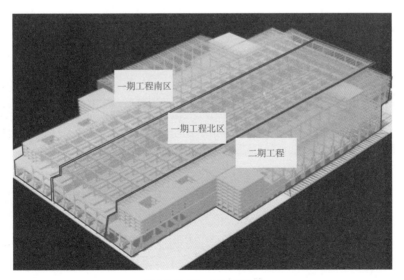

图 1.2.5-22　工程分期图

图 1.2.5-23　分区施工照片

　　分区截面位置设有钢梁。根据后浇带的设置要求，该要求将导致垂直运输设备使用期延长，在后浇带范围内的钢梁应断开，待其两侧结构变形完全后，方可将其连接。同时由于先后施工的结构可能导致对接处变形不均衡而无法实现有效连接。因此我们把取消沉降后浇带作为研究的方向和目的。

　　本项目一期工程北区，2019 年 3 月 26 日开始施工，2020 年 8 月 18 日完成全部钢结构和混凝土结构。截至 2020 年 10 月 15 日，最大累计沉降量 9.50mm，最大沉降速率为 0.02mm/d。一期工程南区，2020 年 7 月 7 日开始施工。二期工程，受原有既有线影响，在转线后 9 月 15 日开始基础土方开挖。结构后浇带与框架结构的位置关系如图 1.2.5-24、图 1.2.5-25 所示。

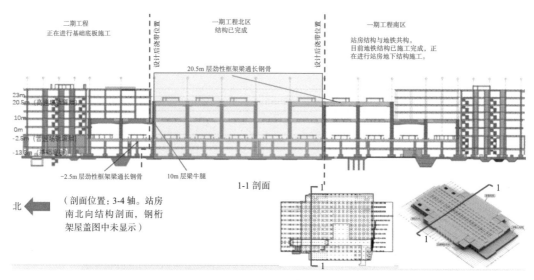

图 1.2.5-24　1-1 剖面图

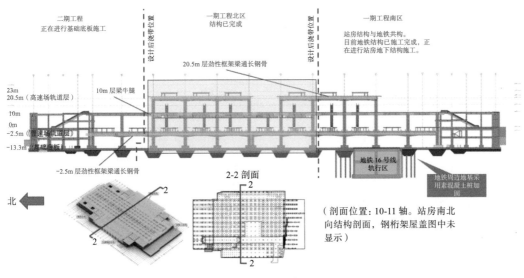

图 1.2.5-25　2-2 剖面图

按照框架结构的结构类型，将结构划分为五个部分，分别为西站房、中央站房西区、中央站房中区、中央站房东区、东站房（图 1.2.5-26、图 1.2.5-27）。

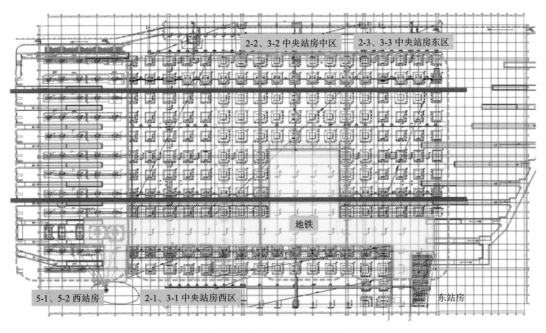

图 1.2.5-26　基础平面分区图

针对本项目因施工分期设置的沉降后浇带，本工程应用国际地基基础与岩土工程专业数值分析有限元计算软件 PLAXIS 3D，通过地基土、基础与结构相互作用进行施工阶段模拟，分析沉降后浇带阶段差异沉降、总沉降是否满足规范规定的相关要求。

地基基础协同作用沉降计算步序按本工程岩土工程条件、结构条件进行建模分析，

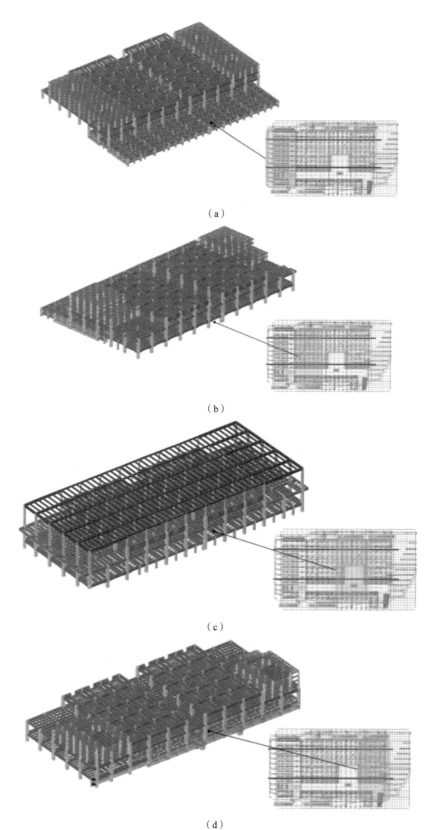

（a）

（b）

（c）

（d）

图 1.2.5-27　结构类型分区图

结构模型尺寸约 459m×250m，场地模型尺寸约 800m×530m。图 1.2.5-28、图 1.2.5-29 计算模型 1、2 为桩地铁结构 - 丰台站基础 - 荷载计算模型图，按施工阶段进行精细化模拟。

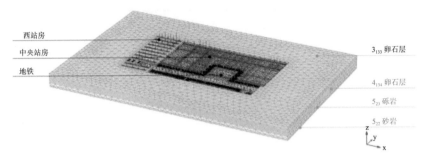

图 1.2.5-28 计算模型 1

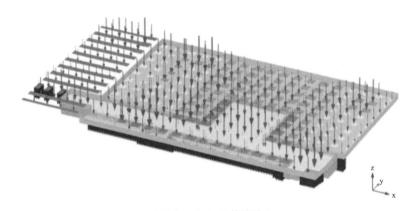

图 1.2.5-29 计算模型 2

数值计算按照五个步骤进行，分别为基坑开挖、桩基施工、一期工程施工到 -2.5m、一期工程北区范围施工到顶（90% 总荷载）、全部施工完成（荷载加到 100%）。

地基基础协同作用沉降计算结果如图 1.2.5-30 ~图 1.2.5-33 所示。

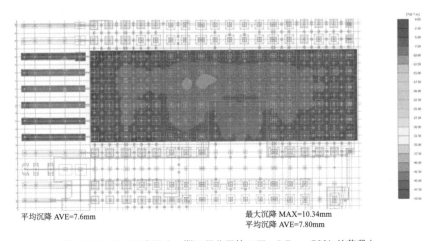

平均沉降 AVE=7.6mm

最大沉降 MAX=10.34mm
平均沉降 AVE=7.80mm

图 1.2.5-30 沉降图（一期工程北区施工至 -2.5m，50% 总荷载）

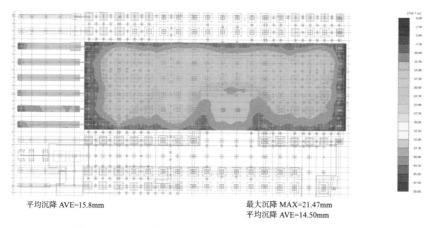

平均沉降 AVE=15.8mm

最大沉降 MAX=21.47mm
平均沉降 AVE=14.50mm

图 1.2.5-31　沉降图（一期工程北区结构到顶，90% 总荷载）

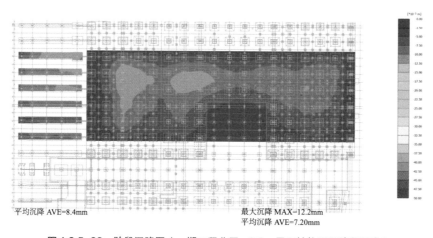

平均沉降 AVE=8.4mm

最大沉降 MAX=12.2mm
平均沉降 AVE=7.20mm

图 1.2.5-32　阶段沉降图（一期工程北区 -2.5m 层至结构到顶阶段沉降）

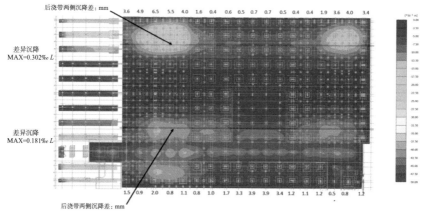

图 1.2.5-33　施工后浇带两侧沉降图（一期工程北区结构到顶至全部施工完成）

1）一期工程北区施工至 -2.5m，荷载达到 50% 总荷载时，中央站房的最大沉降为
10.34mm，平均沉降值为 7.80mm。

2）一期工程北区结构到顶，荷载达到90%总荷载时，中央站房的最大沉降为21.47mm，平均沉降值为14.50mm。

3）一期工程北区 -2.5m 至结构到顶阶段沉降为：中央站房最大沉降12.2mm，平均沉降7.2mm。

4）最终沉降：中央站房最大沉降33.3mm，平均沉降15.4mm；西站房平均沉降21.1mm。

5）重点关注的一期工程北区结构到顶阶段至本项目全部完成的阶段性沉降：施工后浇带两侧柱距内最大绝对沉降6.5mm，即 $0.302‰L$，小于规范允许值 $2‰L$。

根据计算，取消沉降后浇带以后结构变形沉降差在规范允许范围内，可以取消。通过计算和专家论证后，最终将这两道通长的东西向后浇带改为膨胀加强带。

实际过程中，将沉降后浇带改为膨胀加强带后，经过对结构沉降变形的连续观测，未发现结构出现明显裂缝和变形超标的问题。

（8）地铁与国铁结构共构技术研究

新建地铁16号线东西向贯通站房地下部分，为地下二层和三层结构，与站房同结构设置，站房与地铁共建钢管柱及混凝土柱90根，地铁与国铁重叠面积21232m²，存在大量结构共用情况，如地铁顶板为站房底板，地铁钢柱与国铁钢柱共轴等，且由两家单位分别施工，这给丰台站的建设提出了更高的要求，工程技术人员从测量定位、钢柱深化、钢筋节点优化、防水节点优化等方面进行了技术研究。

测量定位：丰台站体量大，配套措施多，参建单位众多，测量工作难度大，同时由于各参建单位采用的坐标系不统一，为保证共构结构和各建筑物之间相对位置的准确性，由甲方组织设计、施工单位完成铁路坐标和北京市坐标转换，各方采用统一测量基准点进行工程坐标及高程测设，并定期核对，在共构结构施工时相关单位进行轴线和高程点核对并共同签认，特别是竖向构件的定位，双方建立联测机制，互相复核，确保构件位置准确（图1.2.5-34）。

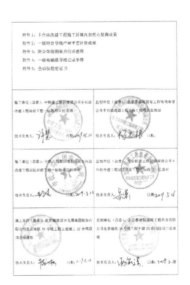

图1.2.5-34　测量定位联测

复杂及细部节点优化：工程技术人员对主要的节点进行研究，如底板与外墙钢筋连接节点，防水交界处节点。原设计底板钢筋直接锚入地铁外墙，此种做法需要在地铁外墙模板（北京城建施工）预留钢筋，对模板造成损伤，双方一直未达成一致意见；工程技术人员会同设计单位、甲方单位进行了原设计、接驳器、墙板钢筋互锚的三种方式的对比：

1）原设计虽然施工方便但是双方未达成一致意见，且防水细部构造难以保证施工质量；

2）接驳器施工方便，直接预埋，但是过程保护，定位准确较为困难，防水细部节点不好处理；

3）墙板钢筋互锚施工简单，界面清晰，防水细部构造容易处理，但成本增加较多。

图 1.2.5-35　连接节点优化前　　　　图 1.2.5-36　连接节点优化后

经过对以上三种形式的研究，综合考虑工期等因素，最终确定采用墙板钢筋互锚的形式，保证了施工进度和施工质量（图 1.2.5-35、图 1.2.5-36）。

丰台站底板采用 SBS 防水卷材，地铁 16 号线采用自反应预铺防水卷材，两种材料如何在交界处搭接，成为保证丰台站地下室防水的质量重点。通过市场咨询和技术研究，项目部对此节点进行优化研究，采用丁基橡胶粘结带作为两种防水材料的连接材料，同时在防水卷材下设附加层，进而保证了丰台站地下防水施工质量（图 1.2.5-37）。

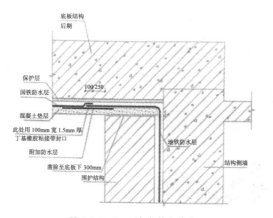

图 1.2.5-37　防水节点优化

（9）行包通道、框涵基础与站房结构共构技术研究

丰台站除与地铁 16 号线的共构外，还与周围配套的市政交通紧密联系，如中铁六局施工同期建设四合庄框涵和行包通道与东雨棚共构；站房东北角从站房地下室引出的 3 条市政道路、10m 层市政道路（北京住总施工）、站房桩基础、承台基础及条形基础、站房中空站台及站房行包通道（中铁六局施工）上下穿行、跨越（图 1.2.5-38、图 1.2.5-39）。

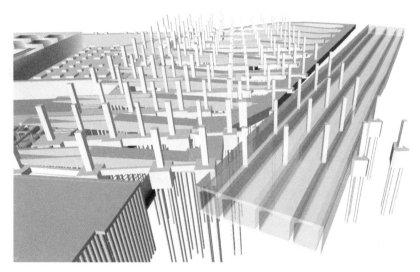

图 1.2.5-38　四合庄框涵与东雨棚共构情况

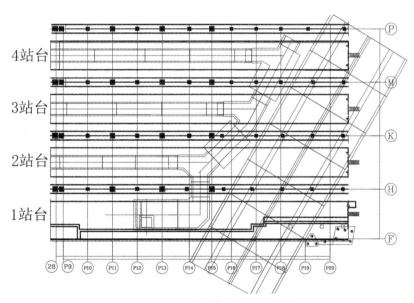

图 1.2.5-39　行包通道与东雨棚共构情况

由于结构交接位置和共用位置较多，按常规施工方案，各参建单位多次穿插施工，施工质量和施工进度难以保证，项目部从测量定位、结构优化、施工组织等方面进行了研究。

结构优化：丰台站普速站台采用中空站台，除常见的站台层外，下方局部还设置排

烟风道，且标高变化较多，施工工序较多；行包通道为斜坡道，从风道下方斜向延伸至站台面；行包通道与站台排烟风道侧壁、站台内墙形成共用，施工难度极大，成为丰台站施工的难点，也是技术研究的重点（图 1.2.5-40、图 1.2.5-41）。

考虑到标高变化多，穿插工作多的因素，对风道结构进行优化，局部站台下无风道位置下沉至与对侧风道同一标高，减少土方回填、防水施工的工序穿插，同时标高统一也减少参建单位的施工缝留置数量，减少不同单位之间的工序交接次数

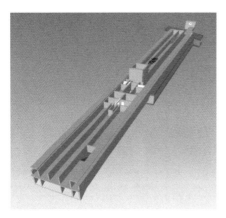 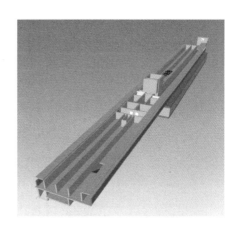

图 1.2.5-40　中空站台优化前　　　　　　　　图 1.2.5-41　中空站台优化后

施工组织研究：针对如此复杂工况，项目部积极与行包通道施工单位进行研讨，多次展开共构结构的施工组织研究，对现场的施工组织细化，保质保量地完成共构部分的结构施工。

对于 5、6、7、8、9 中空站台和行包通道共结构部分本应由两家施工单位分别施工的部分，双方共同分析协商，按照部位统一由一家进行施工，减少不同参建单位之间的工序穿插，保证了施工质量和施工进度（图 1.2.5-42）。

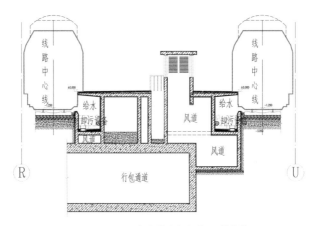

图 1.2.5-42　中空站台与行包通道共构

经过第一阶段共用结构施工，1、2、3、4、10、11 站台施工时，我们总结 5、6、7、

8、9站台的经验，提出优化方案，各参建单位统一操作，实现管理、实操分离，确保现场的施工质量和进度。

1.3 大跨度清水复杂结构体系施工技术

清水混凝土属于一次浇筑成型，不做任何外装饰，通过配合比调色，直接采用混凝土自然成型外观做为装饰面，要求表面平整光滑，色泽均匀，棱角分明，具有朴实无华、自然沉稳的天然韵味。雄安高铁站、大同南站在清水混凝土施工技术做了大量的探索，在施工流水段划分、深化设计、清水缺口柱、花边柱、双柱的模板加固工艺、清水混凝土配合比等方面做了大量的试验、研究，为其他大型公共建筑工程的清水混凝土体系具有较高的参考价值。

1.3.1 雄安站清水结构体系施工技术

雄安站站内以"建构一体"为设计原则，通过首层的灰色清水混凝土开花柱、弧线型清水混凝土梁以及站台钢结构，将自然、朴素作为理念与特色，优化梁柱关系，强化整体感，表达开放包容、兼容并蓄的建筑气质。

1.清水结构特征

雄安站清水混凝土柱数量多、截面大、造型复杂；2.7m×2.7m清水柱共72颗，2.5m×2.5m清水柱共20根。清水柱均为劲性结构，钢筋密集，四角向上弧形收分，角部钢筋排布困难，施工效率较低。施工前建立BIM模型，运用3D排布碰撞检测技术对四角钢筋进行了5次优化，确定清水混凝土柱四角钢筋收头下插次数、根数以及标高。通过该工艺模拟，避免了钢筋外露引起腐蚀等问题，确保了钢筋的最优布设，极大提高施工效率与质量（图1.3.1-1）。

图1.3.1-1 清水结构

2. 技术条件分析

清水结构造型复杂，雄安站首层候车厅及城市通廊位于承轨层下方，为降低桥下站的沉闷感觉，结构柱阳角处设置通长的收分弧形凹缝造型，上部收分，在柱梁交接处进行曲线双向加腋；结构梁两侧加腋形成弧形梁；整体呈现规则变化的曲线。

结构构件截面大，框架柱截面为 2.7m×2.7m、2.5×2.5m，框架梁截面为 1.9m×3.2m、1.7m×2.8m、端部加腋处最大截面达到 1.9m×5.4m，超大截面加之复杂造型，常规工艺无法实现。

超大体量，雄安站清水混凝土柱 192 根，清水混凝土梁 500 道，展开面积 11.2 万 m^2、混凝土方量为 6.4 万方，如此大体量施工，对混凝土质量要求高。

环境温度低，清水施工时间为 10 月至次年 3 月，部分清水混凝土在冬期施工。冬期的温度直接影响清水混凝土原材料的性能，对混凝土的制作、现场浇筑和成型效果有较大的影响。

3. 清水混凝土技术要求与标准

（1）清水混凝土技术标准

颜色：混凝土在同一视觉空间内，表面颜色一致，色泽均匀。

外观：表面平整、清洁、色泽一致，混凝土表面不得出现蜂窝、麻面、砂带、冷接缝和表面损伤等。

表面气泡：饰面清水混凝土表面 $1m^2$ 面积上的气泡面积总和不大于 $3cm^2$，最大气泡直径不大于 3mm，深度不大于 3mm。

分隔缝直线度：饰面分隔缝直线度偏差不大于 2mm。

接缝：梁柱节点或楼板与墙体交角、线、面清晰，起拱线、面圆滑平顺；饰面清水混凝土墙面的细微冷接缝，不超过 $1.5/500$（m/m^2）。模板接缝、对拉螺栓和施工缝留设有规律。

拼缝：模板拼缝印迹整齐、均匀，且印迹宽度不大于 2mm。模板拼缝与施工缝处无挂浆、漏浆。

几何与外观尺寸：立面垂直度、表面平整度和阴阳角方正，起拱线、拱面几何尺寸准确、圆滑。轴线通直、尺寸准确、棱角方正、线条顺直。

（2）清水混凝土配合比技术要求

水泥：活性高，质量稳定，碱含量低，适应性好，色泽均匀一致，选用硅酸盐或普通硅酸盐水泥；

骨料：级配好，色泽、规格、产地一致。粗骨料选用碎卵石，针片状颗粒含量小于 8%，含泥量小于 0.8%，无杂物；细骨料为中粗砂，细度模数不小于 2.3，含泥量小于 2%，泥块含量小于 0.6%。

矿物掺合料：以 I 级粉煤灰和 S75 级粒化高炉矿渣为主，但要固定产地和规格，禁用高钙粉煤灰。

外加剂：减水率大于 15%，含气量 2±1%，不改变基准混凝土的色泽。

4. 关键工序与实施

雄安站结构实施期间以光谷为界划分两个标段。各标段内按设计分区划分为 5 个施工区，各施工区在具备工作面后同步施工。各标段内按照三个作业队，形成三个组团，即 BD 组团、A 组团、CE 组团。清水混凝土涉及区域 ABC 三个区（图 1.3.1-2）。

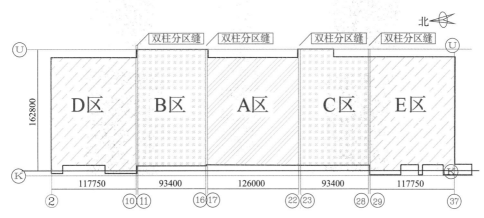

图 1.3.1-2 总体施工顺序

施工时柱与梁板分开浇筑，通高柱设置一道施工缝，位于开花梁柱接头处；带夹层柱设置 3 道施工缝，第一道施工缝位于夹层梁底，第二道施工缝位于夹层板顶，第三道施工缝位于开花梁柱接头处（图 1.3.1-3）。

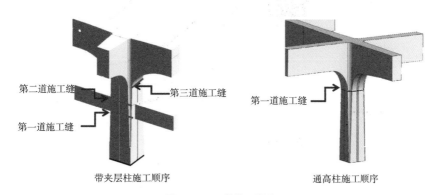

图 1.3.1-3 柱施工顺序

5. 关键施工技术

（1）清水结构柱"开花"造型优化技术

墩柱四角变截面弧形立筋优化：开花柱四角的圆弧造型自下而上逐渐收分，使角部钢筋不能自底直通至顶。通过 3D 仿真模拟，采用分层截断的方式实现圆弧造型，同时保证结构受力安全（图 1.3.1-4、图 1.3.1-5）。

凹槽箍筋优化，梁柱中部 200mm×50mm 凹槽由方形改为梯形，避免在模板拆除时造成阳角破损。凹槽钢筋由搭接焊优化为直接弯折，避免现场大量焊接作业，有效提高钢筋绑扎速度（图 1.3.1-6）。

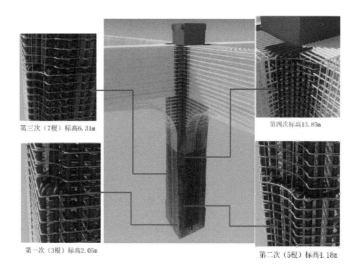

图 1.3.1-4　柱插筋优化

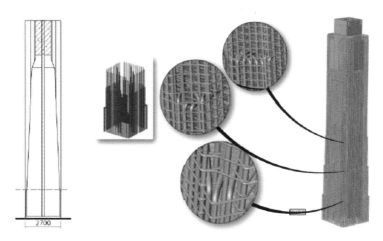

图 1.3.1-5　柱分四次收分到位示意

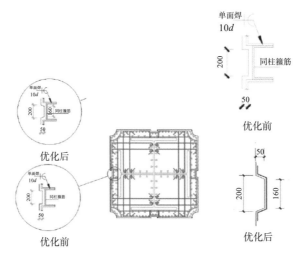

图 1.3.1-6　凹槽箍筋优化示意

（2）"开花"造型清水混凝土模板体系施工技术

大截面"开花"造型清水混凝土模板体系，是一种一次成型模板技术。该模板体系通过改进模板的组拼方式，利用方钢管的可加工性能，将弧形多层板通过角钢固定在方钢管组拼的钢架上，形成单元式定型钢木组拼模板，形成弧度成型效果，与传统定型钢模板相比重量轻，可拆性强，实现复杂造型清水混凝土一次成型。通过设置柱托、柱箍、四角螺栓以及斜杆支顶的组合方式加固柱头开花造型模板，避免造型表面出现螺栓孔，以实现清水效果。

雄安站清水混凝土梁柱节点复杂，在实施过程中，总结出"七步"法则：①托：柱头模板下部设置稳固托架，保证模板基础牢靠；②箍：梁柱接头模板下口箍紧，防止模板错动，造成跑模错台；③顶：模板支顶牢固，防止模板变形，保证混凝土弧线流畅、一致；④包：接高模板下跨第一次完成的混凝土结构，保证接槎处搭接；⑤拉：角模设置对接螺栓，保证自身稳定性和截面尺寸准确；⑥搭：面板接缝处设置有龙骨，且面板接缝要严密。⑦封：所有模板接缝、模板与混凝土交接等的缝隙均要密封严密（图1.3.1-7）。

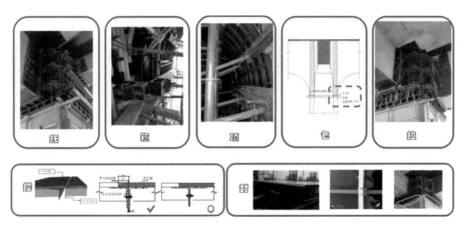

图1.3.1-7　七步法托箍拉顶加固法

（3）大截面弧形清水混凝土梁木模板体系施工技术

大截面弧形梁清水混凝土木模板体系施工技术，是一种用几字形角码加固形成顺滑曲面的模板体系（图1.3.1-8、图1.3.1-9）。

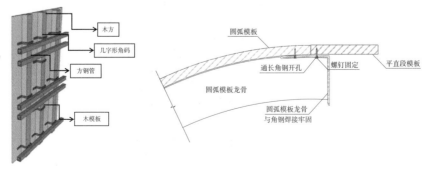

图1.3.1-8　优化后的木模体系示意　　　图1.3.1-9　阴角弧形—平直段模板连接节点

在保证清水混凝土梁成型效果的基础上，采用几字形角码代替几字形钢将次龙骨木方固定于梁侧模板上。几字形角码在工厂加工定制，两侧开5mm钉孔，宽度可与木方一致，高度应略小于木方1mm；施工中，将螺钉通过几字形角码上的钉孔固定木方与模板，避免模板正面出现钉眼；在单元模板拼接施工中采用"钩搭式"组拼接头，达到拼缝严密的目的，保证混凝土成型后观感优良。

（4）超大截面异形箍筋施工技术

在清水混凝土结构施工过程中，异形钢筋加工的施工进度和质量对整个清水混凝土工程起着至关重要的作用。通过研发顶弯机解决小截面异形钢筋加工精度及质量问题；通过研发的大截面箍筋辅助加工设备，解决箍筋加工过程中需人工扶撑，耗费人力且存在较大安全隐患的问题（图1.3.1-10）。

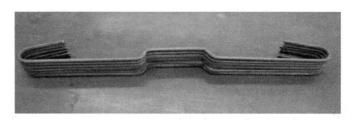

图1.3.1-10　小截面异形钢筋

（5）弧形模板体系

弧形模板利用方钢的可加工性能，将弧形多层板通过角钢固定在方钢组拼的钢架上，形成单元式定型钢木组合模板，达到弧度成型效果，与传统定型钢模板相比重量轻，降低了模板重量及大型机械占用时间，可拆性强，实现"开花柱"造型清水混凝土一次成型（图1.3.1-11）。

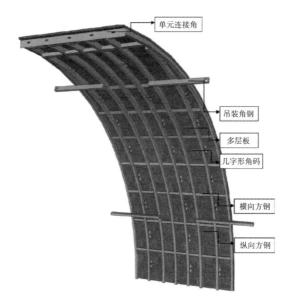

图1.3.1-11　弧形模板体系示意

（6）纵向钢筋组合式连接施工技术

劲性结构纵向受力钢筋两端均通过接驳器与钢柱连接，国内首创"接驳器＋直螺纹＋双螺套连接器"的组合式钢筋连接系统，解决了纵向受力钢筋连接难题。

（7）清水混凝土外观图像采集技术

图像采集用设备可选用无人机、轨道式扫描仪、数码相机，有效像素应大于2000万，连续工作时间应大于2h。标准色卡与实际清水混凝土表面应在相同环境条件下同屏采集图像；图像拍摄时，摄像头与清水混凝土表面的垂直距离不宜大于5m；每幅图像采集区域不宜大于5m×5m；扫描时，沿轨道移动依次连续扫描混凝土表面，扫描过程应保持扫描速度一致，最快扫描速度不宜低于15cm/s。清水混凝土平整表面外观图像的采集，明确了清水混凝土色差的分析和评定标准，为清水混凝土施工奠定了坚实基础。

（8）清水结构缺陷修复

气泡修复：对于影响清水混凝土观感的轻微气泡原则上不修复；需修复时，首先清除混凝土表面的浮浆和松动的砂子，用与混凝土同厂家、同强度的黑、白水泥调制成水泥浆，首先在样板墙上试配试验，保证水泥浆体硬化后颜色与清水混凝土颜色一致。修复部位待水泥浆体硬化后，用砂纸将整个构件表面均匀打磨光洁，并用水冲洗洁净，确保表面无色差。

墙根、阳角漏浆部位修复：首先清理孔表面的浮灰，轻轻刮去表面松动砂子，用界面剂稀释液（约50%）调配成与混凝土表面颜色基本相同的水泥腻子，用刮刀取水泥腻子抹于需修复部位。待腻子终凝后打砂纸磨平，再刮至表面平整，阴阳角顺直，洒水覆盖养护。

明缝处胀模、错台修复：先用铲刀铲平，如需打磨，打磨后需用水泥浆修复平整。明缝处拉通线后，对超出部分切割，对明缝上下阳角损坏部位先清理浮渣和松动混凝土，用界面剂稀释液（约50%）调同比例砂浆，将原有的明缝条平直嵌入明缝内，将修复砂浆填补到缺陷部位，用刮刀压实刮平，上下部分分次修复；待砂浆终凝后，取出明缝条，擦净被污染的混凝土表面，洒水养护。混凝土缺陷修复完成后要求达到墙面平整，颜色均一，无明显修复痕迹；距离墙面5m处观察，肉眼看不到缺陷，可在样板上反复试验以检验相应施工工艺，直到符合要求。

6. 实施技术效果总结

大截面异形清水混凝土结构施工技术在雄安站房工程中得到了全面广泛的应用，其中：

（1）清水混凝土结构复杂造型钢筋的加工安装，采用BIM+3D排布碰撞检测后下料；清水结构中间凹槽部位按照宽度200mm，进深50mm要求控制；自主研发小截面异形箍筋顶弯机，解决小截面异形钢筋加工精度及效率问题；发明一种大截面箍筋加工辅助设备，解决雄安站大截面箍筋重量大、加工时耗人工易倾覆的问题。

（2）结合清水梁柱特定开花造型，总结模板形式及细部处理方法。①清水柱模板采用定型钢模板，阴阳角处采用定型复合钢角模，形成整体，避免错台。②双柱缝宽200mm，通过改变背楞及四角螺栓型式实现单体模板安拆空间需求。③改进梁侧次龙骨加固方式，利用几字形角码＋木方的龙骨体系代替传统几字形钢，避免模板正面出现钉眼。④利用方钢管的可加工性能，将弧形多层板通过角钢固定在方钢管组拼的钢架上，形成单元式定型钢木组拼模板，形成弧度成型效果，与传统定型钢模板相比重量轻，可拆性强。⑤在脱模剂的选择上，通过对脱模剂的选择对比分析，水性脱模剂浇筑完成后气泡存留较多，模板漆易于粘模，且使用完成后不好清理，影响观感质量。油性脱模剂颜色略深，气泡较少，观感良好。

（3）为更好地验证混凝土与模板的特性，采用不同材料模板制作小样，浇筑时使用 $\phi30$ 棒进行振捣，通过多次试验，调整砂率、外加剂及水的含量、优选隔离剂等措施，逐步达到良好的效果，最终形成适宜的清水混凝土配合比报告；混凝土浇筑施工时针对框柱和梁不同结构形式，选用不同的浇筑方案，确保清水混凝土外观质量（图 1.3.1-12、图 1.3.1-13）。

图 1.3.1-12　开花柱实施效果

图 1.3.1-13　开花柱整体效果

1.3.2 大同南站清水结构体系施工技术

1.建筑特征

大同南站为线上候车，上进下出型客站，布置4台9线，设450m×15m×1.25m基本站台1座，450m×11.5m×1.25m岛式中间站台3座，正线2条，到发线7条。本工程由站房、站台雨棚、旅客地道和物流通道组成。车站总建筑面积66151m²，其中站房面积39990m²，站台雨棚面积20617m²，旅客出站通道面积2727m²，物流通道面积2817m²。

本工程清水混凝土范围：站房高架候车厅下框架柱，雨棚柱、梁、板。高架层建筑面积9800m²，清水混凝土柱36根；雨棚分为站台雨棚及跨线雨棚，站台雨棚高5.673m，跨线雨棚分为三阶，分别高8.473m、11.373m、14.273m，跨中采用单向密梁，结构内最大跨度达21.5m，悬挑部分采用上翻梁，与主站房屋顶飞檐相呼应（图1.3.2-1~图1.3.2-3）。

图1.3.2-1 高架候车厅下清水混凝土柱

图1.3.2-2 站台雨棚柱、梁、板

图1.3.2-3 跨线雨棚分为三阶

2.技术条件分析

雨棚柱清水部位从-0.727m至5.673m，清水柱为800mm×600mm×6400mm的异形柱。跨线雨棚柱从-2.7m至14.47m，清水柱为1400（1000）mm×2600mm×17170mm双异形柱。考虑清水混凝土柱、梁、板的整体效果，采用一次支撑成模，分次浇筑的方法，完成对清水混凝土的浇筑工作。模板的刚性要求、支撑体系要求高，控制水平施工缝、柱子异形凹槽、弧形阳角成型、垂直度、平整度、混凝土浇筑等均是施工过程中的重难点。

雨棚造型特殊，整体错落有致，梁板柱的交接面较多，梁截面变化大，雨棚斜板的清水效果实现是施工控制的重点。

混凝土配合比的确定：混凝土配合比的确定，除需要考虑混凝土外观颜色、气泡水纹的产生、坍落度（水灰比控制及外加剂的使用）等达到清水标准外，还需防止截面较大的预应力梁混凝土收缩产生裂缝，部分混凝土强度等级较高，容易产生收缩裂缝。

3. 关键工序与实施

（1）水平施工工序（图 1.3.2-4）

第一施工流水段（水平方向）：先施工方形柱到低位顶板区域，模板上端深入到高于板面 20mm；

第二施工流水段（水平方向）：施工低位水平板及斜板；

第三施工流水段（水平方向）：施工中间高区顶板及剩余结构梁。

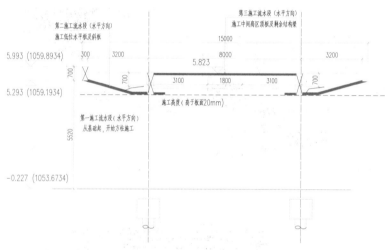

图 1.3.2-4　雨棚水平施工工序分段图

（2）竖向施工工序

按照结构图留置的变形缝及膨胀加强带进行结构施工即可（图 1.3.2-5）。

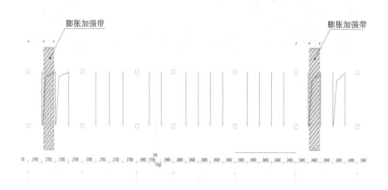

图 1.3.2-5　雨棚竖向施工工序分段图

4.关键工艺技术

（1）工艺优化深化

雨棚缺口柱深化：根据结构设计将站台雨棚柱按照外形进行拆分，展开为平面形式，然后按照清水混凝土的模板标准模数，进行矩形缺口及梯形缺口柱的模板排版（图1.3.2-6）。

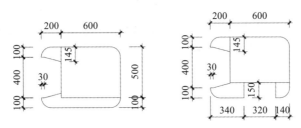

图1.3.2-6 站台清水柱截面尺寸图

缺口柱采用2440mm×1220mm×17mm覆膜多层板，次龙骨（竖向）为40mm×60mm@200几字梁型钢，现场预拼，模板竖排拼成，模板拼缝间粘贴海绵胶条。清水柱四边交汇处为$R100$的圆形倒角，进站台方向统一留置安装排水管的凹槽。$R100$的圆角采用定制加工的PVC圆角线条，凹槽通过设计一梯形凹槽模板箱实现，模板箱阴角位置的模板则需要45°的斜角，拼起来后紧密贴合，不出现毛边与缝隙。缺口柱模板加固如图1.3.2-7所示。

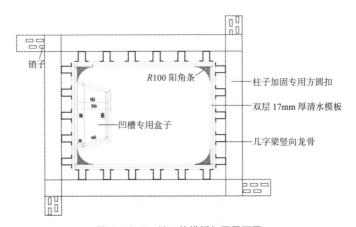

图1.3.2-7 缺口柱模板加固平面图

落水管模板箱背楞板采用全自动模板裁割机雕刻，组装落水管模板箱体成型。背楞板间距400mm布置。通过安装此类槽型模板箱可实现清水混凝土缺口柱的造型。梯形槽口箱尺寸及安装位置如图1.3.2-8所示。

对于阳角条安装，采用$R100$mm圆形倒角硬塑样条，如图1.3.2-9所示。首先选用成品阳角倒角条，在倒角条周围粘贴透明胶带，使混凝土不与木条直接粘贴；其次，在模板与倒角条之间粘贴海绵胶条，选用自攻螺钉在模板背部拧紧阳角条；安装完成后做最

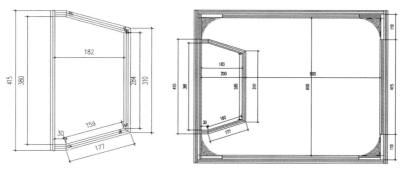

图 1.3.2-8　梯形槽口箱尺寸及安装位置

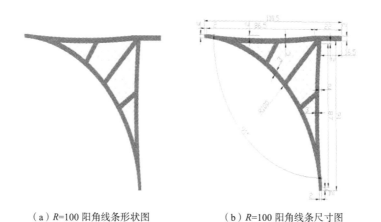

（a）R=100 阳角线条形状图　　　　　（b）R=100 阳角线条尺寸图

图 1.3.2-9　成品阳角条平面图

后检查，若发现缝隙，则使用结构胶封堵模板缝隙。

跨线雨棚花边柱深化：花边柱模板深化根据 CAD 图纸中的结构数据，将柱体按表面积展开为一平面，然后根据展开图形按标准模数 2440mm×1220mm×17mm 进行排版，花边柱的模板排版展开如图所示。柱体模板排版原则：尽量保证满足清水模板标准模数，实现工厂加工预制，减少现场的剪裁（图 1.3.2-10）。

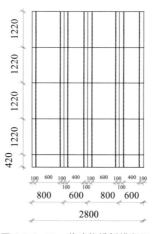

图 1.3.2-10　花边柱模板排版图

跨线雨棚的花边柱四个角均为 R300 的圆形倒角，四边均有深 50mm 凹槽，柱横截面呈现花边形状，柱角成型采用专门制作的圆形倒角加固盒，四个边则制作 67mm 厚的方盒作为模板，在凹槽内使用几字梁竖向龙骨加固与圆角专用盒外侧平齐，然后加一层柱子专用的方圆扣加固。清水花边柱尺寸、加固节点、加固构件及现场如图 1.3.2-11 ～图 1.3.2-14 所示。

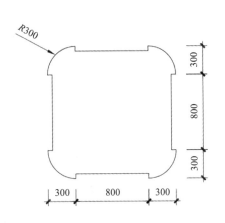

图 1.3.2-11　花边柱尺寸图

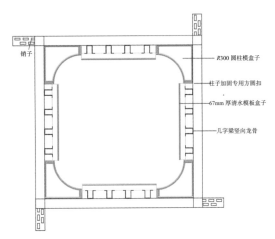

图 1.3.2-12　花边柱加固节点平面图

图 1.3.2-13　方柱区加固构件

图 1.3.2-14　圆形倒角模板箱

双柱深化：双柱位于车站高架厅施工区域内，为结构伸缩缝需要。双柱共计 6 个，呈水平直线分布在高架厅北侧，以高架厅东西走向中线为基准，左右各三个对称布置；3 组双柱间距相等，柱高统一，为 9.1m；属于超高型清水混凝土柱，须进行分层分段浇筑施工，清水混凝土双柱成型效果及尺寸如图 1.3.2-15 所示。

双柱四角均为 R300 的圆形倒角，和花边柱深化一致，定制 R300 的 1/4 圆柱模，根据模板的厚度与几字梁的宽度，加工背楞板与圆柱模，紧密贴合做成一个加固盒。

加固体系分为三层：第一层为几字梁型钢，用长 16mm 的自攻螺钉把几字梁型钢与清水模板连接在一起（自攻螺钉长度不得超过模板的厚度，不得穿透清水模板），第二层为 C 型钢主背楞，第三层为 φ48×3.5 钢管加固，用直径 16mm 的螺杆加蝴蝶卡、

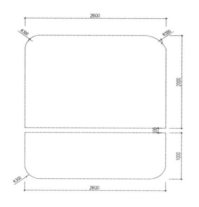

图 1.3.2-15　清水混凝土双柱

80mm × 80mm × 105mm 的垫片加双螺帽锁紧，螺杆间距为 600mm × 600mm 排布。圆形倒角加固构件如图 1.3.2-16、图 1.3.2-17 所示。

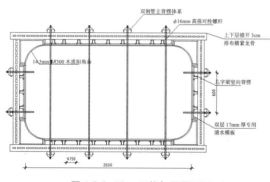

图 1.3.2-16　双柱加固平面图　　　　　图 1.3.2-17　圆形倒角阳角条

阴阳角部位深化：阳角部位的模板相互搭接，防止水泥浆渗水，模板面结合处需贴上双面胶条，斜拉螺杆 45° 水平均匀对拉，以防角部胀模漏浆。阳角模板安装时，挡头板加固铁钉不应完全钉入模板，需留出约 10mm，方便拆模。清水墙阳角加固节点如图 1.3.2-18 所示。

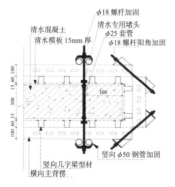

图 1.3.2-18　阳角加固节点

梁板接缝处阴角：为使阴角方正，阴角模板需 45° 倒边切割，粘贴双面胶条。阴角模板安装时使用角铁加固，保证阴角顺直无错位。为保证阴角模板的稳定性，角模不变形、接缝不漏浆，采用组拼成型角模，角模面板拼接采用斜口连接。阳角模板面拼接采用直口连接。如图 1.3.2-19、图 1.3.2-20 所示。

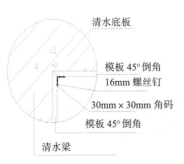

图 1.3.2-19　阴角加固节点图

图 1.3.2-20　阳角加固节点图

施工缝部位深化：施工缝主要是清水混凝土与非清水混凝土相交部位施工缝处理，存在于双柱顶部部位，该部位模板加固时使用泡沫胶条粘贴，不能出现漏浆现象。在柱头模板与梁板相接时模板进行 45° 倒角，使用角铁连接阴角模板。由于双柱头部位钢筋密集，混凝土振捣不便，在浇筑之前混凝土振捣棒手提前看好振捣位置，并预留钢管，混凝土振捣棒顺着钢管向下振捣，保证柱头根部接缝位置无缺陷，施工缝节点如图 1.3.2-21 所示。

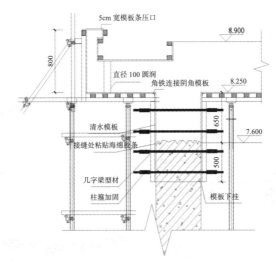

图 1.3.2-21　双柱柱头施工缝节点

（2）材料选择

为保证清水混凝土的表面效果，工程模板选用 17mm 厚专用清水覆膜板。清水模板平整度好、光滑度高、材质致密、不吸水膨胀、不受温度变化翘曲，模板进场需对材料进行验收。

框架柱主龙骨选用几字形钢梁及柱箍专用的方圆扣，加固出来的阳角更加方正，不易变形，不存在螺栓孔洞处理。

平板次龙骨使用俄罗斯进口白云衫方木，比之普通的方木更加地垂直、平整，混凝土浇筑完成后平板更加平整。

雨棚的滴水槽定制专用的凹缝条，用自攻螺钉钉在模板上，使滴水槽一次成型，不需要二次施工，更加顺直（图 1.3.2-22）。

图 1.3.2-22　凹缝条

梁侧模的螺栓孔使用专用堵头及 PVC 套管安装，螺栓孔一次成型，加固体系为二层体系：第一层为几字梁型钢（几字梁型钢间距不超过 150mm），用 16mm 的自攻螺钉把几字梁型钢与清水模板连接在一起（自攻螺钉长度不得超过模板的厚度，不得穿透清水模板），第二层为 C 型钢主背楞用 M16 的螺杆加蝴蝶卡、80mm×80mm×105mm 的垫片加双螺母锁紧，螺杆间距为 600mm×600mm 排布。堵头及套管如图 1.3.2-23 所示。

图 1.3.2-23　堵头及套管

（3）清水混凝土配合比试配

混凝土坍落度要求为 180～190mm；扩展度为 450～550mm；在满足强度要求条件下，尽量降低水灰比。较大的水灰比将会形成水纹，甚至出现泌水离析现象，影响表观质量。

施工时现场派专人对混凝土的坍落度进行测试，保证坍落度合格。混凝土配合比的设计，在经过配合比计算后，确定初始的试验配合比，经过大量试验样板浇筑，进行效果对比优化，得到大同南站所用清水混凝土配合比见表1.3.2-1、表1.3.2-2。

C35 清水混凝土配合比表 表1.3.2-1

清水	水泥	粉煤灰	矿粉	砂子	石子	外加剂
C35	279	77	0	774	1027	11.7

C50 清水混凝土配合比表 表1.3.2-2

清水	水泥	粉煤灰	矿粉	砂子	石子	外加剂
C50	430	70	0	735	1000	9.8

材料要求为：采用P.O 42.5低水化热普通硅酸盐水泥；中砂含泥量小于3%，泥块含量小于1%，通过0.315筛孔的砂，不小于15%；应用5~25mm连续级配碎卵石骨料。针片状颗粒含量≤10%，含泥量小于1%，泥块含量小于0.5%；搅拌用水采用自来水；雨棚结构施工期间考虑气温原因，加入HZ-6防冻剂，同时为增加混凝土密实度要求，有效降低混凝土内部水化热，降低裂缝发生概率，在混凝土中加入Ⅱ级粉煤灰级S75高炉矿渣粉。

（4）模板控制

清水混凝土对材料的加工要求较高，模板的误差不得超过1mm，按照深化图纸的尺寸在模板上标记，模板下料采用精密木工平台锯，保证尺寸准确，切口平整，阴角部位的模板均需导角，拼装后不会有模板毛边出现。

异形模板则需在CAD上以1∶1的尺寸画图，然后导出至数控裁板机的电脑上，用数控裁板机来切割异形模板，尺寸误差不超过1mm，再用修边机修边。

模板上穿墙螺杆的位置，需用专用木工开孔器按照深化图纸上的位置开孔，孔内圈均需平整，不允许有毛渣出现。开孔时从模板接触混凝土面向背面打眼，将模板眼崩边部位留在背面（图1.3.2-24）。

图1.3.2-24 模板孔开孔图

模板的接缝处压紧后用 30mm×60mm 的连接片在背面用自攻螺钉锁紧，保证板面平整，拼缝顺直无错台。连接片统一竖向加固，防止与竖向背楞重叠产生缝隙。拼缝处安装连接片间距 100～200mm 为宜（图 1.3.2-25、图 1.3.2-26）。

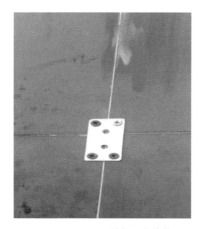
图 1.3.2-25　模板竖向接缝

图 1.3.2-26　模板横向接缝

模板安装完成后，开始竖向几字形梁龙骨加固，用 16mm 自攻螺钉垂直安装在模板外侧；字梁下口距离模板边 10mm，便于模板底部砂浆封边，安装时不得叠压连接片。

竖向几字形梁龙骨安装完成后，将 M16 螺杆贯穿于堵头、PVC 套管，再安装横向背楞，垫上十字垫片，用于临时固定，不锁紧，方便安装钢管。背楞之间接头部位两侧加装横梁连接片用插销固定，插销数量不得少于 4 个。横向背楞安装完后，根据螺杆的间距安装 ϕ48 的钢管，使用山形卡、垫片、双螺母进行第三层加固，以此来保证清水墙面浇筑混凝土后不变形、不胀模（图 1.3.2-27、图 1.3.2-28）。

图 1.3.2-27　竖向几字形梁安装

图 1.3.2-28　竖向钢管加固

阴阳角的加固：在横梁靠近接头部位焊接角铁并打眼，贯穿螺杆形成 45°角对拉，加固时两侧螺母需均匀受力紧固。阴角模板用专用的阴角加固器进行加固。如图 1.3.2-29、图 1.3.2-30 所示。

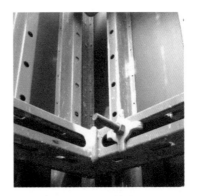

图1.3.2-29　阳角加固　　　　　　　图1.3.2-30　阴角加固

5.实施效果

大同南站清水雨棚柱造型美观，质感细腻；对雨棚缺口柱、花边柱、双柱等结构的深化设计及清水模板加固进行研究，给出了施工时的模板加固节点、柱体施工缝的处理方式。通过优化模板排版，改变模板尺寸大小，制定各种模板排布方案，避免现场模板随意切割，保证模板拼缝严密，阴阳角顺直，表面平整，不出现错台，禅缝和螺栓孔做到横平竖直，间距一致。

清水混凝土材料的控制是各支撑柱体完美落成的重要基础，对大同南站清水混凝土工程实施时的原材料具体情况进行了阐述，并给出了施工时所采用的清水混凝土配合比表，通过此配合比，浇筑出的清水混凝土构件，质量观感符合清水效果要求。

1.4　大跨度曲面联方网壳结构施工技术

1.4.1　郑州航空港站工程概况

郑州航空港站设计规模为16台32线,属于大型高铁客站。站房设计为跨线高架形式,站房建筑面积约15万 m²。站台雨棚建筑面积66420m²，分布在站房南北两侧对称布置,各17拱,共34拱。雨棚单片屋盖顺轨方向长98.1m,垂直轨道方向总长370m,拱高3.9m。如图1.4.1-1、图1.4.1-2所示。

图1.4.1-1　郑州南站雨棚鸟瞰效果图　　　　　图1.4.1-2　郑州南站雨棚候车效果图

1.4.2 曲面网壳结构的建筑创新

我国大型铁路客站的站台雨棚绝大多数采用大跨度、钢结构形式，在耐久性和维护性能方面，混凝土结构优势更为明显。郑州航空港站站场雨棚是继重庆西站之后，在雨棚形式上进一步创新，设计了装配式无站台柱联方网壳清水混凝土结构。站台雨棚结构体系为：钢筋（钢骨）混凝土柱＋支撑边梁＋钢筋混凝土联方网壳屋面结构。雨棚柱为异形八角形柱，柱高 13.15m。屋盖横轨方向呈波浪形，结构形式为预制装配式叠合板＋现浇联方网壳清水混凝土结构。该工程实现了结构形式与建筑效果的和谐统一，在高铁客站内尚属首创。

1.4.3 技术要素与实现途径

（1）技术要素

1）曲面网壳网格肋梁垂直于地面（图 1.4.3-1），菱形格平面投影大小相等，菱形格曲面大小从中间往两侧渐变（图 1.4.3-2）。雨棚跨度有 7 种，菱形格实际尺寸种类繁多。

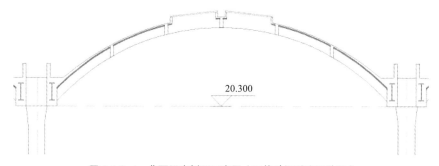

20.300

图 1.4.3-1　曲面网壳剖面示意图（网格肋梁垂直于地面）

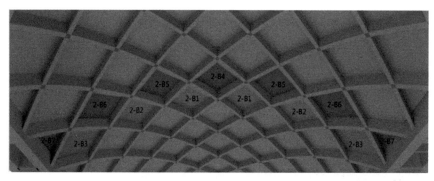

图 1.4.3-2　网格 7 种菱形板块示意图

2）梁侧全部垂直于地面，梁截面从中间往两边由矩形向平行四边形渐变（平行四边形锐角从 62° 渐变到 90°），如图 1.4.3-3 所示。

3）预制叠合板为弧面造型，预制构件与现浇结构节点处理要求高。

4）施工精度要求极高，三维空间定位难度大，平法制图难于表达尺寸。

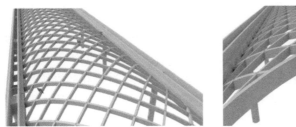
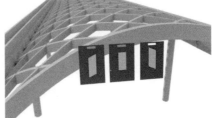

图 1.4.3-3　网格肋梁截面示意图

（2）实现途径

1）标准化

首先是网格肋梁梁截面标准化。使梁侧面垂直于拱面（图 1.4.3-4），梁任一截面均为矩形且大小相等，便于模板及钢筋加工安装（图 1.4.3-5）。菱形方格大小完全一致，拱两侧五边形及三角形格同跨大小一致，网格肋梁投影线由直线变为 S 形曲线（图 1.4.3-6）。

图 1.4.3-4　优化设计方案曲面网壳剖面示意图（网格肋梁垂直于拱面）

图 1.4.3-5　优化设计方案网格肋梁截面示意图

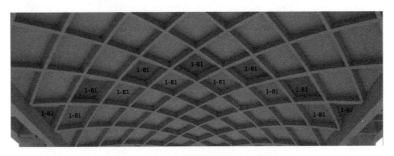

图 1.4.3-6　菱形板块优化方案示意图

其次是不同跨度的基本构件标准化：原设计方案分为12000mm跨、21050mm跨、21240mm跨、21500mm跨、21760mm跨、21800mm跨等六种不同跨度，为便于实施，将不等跨雨棚拱进行优化，雨棚拱除12000mm跨外均优化为21500mm标准单元，其余单元在标准跨单元基础上调整边缘尺寸，剖面上曲线成三段拱，在标准跨单元体将预制装配比提升到85%以上（图1.4.3-7）。设计优化前后整体形态并无太大变化，很好地保留了原设计意向，但施工更为便利。

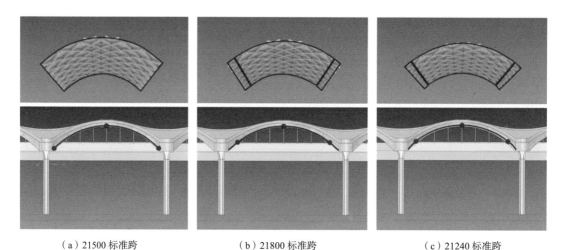

（a）21500标准跨　　　　　（b）21800标准跨　　　　　（c）21240标准跨

图1.4.3-7　不等跨统一化示意图

2）预制与现浇相结合：拱形结构板采用60mm叠合现浇层+60mm预制板（图1.4.3-8）。60mm厚叠合板为菱形曲面造型结构，为减小天窗部分预制构件与现浇结构结合处渗漏隐患，特将天窗部分与预制板做成一个整体，因此，单跨叠合板类型共4种，具体类型见表1.4.3-1。

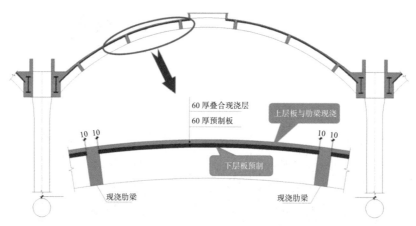

图1.4.3-8　预制现浇结合梁板结构示意图

根据叠合板的加工需要，对叠合板进行深化设计，以满足构件的加工生产要求。

叠合板种类与型号　　　　　　　　　　　　　表 1.4.3-1

序号	叠合板种类	规格型号
1	天窗曲面叠合板	2480mm×2480mm（洞口 1400mm×1400mm）
2	菱形曲面叠合板	2480mm×2480mm
3	五边形曲面叠合板	2480mm×1767mm×1015mm
4	三角形曲面叠合板	2480mm×1582mm

3）信息化：生产之前根据深化图纸、相关规范及图集的要求，通过 BIM 技术建立雨棚结构模型，将 BIM 模型按结构部位分解成单元个体，其中将不同规格的叠合板按深化图纸的规格尺寸进行精细化建模，直观地表现出叠合板的外观形态，根据模型体现出钢筋的排布方式及留设位置，解决钢筋安装的问题。对模型补充完善以及预制构件定制完成后，确保模型尺寸、弧度满足现场施工要求（图 1.4.3-9）。

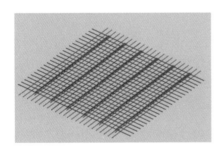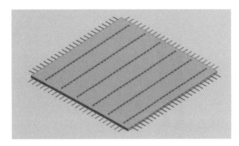

图 1.4.3-9　菱形叠合板 BIM 模型

1.4.4　关键施工技术

（1）模板加工图设计

利用犀牛（Rhino）软件建立三维模型，通过对雨棚构件进行提取、展平、按模板模数分段，绘制雨棚梁、柱、叠合板等构件模板加工图。再对梁柱交界处、梁板接缝处、模板禅缝、木模板螺杆眼等进行细部深化，绘制节点大样图（图 1.4.4-1）。

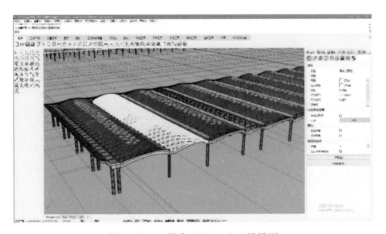

图 1.4.1-1　犀牛（Rhino）三维模型

（2）清水混凝土试配

清水混凝土配合比试配工作，主要在满足基本力学性能的基础上调整色差、减少表面气泡、优化施工性能；通过比选水泥品牌，微调混凝土矿物掺合料、外加剂、砂、石比例，同时匹配模板、脱模剂种类、成型工艺等辅助条件，共制作 80 组配比样板，以选定适合外观质量的混凝土配合比；针对雨棚屋面坡度大的特点，额外制作 400mm×400mm×600mm 斜面试模（斜面角度 45°），通过多组成型试验对比分析，确定合适的坍落度、扩展度等混凝土参数，满足雨棚清水混凝土成型效果。

（3）雨棚梁柱钢筋加工

采用数控钢筋加工机器人制作雨棚梁柱主筋，雨棚网格肋梁弧形主筋及腰筋根据梁槽弧度曲率由人工现场弯曲。采用钢筋弯弧机二次弯弧法加工雨棚梁箍筋及柱八边形箍筋（图 1.4.4-2）。

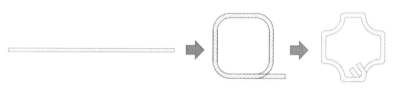

图 1.4.4-2　雨棚柱八边形箍筋加工示意图

（4）雨棚梁柱模板加工

雨棚柱采用钢模板施工。雨棚柱净高 11.55m，柱身等截面部分高 10.15m，顶部变截面柱头高 1.4m。分两次施工，第一次施工高度为 9.15m，第二次施工剩余 1m 直线段及柱帽。钢模板主面板设计采用 2.5mm 厚 Q235a 钢板，背楞采用 25mm×50mm×2.5mm 方钢管，环形加劲肋板采用 5mm 厚钢板。

雨棚梁及弧形龙骨采用木模板施工。弧形龙骨和顺轨主梁采用 1220mm×2440mm×15mm 清水混凝土模板，网格肋梁尺寸采用特制的 1250mm×2500mm×15mm 清水混凝土模板，利用犀牛（Rhino）模型出具模板加工深化图，将深化图导入数控雕刻机加工弧形龙骨及梁模板。梁模板对接拼缝处进行 45° 倒角（图 1.4.4-3）。

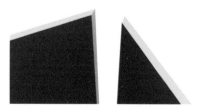

图 1.4.4-3　梁模板对接拼缝处倒角示意图

（5）测量放线

雨棚网格肋梁的测量放线主要分两步：首先，在站台面和承轨层面层弹设网格肋梁投影线，然后，在模架体系和三道龙骨安装完成后，将投影线垂直投射至次龙骨上（图 1.4.4-4、图 1.4.4-5）。

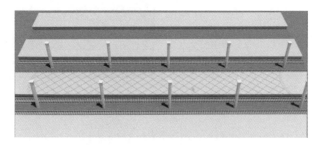

图 1.4.4-4　弹设网格肋梁投影线

图 1.4.4-5　网格肋梁投影线垂直投射至次龙骨示意图

（6）模架体系施工

搭设 M60 盘扣式满堂脚手架，搭设模架时，调节底托至计算标高，依次安装顺轨主龙骨、弧形转换龙骨、次龙骨（图 1.4.4-6 ~图 1.4.4-8）。

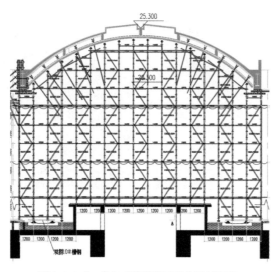

图 1.4.4-6　盘扣式满堂脚手架布置剖面图

图 1.4.4-7　满堂架搭设

图 1.4.4-8　弧形转换龙骨安装

沿梁线安装衬板；依次安装网格肋梁十字交叉处菱形模板和梁底矩形模板。安装网格肋梁底模时，拼缝处断面涂玻璃胶挤实处理（图 1.4.4-9、图 1.4.4-10）。

图 1.4.4-9　网格肋梁衬板安装

图 1.4.4-10　网格肋梁底模安装

安装网格肋梁单边同侧侧模，使其围成菱形，进行侧模加固。为保证网格肋梁曲线精度，使用数控雕刻机按照模型曲率雕刻 50mm 宽木模板条垂直固定于侧模上口，梁侧模竖向次龙骨采用 45mm×45mm 木方，间距 200mm，横向主龙骨采用两道 45mm×45mm 木方，设置 50mm×100mm 木方斜撑，上端与侧模第一道横向主龙骨固定，下端与拱面次龙骨固定（图 1.4.4-11、图 1.4.4-12）。

图 1.4.4-11　网格肋梁单侧模板安装

图 1.4.4-12　网格肋梁侧模板加固

（7）网壳结构安装

先进行叠合板试吊，确认叠合板与网格肋梁处模板贴合程度、固定措施等无误后，全面展开叠合板吊装，叠合板吊装就位后，对相邻叠合板胡子筋进行局部点焊，并沿垂轨向、沿拱顶弧度设置通长钢筋与叠合板桁架筋进行点焊固定，避免叠合板位移（图1.4.4-13、图1.4.4-14）。

图1.4.4-13　预制叠合板试吊

图1.4.4-14　预制叠合板吊装

（8）混凝土特殊浇筑

主梁采用"赶浆法"进行浇筑，根据梁高分层（不少于四层）浇筑成阶梯形，当达到板底位置时再与板的混凝土一起浇筑，随着阶梯形不断延伸，浇筑与振捣紧密配合，第一层浇筑时可缓慢进行，梁底充分振实后再进行第二层布料，保持水泥浆沿梁底包裹石子向前推进，每层厚度不得大于500mm。网格梁与60mm现浇板混凝土浇筑时，从单拱雨棚拱底向拱顶对称分层浇筑，每层高度不大于1000mm，混凝土虚铺厚度应略大于板厚，用$\phi30$振捣棒配合弧面振捣器垂直浇筑方向来回拖动振捣。

（9）侧向钢支撑安装

雨棚结构形式为连续拱型结构，施工按区段组织，为平衡水平推力，防止结构侧向变形，拆除区段边缘施工缝部位模板支架前架设侧向临时支撑结构。侧向支撑结构由支撑基础+铰接底座+活动节（活动量320mm）+标准节+调整节+柱头固定板+铰接组合而成（图1.4.4-15）。

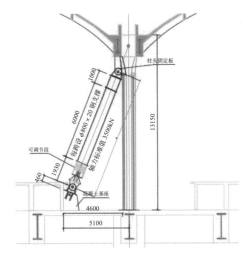

图1.4.4-15　侧向钢支撑示意图

拆模前先施加预应力，使支撑与混凝土面紧密贴合，预应力施加至设计值时，楔紧垫块，松开千斤顶，完成钢支撑的安装。

1.4.5 实施效果

郑州航空港站大跨度清水网壳结构在实施过程中，应用清水混凝土配合比、空间多曲异形构件模架支撑体系、空间多曲异形构件清水模板设计、高精度异形钢筋加工与制作安装、空间多曲异形构件图法表达、空间多曲异形构件三维空间测量、抗连续拱形结构侧向推力措施、弧面清水装配式构件生产工艺、装配式＋现浇清水混凝土结构施工工艺、不同跨度标准化构件研究、空间多曲异形结构质量评定、清水混凝土结构健康监测技术等关键技术，利用 BIM 与数字化加工一体化技术，对材料、模板体系、装配式构件生产、支撑体系的选择及施工工艺的优化进行了大量的研究和试验，实现了异形清水混凝土装配式构件、异形模板构件的标准化生产，保证了异形清水混凝土结构的施工质量和建筑效果（图 1.4.5-1、图 1.4.5-2）。

图 1.4.5-1　网壳结构整体成型效果

图 1.4.5-2　网壳结构梁板成型效果

1.5　重型复杂钢结构系统制作安装技术

铁路客站做为交通建筑的特殊性，有其独有的特征。在大型客站的建设中，由于要实现结构重载、列车运行等大荷载要求，以及实现大跨度、大空间等公共建筑特征，部分车站因运营需要，需实现快速建造，同时因应建筑绿色化的发展趋势，使钢结构尤其是重型钢结构的应用，在大型铁路客站中日益广泛。

大型客站中，重型钢结构的应用，有多种先进的技术发展，既有独立的钢结构系统，也有钢结构＋混凝土结构形成的劲性结构或者钢混结构，这些结构体系的创新，为新时代铁路客站技术的快速发展，提供了巨大的机遇和平台。

1.5.1　丰台站重型钢结构安装技术

1. 重型钢结构特征

丰台站改建工程总建筑规模 40 万 m²。屋顶的最大投影长度及宽度分别为 516m 及 346m，最大跨度 41.5m，屋面高度 33.5m。丰台站是首座双层车场结构，即最下层是普速承轨层，上方是高架候车层，在高架候车层上面是高速承轨层，时称"高铁上楼"。

双层车场结构的荷载要求，使站房框架结构截面较大，构造复杂，中央站房主体及东西站房均采用框架结构体系，框架柱均为田字形或口形钢管混凝土柱，柱间距东西向 20.5m，南北向 21.5m，框架梁在 −2.5m 层、9.8m 层、20.5m 层采用劲性钢骨混凝土梁。东站房楼层框架梁采用焊接箱形或 H 形钢梁。普速雨棚为单层混凝土框架结构。钢柱最大截面尺寸为 □4550×2000×50，最大板厚 100mm，钢梁大截面尺寸为 H5200×1000×30×50 和 H3900×2900×50×70，最大板厚 80mm。

屋盖钢结构分为高速场屋盖和中央站房进站厅屋盖两部分，结构采用钢桁架＋十字形钢柱体系。屋盖钢结构顺轨方向柱网 21.5m，垂轨向柱网 20m，中央站房南北两侧悬挑 16.2m，东站房屋盖悬挑 9m，次桁架采用三角钢管桁架。进展厅屋盖南北向主桁架最大跨度 41.5m。丰台站总钢结构用量约 20 万 t。

2. 技术要素与实施方法

重型吊车结构走行：采用标准化装配式栈桥搭设大型履带吊行走通道，履带吊于通道上吊装钢构件。栈桥采用标准化、模块化定型件，可根据现场需要组装成任意长度，任意型式的通道。

钢结构安装精度控制：在大型钢柱底部设置专用起吊缓冲器，缓解钢柱立起过程中的瞬时力，保证起重机吊装的安全性能；钢柱安装就位后，在钢柱底板位置设置专用的测量校正工装，通过螺旋千斤顶对钢柱的标高和垂直度进行微调，保证钢柱的安装精度；为避免钢柱在起吊过程中损坏接口位置的焊接衬板，同时为钢柱立起过程提供缓冲，在钢柱接口位置设置衬条保护器提供保护。

钢结构焊接：钢柱全部采用超厚高强度结构钢，板厚范围 50 ~ 100mm，钢柱截面大，焊缝长，最长焊缝长度为 2200mm，焊接难度较大，为保证焊接质量，所有焊接形式均进行焊接工艺评定。大截面钢柱长焊缝采用新的预热方法，提高焊接质量，采取必要的措施防止焊缝变形。

焊接安全：钢柱牛腿安装、牛腿与钢梁对接等均为高空作业，施工危险性大。采用角钢、圆钢等材料制作牛腿高空焊接支架和箱形钢梁高空焊接挂笼，提供工作面，保证焊接人员安全。

进度管理：建立钢构件物流管理系统，对钢构件的运输情况进行监控，保证构件运输的及时性和可控性；通过 BIM 模型调整计划进度时间线，控制工程模型展示的内容；利用无人机自动起飞、巡航、回归充电，将无人机三维激光扫描的数据进行实景建模，简单处理后，与工程模型实现数据对比分析，反映进度偏差数据。

3. 关键制作加工技术

丰台站钢柱大量采用箱形截面钢管柱，部分钢柱采用田字格或九宫格钢管柱。此类钢构件由大量的分仓隔板、外壁板组成，由于构件截面尺寸大，加劲板多，纵、横向焊缝多，对接时分仓板和外壁板均需焊接，构件加工尺寸、外观质量要求高，采用适当的技术措施保证此类构件的加工精度和质量，是重型钢结构制作加工的重点。

（1）田字箱形转十字箱形钢柱加工技术

丰台站高架承轨层以下钢柱为箱形截面，承轨层以上支撑屋盖的钢柱为十字箱形柱，需在高架承轨层位置进行截面转换，其节点形式如图 1.5.1-1 所示。

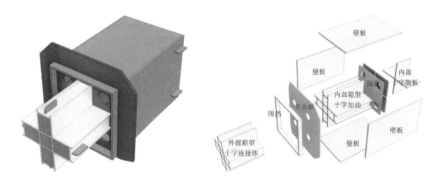

图 1.5.1-1　田字箱形转十字箱形钢柱节点

标准段的整体组焊思路：内部各部件的小合拢→内部各部件的总装、焊接→壁板的组装、焊接→端铣验收。

小合拢前，检测零件加工尺寸和坡口加工质量；内隔板每条焊缝要求为 T 形焊缝的，边部缩进 3mm 下料；纵向加劲条与隔板的焊缝均留 3mm 间隙；小合拢零件定位时，考虑焊接收缩的影响，采取反变形措施，30mm 板厚加放 1.5°；采取埋弧自动焊的方式进行腹板间 T 接焊接，焊后对小合拢进行平直度、端口尺寸检测和偏差校正（图 1.5.1-2）。

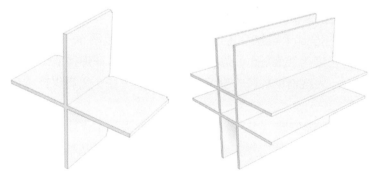

图 1.5.1-2　小合拢组装效果图

将十字腹板、井字腹板、节点板、外壁板等进行组装，组装时预设焊接收缩余量，柱本体、十字腹板及井字形腹板长度方向，加放 0.5‰ 焊接收缩余量，并在柱顶位置加放 10mm 端铣余量（图 1.5.1-3、图 1.5.1-4）。

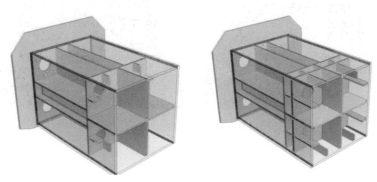

图 1.5.1-3 内部十字腹板及加劲板加工示意图

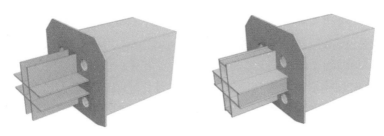

图 1.5.1-4 内外部箱形十字连接体与主体连接示意图

（2）九宫格典型节段加工技术

九宫格钢柱由内部井字形分仓隔板、外壁板、内加劲板和外节点板组成，加工零件数量多。如钢柱箱体外侧的四块外壁板若整体下料，将使分仓隔板与外壁板 T 接熔透焊无法进行。因此需进行合理的板单元拆分，根据装焊顺序、焊接变形控制等要求选择板单元的通断关系。

综合考虑，将外壁板沿柱长度方向拆分成三块腹板，完成所有焊缝的焊接，标准的九宫格钢柱节段加工单元划分如图 1.5.1-5、图 1.5.1-6 所示。

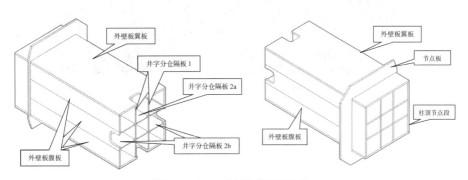

图 1.5.1-5 九宫格钢柱节段示意

图 1.5.1-6 九宫格钢柱焊接图

4.关键安装施工技术

（1）双层车场多类型机械协作钢混无缝穿插施工技术

本工程周边施工环境复杂，受地铁 16 号线施工和既有铁路线的影响，现场施工场地狭长，而站房核心区位于结构中部，施工道路受限，双层车场站房为多层劲性结构，钢结构从基础开始，即需与混凝土结构穿插施工。因此选用何种安装机械施工方法能方便、高效进行钢结构与混凝土结构能无缝穿插施工尤为重要。

东西两侧结构钢柱不入承台起始于底板顶，且普速承轨层无大型钢梁，只是在高架承轨层设置有钢梁，因此选择履带吊安装的思路。为了对下部结构的保护而设置标准化装配式栈桥吊装通道，并研发了一系列施工装置，确保施工的安全、高效（图 1.5.1-7）。

图 1.5.1-7 多机种协作实景图

（2）重塔钢混无缝穿插施工技术

中央站房核心区钢柱下插入承台，并且在普速承轨层和高架承轨层均布置有大跨钢梁，针对核心区地基承载能力弱的特点，利用塔吊覆盖面广、起重能力大的特性，合理布置塔吊及型号选型，采用塔吊对核心区钢柱、钢梁全覆盖，使钢结构安装与混凝土结构施工能无缝穿插，在混凝土结构施工的技术间歇期内进行钢柱和钢梁的吊装，节约了施工工期。

重型塔吊基础与站房筏板基础同期施工，因此下插承台的预埋钢柱分段吊装时即可利用塔吊吊装，避免了在卵石层上设置吊装通道而压塌承台护坡的安全风险，解决了在卵石层难以设置大型履带吊吊装通道的施工难题。

站房核心区主要的范围为 11～18 轴，该轴线范围钢柱下插入承台，且在普速承轨层和高架承轨层均布置有大型钢梁，位于结构中央受施工场地和道路的影响难以采用履带吊分次上结构楼面吊装，因此选用重型塔吊进行结构安装。并根据钢结构截面尺寸，根据钢柱分段吊装、钢梁整根吊装的思路，选择了 ZSC2800A 型和 ZSC2000 型塔吊作为结构吊装机械（图 1.5.1-8～图 1.5.1-10）。

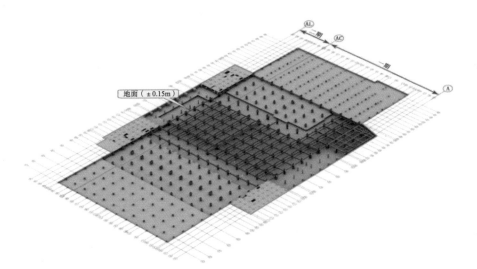

图 1.5.1-8　普速承轨层钢梁平面布置图

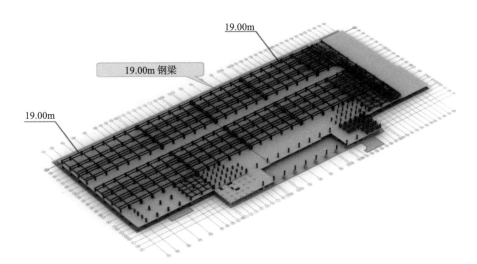

图 1.5.1-9　高速承轨层钢梁平面布置图

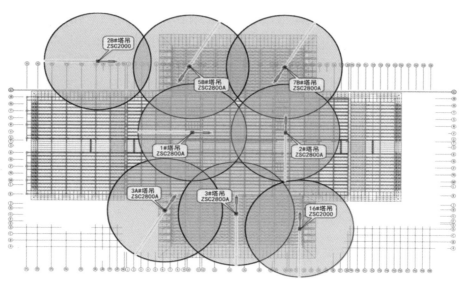

图 1.5.1-10 塔吊平面布置图

根据塔吊的平面布置，站房核心区钢柱、钢梁及屋盖均位于大型塔吊覆盖范围内。利用塔吊超大的起重性能，对结构钢柱进行分段划分，钢梁整根吊装满足起重性能，塔吊起重性能如图 1.5.1-11 所示。

载荷表 Loading Diagrams				ZSC2800A — 120t											
R (m)	倍率 Fall	R(Gmax) (m)	Gmax (t)	25	30	35	40	45	50	55	60	65	70	75	80
80	⅋⅋	5.5~46.5	60.0	60.0	60.0	60.0	60.0	60.0	60.0	55.5	50.0	45.3	41.3	38.0	35.0	32.5
	⅋⅋⅋⅋	4.5~23.3	120.0	111.0	90.5	75.8	65.0	56.4	49.5	44.0	39.3	35.3	32.0	29.0	26.5
70	⅋⅋	5.5~46.5	60.0	60.0	60.0	60.0	60.0	60.0	60.0	55.5	50.0	45.3	41.3	38.0		
	⅋⅋⅋⅋	4.5~23.3	120.0	111.0	90.5	75.8	65.0	56.4	49.5	44.0	39.3	35.3	32.0		
60	⅋⅋	5.5~46.5	60.0	60.0	60.0	60.0	60.0	60.0	60.0	55.5	50.0	45.3				
	⅋⅋⅋⅋	4.5~23.3	120.0	111.0	90.5	75.8	65.0	56.4	49.5	44.0	39.3				
50	⅋⅋	5.5~46.5	60.0	60.0	60.0	60.0	60.0	60.0	55.5							
	⅋⅋⅋⅋	4.5~23.3	120.0	111.0	90.5	75.8	65.0	56.4	49.5							

图 1.5.1-11 塔吊起重性能

本工程钢结构具有截面大、重量大的特点，钢梁主要设置在普速承轨层和高架承轨层，采用大型塔吊进行钢结构的安装，能避免履带吊进场作业造成的多机械施工干涉的影响，且钢结构与混凝土结构能连续穿插组织施工，避免了大型机械上楼面施工造成的混凝土强度等待时间对工期的影响，加快了施工进度。但由于大型塔吊设置于结构内部，塔吊自身构配件重量重，当站房结构施工完成后，其大型塔吊的拆除也是本工程施工的一个技术难题。

根据塔吊安装标高和塔吊最大组装件重量，以 2 号塔吊拆除为例，通过施工模拟，需采用150t履带吊在高架承轨层就近吊装方能进行塔吊的拆除。结合本项目分期施工的特点，当一期结构屋盖施工完成后，再进行二期结构的土方开挖及结构施工。因此一期屋盖结构施工完成后（拆塔影响范围内屋盖后做，待拆塔后安装），在高架承轨层设置施工通道，再利用塔吊自身起重能力，将拆塔用的150t履带吊分件吊装上高架承轨层，并在施工通道上进行履带吊组车。履带吊在施工通道上完成塔吊的拆除，并吊装下放至地面。而后再用260t履带吊将拆解后的150t履带吊配件吊离高架层，并将剩余屋盖安装完毕（图1.5.1-12）。

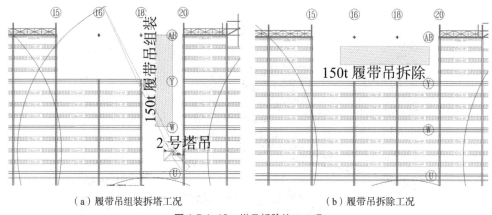

（a）履带吊组装拆塔工况　　　　　　　　（b）履带吊拆除工况

图1.5.1-12　塔吊拆除施工工况

拆塔时履带吊施工通道布置在高速承轨层，施工通道部位的站台层后做，利用承轨层承载能力高的特点，在其框架梁上设置钢路基箱通道，将施工荷载传递给框架结构。路基箱通道主要由纵横向路基箱组车，即先在结构框架梁上铺设横向路基箱，而后在横向路基箱上铺设纵向施工通道，对于路基箱高差部位采用工字钢和方管垫平；横向路基箱用于荷载传递，纵向路基箱用于履带吊行走及吊装站位，其平面布置如图1.5.1-13 ~ 图1.5.1-15所示。

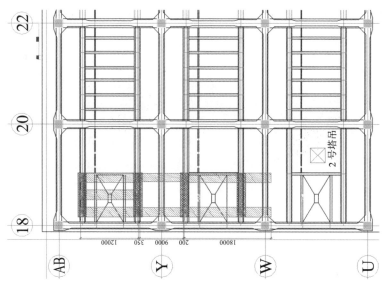

图1.5.1-13　施工通道平面布置图

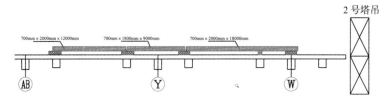

图 1.5.1-14　施工通道侧立面图

图 1.5.1-15　施工通道现场照片

　　为确保施工安全，需进行施工验算。施工通道所使用的 700mm 高路基箱已在本项目及其他项目使用并验算过，满足 260t 履带吊施工需求，还需进行混凝土框架梁的施工验算。150t 履带吊自重按 146t 考虑，塔吊最重构件 28t，安装半径 17m。吊装时分为侧面吊装和正面吊装两种工况考虑（图 1.5.1-16）。

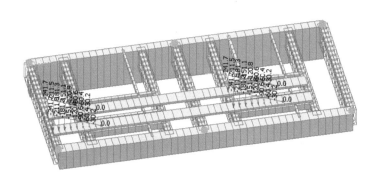

图 1.5.1-16　履带吊吊装计算模型

　　通过施工模拟验算，合理留置后装的屋盖桁架，确保了利用履带吊上楼面拆除塔吊的施工安全及结构的安装。

（3）复杂环境下重型钢构件吊装技术

对于中央站房核心区以外的钢结构安装，采用履带吊安装，根据钢结构与混凝土结构特点，需架设装配式行走基础栈桥。在重型钢结构分段吊装过程中，研发了重型钢柱起吊缓冲装置、首节钢柱校正装置、分段坡口保护装置、防焊接变形装置。

1）履带吊装配式行走基础安装

大型履带吊吊装行走通道采用装配式钢结构架设。采用标准化设计制作，高度约2.5m，宽度2m，长度每9m作为一个单元。可以根据现场需要组装成任意长度，任意型式的通道。可以在现场单个安装，最后连成通道，也可以在拼装场地组装成单元，在现场模块化安装，安装拆卸方便，可以循环利用。每个独立单元包括H型钢立柱、H型钢顶部钢梁框架、柱间支撑和路基箱。立柱采用H型钢HW350×350×12×19制作成4个门形钢架，门形钢架间距为3m，左右两侧四个支撑立柱通过柱间支撑连接固定，柱间支撑采用槽钢[25a制作。栈桥顶部通过顶部框架固接为一体，顶部框架采用H型钢HW350×350×12×19制作。顶部框架与门形立柱采用高强螺栓连接，柱间支撑与门形立柱采用高强螺栓连接，方便安装和拆卸。两侧栈桥间距根据大型履带吊的履带间距调整（图1.5.1-17～图1.5.1-19）。

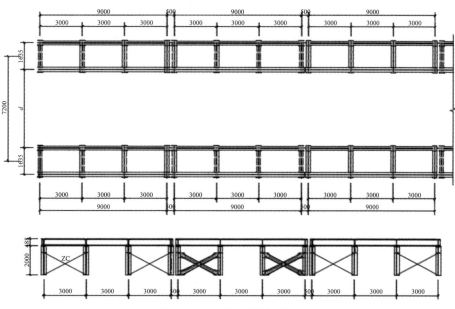

图1.5.1-17　装配式栈桥详图一

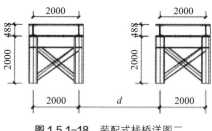

图1.5.1-18　装配式栈桥详图二

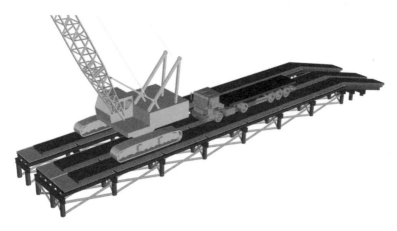

图 1.5.1-19　装配式栈桥形式

由于基础施工完毕后，吊车无法行驶到基础顶部进行吊装，因此装配式吊车通道采用现场布置的塔吊进行安装。首先将门形立柱摆放到基础顶面，间距调整好后，安装门形立柱间的柱间支撑将门形立柱连成框架形成稳定体系。然后吊装顶部框架将 4 个门形立柱固接在一起形成一个标准的栈桥单元，所有结构通过高强螺栓连接。在栈桥顶部框架上方铺设预制好的路基箱，路基箱的长度和宽度与栈桥单元相同。在栈桥端部焊接挡板，防止路基箱与栈桥之间发生滑动。

履带吊直接通过坡道桥直接行驶至通道上面进行吊装作业。坡道桥采用 20 号工字钢制作，坡度为 1∶8。为了运输和安装拆卸方便，坡道桥分两段制作，运输至现场安装。坡道桥上表面需要铺一层 12mm 厚钢板。为了防止履带吊行驶过程中下滑，需要在钢板面焊接 Φ12 钢筋作为防滑措施（图 1.5.1-20 ~图 1.5.1-22）。

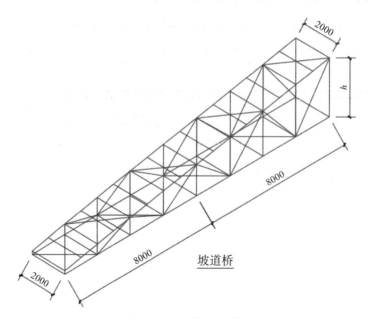

图 1.5.1-20　坡道桥轴侧图

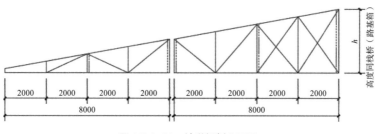

图 1.5.1-21 坡道桥侧立面图

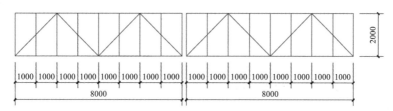

图 1.5.1-22 坡道桥顶面图

栈桥结构安装完毕后，履带吊可以直接行驶至栈桥上进行钢结构吊装。这就可以使大型履带吊避开基础顶面混凝土结构甩出的钢筋，保证钢结构的顺利吊装。现场可以根据实际情况铺设通道和履带吊的回转平台，避开已施工的混凝土结构（图 1.5.1-23）。

图 1.5.1-23 现场采用栈桥进行吊装施工

在土建基础上履带吊可以直接通行的部位，设置便于移动的路基箱作为履带吊的行走通道，防止履带吊行走过程中对基础混凝土造成破坏。便于移动的路基箱包括由槽钢围成的长方形框架，该框架用顶板和底板封装，框架内还设有蓄电池和电控箱，电控箱与蓄电池电路连接，路基箱还包括与电控箱电路连接的千斤顶和行走轮，千斤顶包括固定筒和伸缩筒，千斤顶安装在框架内部；行走轮安装在千斤顶的伸缩筒下端；千斤顶收缩状态下行走轮收纳在框架内，处于底板内侧；千斤顶伸长状态下行走轮伸出底板，处于底部外侧；电控箱上设置有无线接收器，电控箱配置有无线遥控器，利用无线遥控器向路基箱发送指令，千斤顶缓缓升起，待行走轮同地面接触之后，利用遥控器控制车轮的走向，使路基箱移动。最后，路基箱达到指定地点后，利用遥控器向路基箱发送指令，千斤顶缓缓下降，行走轮回缩至箱体内，脱离地面，路基箱底面与地面接触，履带吊即可行走至路基箱上进行吊装作业，重复上述步骤直至施工结束。这种路基箱通过遥控器控制，单人即可进行移动操作，不需要吊装机械和若干吊装人员配合移动，操作方便，机动性强，即使多次反复较位也不会消耗其他设备资源位置，调整方便，保证位置精度（图 1.5.1-24、图 1.5.1-25）。

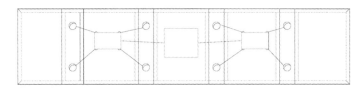

图 1.5.1-24 便于移动的路基箱平面图

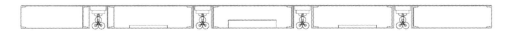

图 1.5.1-25 便于移动的路基箱剖面图

2）钢柱起吊缓冲装置

由于钢柱截面尺寸普遍为 2m×2.2m，分段重量重，单吊机将钢柱分段从横卧运输状态调整至竖直起吊状态过程中，分段易产生较大晃动，晃动产生的拉力给施工机械带来极大的安全隐患。

因此在钢柱分段起吊前，在钢柱柱底板位置设计一个起吊缓冲装置，该缓冲装置采用 H 型钢 HW200×200×8×12 进行制作，转轴采用直径为 20mm 的圆钢进行制作（图 1.5.1-26）。

图 1.5.1-26 钢柱起吊缓冲装置

将缓冲器放在钢柱起吊位置，当钢柱缓慢起吊过程中，钢柱底面与缓冲器上部横梁接触，随着钢柱起吊，缓冲器上部的 H 型钢横梁依靠转轴进行转动，始终保证钢柱起吊过程中与缓冲器进行接触。直至钢柱旋转至竖直，防止钢柱发生突然转动而产生远超钢柱自身重力的动力，从而对吊车进行保护（图1.5.1-27、图1.5.1-28）。

图1.5.1-27 钢柱起吊缓冲装置放置位置

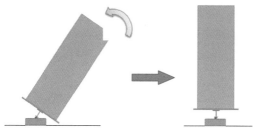

图1.5.1-28 钢柱起吊过程

在钢柱完全立直后，调整吊车钩头位置，在确定钩头中心与钢柱中心一致后，将钢柱起吊就位。钢柱起吊后，离开地面约500mm高，静止五分钟检查吊装索具和履带吊的状态是否正常，正常后正式起吊将钢柱就位。当钢柱吊装至地脚螺栓上方约200mm高，停止动作，待钢柱稳定后，再由施工人员辅助钢柱缓慢下落，一方面调整钢柱的定位轴线保证钢柱定位准确，另一方面防止钢柱下落过程中损坏地脚螺栓的丝扣。

3）重型钢柱校正装置

首节钢柱脚分段定位过程中，需进行标高和垂直度校正。常规校正方式为在柱脚壁板上焊接卡马后用千斤顶进行校正，此法需要在壁板上动火焊接，影响施工效率，为此研发一种钢柱校正装置（图1.5.1-29）。

图1.5.1-29 重型钢柱校正装置

重型钢柱校正装置采用20mm厚钢板制作，校正调整器下部开口按照现场实际柱脚板外侧与钢柱主体的距离及柱脚板厚度确定，使用过程中将调整器下部开口位置卡住钢柱柱脚板，利用千斤顶向下顶实现调整器向上动，以达到钢柱测量定位校正的目的。钢柱校正完毕后，将地脚螺栓的螺母全部拧紧固定，钢垫板与钢柱柱脚板和螺母焊接防止螺母松动（图1.5.1-30）。

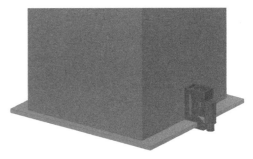

图1.5.1-30　重型钢柱校正装置使用方式

4）衬板保护装置

上部钢柱与首节钢柱采用焊接连接，焊缝间隙8mm，在箱形钢柱内部沿着箱形的四条焊缝设置16mm的钢板，超出钢柱坡口底部10mm，作为标高垫板和焊接衬板。由于钢柱衬板已预先安装在柱底，钢柱分段起吊过程中，钢柱底部受力，极易将衬板积压脱落，并进一步破坏钢柱坡口。

钢柱起吊过程中为了防止损坏钢衬板，钢柱起吊时在钢柱底部设置保护衬板的装置，采用20mm厚钢板制作，在保护衬板的同时起到缓冲作用，防止吊车在钢柱立起过程中发生危险（图1.5.1-31）。

图1.5.1-31　钢柱衬板保护装置

根据现场钢柱的板厚及钢衬条的规格确定两块立板开口长度及豁口尺寸，钢柱起吊前将保护器豁口插入钢柱对接口位置，在钢柱起吊过程中，该保护器承受钢柱重量，进而保护钢衬条不被碰触而脱落。同时该装置底部做成圆角，在钢柱的旋转立起的过程中随着钢柱旋转，保证钢柱整个立起过程中不会发生突然转动而发生危险（图1.5.1-32）。

图1.5.1-32　钢柱衬板保护装置设置方式

5）焊接防变形装置

箱形钢柱为了焊接内部的隔板焊缝，在壁板上开设了焊接人孔，当内隔板的焊缝焊接完毕后，将人孔封闭，焊接人孔焊缝。由于焊接人孔焊缝时只在钢柱壁板一侧焊接，钢柱壁板单侧不均匀受热，导致钢柱壁板焊接收缩向腹板侧发生弯曲变形。

为了解决这一问题，发明了一种箱形钢柱人孔防焊接收缩变形方法：采用 30mm 厚钢板制作专用的卡具，包括两块卡板以及连接在两块卡板之间的连接板，卡板为空心丁字形，丁字形底部与顶部之间形成高度与钢柱壁板厚度匹配的卡槽。将两个卡具通过卡槽对称地卡在两侧钢柱壁板上，位置处于人孔板竖向高度的中间，在卡具之间设置千斤顶，旋出千斤顶螺杆将卡具顶紧；继续旋出千斤顶螺杆，通过卡具将两侧钢柱壁板顶出侧弯，直至侧弯的尺寸与钢柱壁板焊接收缩变形尺寸相等；开始进行焊接，每条焊缝均按照焊接工艺评定试验中的焊接参数和焊接工艺进行焊接，对人孔板的每个焊缝采取多层多道焊，当一条焊缝焊接完 1/3 后停止焊接，去焊接人孔另一侧焊缝，另一层焊缝焊接 1/3 后在返回第一次焊接的焊缝处焊接，同样焊接 1/3 后，再换到另外一侧焊缝焊接，重复操作直至两条焊缝焊接完毕。在焊接过程中要严格控制焊缝的层间温度，超过 200℃立刻停止焊接，待焊缝冷却后再继续施焊。卡具与钢柱不进行焊接连接，从而避免了切割、打磨、补刷油漆等收尾工作；通过卡具和千斤顶调整钢柱使其出现反变形，焊接完毕后通过焊接收缩变形来抵消这部分反变形，保证了钢柱外观质量，避免了技术材料增加和修理所造成的成本增加。焊接完毕后检查钢柱壁板是否存在因焊接收缩过大导致的向内侧弯，如果存在向内侧弯的情况，则将卡具重新安装到钢柱上，辅以火焰加热来矫正钢柱壁板的侧向弯曲（图 1.5.1-33）。

图1.5.1-33　焊接防变形装置及安装方式

（4）牛腿高空安装及钢梁安装焊接

由于钢柱截面较大，为了保证运输，钢柱上的牛腿部分只能在现场将钢柱安装完毕后再进行安装。高空牛腿安装焊接缺少操作面，施工危险性高，为了解决这一难题制作了牛腿高空安装焊接专用支架。

将两根角钢横杆，一根角钢立杆组合而成与三块钢跳板配合使用。在使用过程中，主要利用支架上下横杆分别与牛腿的上下翼缘板焊接并铺上钢跳板，为工人焊接下翼缘板接口提供操作面。竖向立杆高出牛腿上翼缘板 1200mm，上开孔挂安全绳，为工人在牛腿上翼缘板上焊接接口提供安全保证（图 1.5.1-34、图 1.5.1-35）。

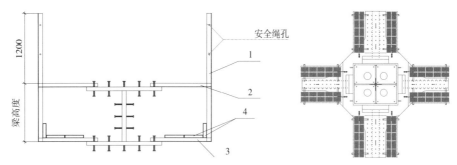

图 1.5.1-34　牛腿高空安装焊接支架示意图

1—角钢立杆；2—角钢横杆；3—角钢横杆；4—跳板

图 1.5.1-35　牛腿高空安装焊接支架现场应用

　　大截面箱形梁安装时，为了给焊接工人提供焊接的操作平台，在钢梁接口位置设置高空焊接挂笼。高空焊接挂笼采用 6 根槽钢 [10，28 根角钢 L63×5，8 根圆钢 ϕ12，12 块跳板制作而成（图 1.5.1-36）。

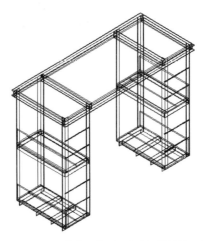

图 1.5.1-36　大截面箱形梁高空焊接挂笼示意

两侧挂笼可通过上部两根横杆挂在大截面箱形梁的两侧，挂笼底部位于大截面箱形梁下翼缘下方，两侧挂笼底部和中部采用角钢搭设平台，平台上铺跳板，焊工可卧在底部平台跳板上焊接大截面箱形梁下翼缘接口焊缝，也可站在底部平台跳板上焊接立面接口焊缝，当截面高度过大焊工站在底部平台跳板无法焊接到立面上部接口焊缝时，可通过挂笼立面所设置的圆钢爬至中部平台，站在中部平台跳板焊接立面上部接口焊缝，也可通过圆钢爬至箱形梁上翼缘焊接对接焊缝。挂笼立面一侧设置圆钢，另一侧不设置，可供焊工由此进出挂笼。挂笼四周开孔挂安全绳，为工人在高空焊接作业提供安全保证（图1.5.1-37）。

图1.5.1-37　大截面箱形梁高空焊接挂笼现场

（5）大跨度超大截面实腹式钢骨转换梁施工技术

本工程东站房无地下室结构，但地下有既有地铁10号线穿过，为确保东站房结构荷载传递，在地铁隧道两侧设置承压桩，桩顶承台之间的条形基础设置基础转换大梁。上部结构荷载大，地铁盾构区段使得基础大梁埋深受限，因此在东站房地下条形基础内设置大跨度超大截面实腹式钢骨转换梁，其中钢梁截面尺寸为H3900×2900×70×50，单根长度最大54m，最重361t，因钢梁长度超长、重量超重，现场安装需采取分段吊装的安装方式。

经过多次方案论证并结合以往施工经验，为了减小盾构区间的上浮，采取分区跳仓开挖的顺序组织施工，开挖完成的条基在转换梁施工完成并回填后再进行下一分区条基的开挖；为减小盾构区间上方的集中施工荷载，选用260t履带吊进行钢梁的分段吊装，分段定位后，通过焊缝收缩量的设置和焊接变形控制技术，解决了自由状态下超大H型钢截面多、分段焊接变形的技术难题（图1.5.1-38）。

第一次跳仓开挖Y、R轴及实线位置行包通道，同时进行钢结构埋件及基础大梁施工，采用260t履带吊在W~U轴间未开挖位置进行吊装，履带吊站位图如图1.5.1-39、图1.5.1-40所示。

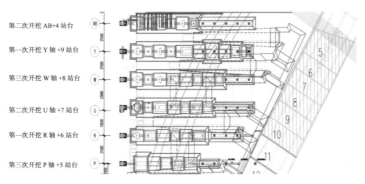

第二次开挖 AB+4 站台
第一次开挖 Y 轴 +9 站台
第三次开挖 W 轴 +8 站台
第二次开挖 U 轴 +7 站台
第一次开挖 R 轴 +6 站台
第三次开挖 P 轴 +5 站台

图 1.5.1-38　基础跳仓开挖顺序

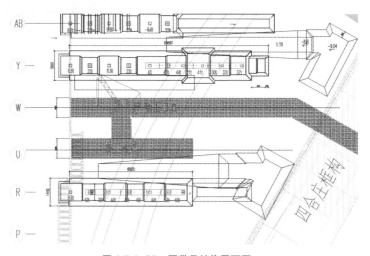

图 1.5.1-39　履带吊站位平面图一

图 1.5.1-40　现场第一次跳仓开挖

　　待 Y、R 轴条基施工完成后进行基础回填，进行 AB、U 轴基础土方及相应行包通道开挖，同时插入柱脚埋件及基础大梁的安装，履带吊站位于 W 轴，如图 1.5.1-41 所示。

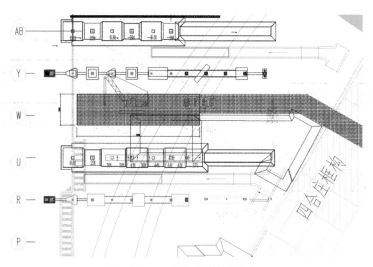

图1.5.1-41 履带吊站位平面图二

待 AB、U 轴条基施工并回填完成后,进行 W、P 轴基础土方开挖,同时采用 260t 履带吊在 U～R 轴进行 P 轴以及 W 轴基础大梁安装,由西向东依次安装,履带吊站位如图 1.5.1-42 所示。

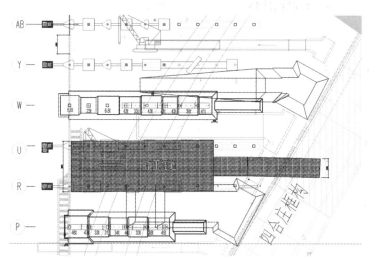

图1.5.1-42 履带吊站位平面图三

同时以第一次开挖单元作为试验段,掌握每步开挖量与上浮量的规律及相邻两步开挖间隔时间对上浮情况的影响,作为指导后续开挖的经验依据。

施工前在地铁 10 号线盾构区隧道内每隔 15m 布设监测测点,对隧道、轨道位移、几何形位、管片错台、结构裂缝等进行监测、检查(图 1.5.1-43,图 1.5.1-44)。

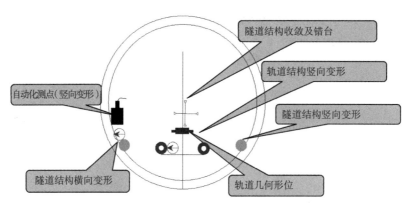

图 1.5.1-43　地铁隧道监测测点布设

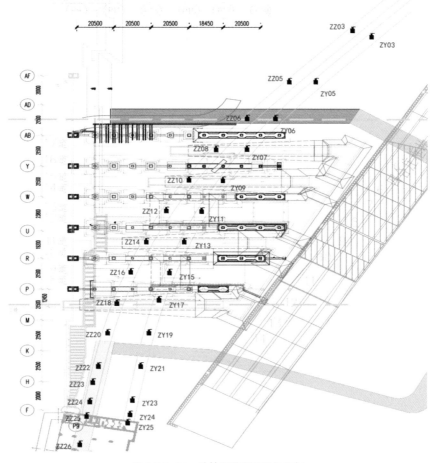

图 1.5.1-44　地铁隧道监测测点分布

　　施工过程中定期进行监测和巡视检查，及时反馈地铁变形信息，施工结束后进行阶段总结。根据监测结果，与评估分析基本一致，满足地铁运营方要求。

　　由于钢梁截面超大、重量超重，需根据吊装机械的选择及吊装半径起重量进行分段划分。由于在地铁盾构区上方，无法使用超大吨位的吊装机械进行钢梁整根吊装或少分段吊装，综合考虑钢梁特性及盾构区可承担荷载大小，钢梁安装机械选择260t履带吊，分段重量30~47t，分段长度4.15~8.05m（图1.5.1-45）。

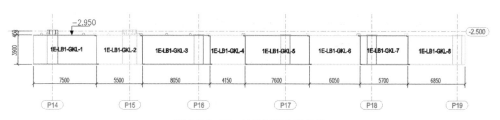

图1.5.1-45 转换钢梁分段划分

钢梁为承台转换基础大梁，钢梁下部为地基基础垫层，垫层施工时，预埋钢梁分段支撑埋件，并在埋件位置垫层设置扩大基础并加配钢筋，防止受荷垫层剪切破坏，并影响分段定位精度。每个分段设置四个支撑点，支撑点设置为了不与承台钢筋发生干涉，根据支撑高度较低、支撑荷载较大的特点，并且支撑需满足后续焊接收缩的变形需求，研发了一种格构式支撑胎架，使钢筋绑扎和钢梁安装能穿插进行，实现了条形基础一次浇筑成型，简化了施工工序，节约了工期和成本（图1.5.1-46）。

图1.5.1-46 分段吊装及支撑设置照片

自由状态下多分段钢骨转换梁焊接：

基础转换大梁截面H3900×2900×70×50，分段较多，上部结构钢柱生根于大梁上，因此安装质量、焊接质量及焊接变形控制十分重要。根据以往施工经验及焊接规范要求，本工程主要采取如下措施：

1）同一根基础大梁分段全部安装定位完成后再进行分段间焊接。

2）分段安装定位时，考虑焊接收缩，安装定位加放收缩余量。

根据截面形式和板厚大小，基础大梁安装每段焊接收缩考虑3mm，钢梁跨中的分段按照理论定位尺寸坐标定位，两侧的分段每个向外端逐步加放3mm焊接收缩变形值，如图1.5.1-47所示。

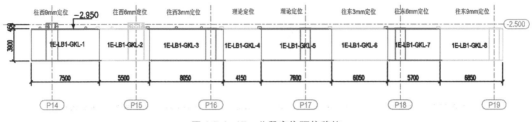

图 1.5.1-47 分段定位预偏移值

3）分段焊接采取从中间向两端对称焊接的施工方法，同一个对接位置先焊腹板，后焊翼缘，同一条焊缝采取双数焊工同时施焊（图 1.5.1-48~图 1.5.1-50）。

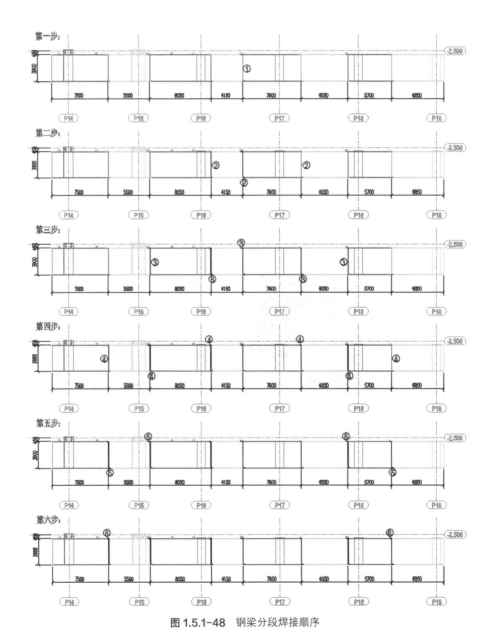

图 1.5.1-48 钢梁分段焊接顺序

图 1.5.1-49 钢梁分段焊接照片

图 1.5.1-50 钢梁焊接完成照片

（6）钢结构安装信息化技术

建立钢构件运输监控系统，实时掌握钢构件运输过程情况，为施工现场协调调度提供数据支持。该系统包括手机 APP 终端、GPS 定位终端、信息化物流管理系统。在信息化平台中填入运输车辆的相关基础信息，设置运输起点和终点，划定起点和终点的范围并填写发货人和接货人信息，构件出厂时，工厂使用 PDA 设备扫构件二维码后装车，钢结构构件装车完毕，司机使用运输软件选择自己的车辆，拍摄车辆照片开始运输，软件可自动记录轨迹、速度、声音等，构件运到指定地点后，司机拍照结束运输。钢构件运输监控效果显著，不仅采用了定位轨迹的方式，还利用了手机录音功能、速度检测功能等，实时掌控运输过程，对构件、模型、车辆、司机、时间、轨迹、速度、声音等均可记录和统计分析，车辆驶出起点、到达终点时由信息化平台自动通知发货人和收货人，有效地完成了构件运输过程中的自动化监控，为钢构件提供了有力的运输保障。

施工现场创新施工进度管理措施，建立 BIM 模型，通过调整计划进度时间线控制工程模型展示的内容。利用无人机自动起飞、巡航、回归充电，将无人机巡航扫描的数据自动实景建模并进行简单处理，最后将工程模型与实景模型进行自动数据对比分析，得到进度偏差数据。通过以上方法掌握工程建设的进度，在最短的时间内完成工程进度管理的数据采集和分析，为人力、机械、资源的投入和调配提供了良好的数据保障。

分析二维现场布置图并根据现场实际情况，在平面图上标注测站位置、目标球位置以保证最佳的扫描效果，使用三维扫描仪对现场实况、起重设备、技措及构件进行扫描，合并模型得到现场实际模型及设备模型。利用扫描模型在 Revit 等建模软件内做碰撞测试，分析现场实际容量及运输方案，进行安装方案模拟。采用 Trimble TX8 三维扫描仪的强大写实功能构建三维实景模型，利用建模软件进行参数化，准确地表达现场的实际造型，为构件堆放、运输、车辆调度提供了管理依据，可将拼装场地有限空间利用率最大化，同时提前进行钢结构吊装方案模拟，避免吊装过程中发生碰撞，为钢结构施工提供了安全保障（图 1.5.1-51）。

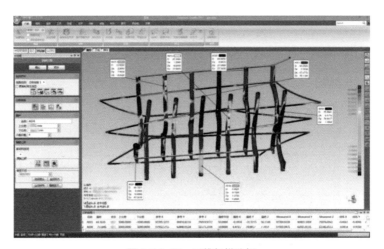

图 1.5.1-51　三维扫描分析

1.5.2　江门站编织筒状钢结构体系施工技术

1. 编织筒状钢结构特征

江门站站房建筑面积 4 万 m^2，建筑高度 31.7m，主体结构为混凝土框架 + 钢结构，屋架为钢网架结构。站房主要由高架候车室、侧式站房组成（图 1.5.2-1）。

图 1.5.2-1　工程立面图

钢结构编织筒体系融合了大榕树风格，造型独特，其上部为内嵌式钢结构网格，共由 48 片网格嵌补而成，下部由 24 根钢结构主管及 24 根支管构成编织筒受力骨架。编织筒呈上大下小外斜（外放）式造型，上部圆直径 60m，下部 32m，高度为 17m，重量约 1200t。编织筒顶部为焊接球网架钢屋盖，形成悬挑型双曲结构，宽约 80m，最大悬挑宽度 13.6m。编织筒及屋盖结构如图 1.5.2-2、图 1.5.2-3 所示。

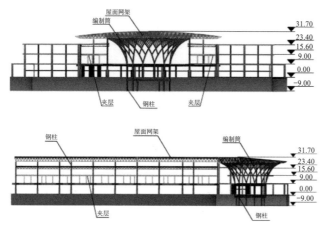

图 1.5.2-2　编织筒及屋盖结构示意图

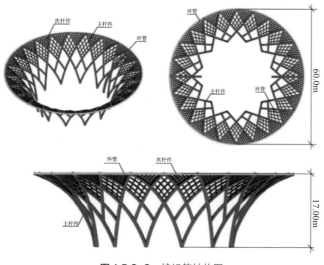

图 1.5.2-3　编织筒结构图

2. 技术难度与难点

编织筒结构技术难点主要集中在编织筒本身组装安装，以及顶部范围内的屋盖网架与筒状结构的安装次序上，两者在技术上均存在比较大的难度。

编织筒结构的 24 根受力主管和 24 根受力支管均呈放射型，主管和支管相互交错，上部 48 片钢结构网格镶嵌其中，造型复杂；筒状结构均为弧形构件拼装而成，焊缝数量多达 3000 余条。在造型组装、焊接过程中，确保弧形构件成形精度和焊接质量是主要技术难点之一。

编织筒结构高度 17m，主要重量集中在上部位置，安装方式的选择直接决定着弧形构件的组装进度和焊接质量。传统组装方式，如整体吊装空中焊接组装技术、满堂脚手架高空组装及焊接平台技术等，均存在可操作性不强的问题，此为技术难点之二。

上部屋盖网架面积大，投影面积约 10540m²，编织筒结构为其支撑体系，即屋盖网架完全依赖于编织筒的支撑。在网架安装与编织筒结构安装次序上存在难以协调的难题，若先安装编织筒再安装屋盖网架，因编织筒结构安装本身比较复杂，编织筒安装完成后，筒体上方区域的屋盖网架较难安装；如先安装整个屋盖网架再安装底部支撑的编织筒，则屋盖网架长时间停留高空，变形量不易控制，与编织筒交接契合不易，此为技术难点之三。

3. 技术要素与实施方法

（1）适用技术分析

钢结构施工技术主要有整体（分片）吊装法、高空滑移法、高空散装法、整体提升法等几种单一或组合的施工方法。为保证编织筒造型精度和焊接质量，总体原则上，应优先考虑地面拼接焊接组装，而后采取整体（分片）吊装或提升的方法安装就位；屋盖网架再选择上述某几种方法安装就位。

1）整体（分片）吊装法。在安装次序上，先整体或分片吊装编织筒，而后整体或分片吊装上部屋盖网架，编织筒与屋盖网架均在邻近空地面组装安装。此种方式优点为编织筒体造型和焊接质量均能得到极大的保障。由于编织筒结构和屋盖网架自身重量较大，仅屋盖网架结构就达 1500t，选择该方法时，吊装设备吨位大、成本高、占用场地大，结构承载力不足需加固补强。

2）整体（分片）吊装 + 高空滑移法。该技术主要为编织筒整体（分片）吊装安装，屋盖网架采用高空滑移法安装。由于屋盖网架为曲面双层大跨度悬挑结构，拼装单元难以划分，滑移轨道设置条件难度大、对结构平面外刚度和滑移设备要求高。

3）整体（分片）吊装 + 高空散拼法。屋盖网架最大安装高度 31.07m，最大宽度 80m，结构自重大、杆件众多，该方案需占用下部空间搭设大量的高空满堂脚手架平台。由于满堂脚手架搭设和高空焊接组装工作量巨大，且编织筒部位满堂脚手架搭设异常困难，亦影响其他工序施工。

4）整体提升 + 整体（分片）吊装方法。安装顺序上，先整体提升屋盖网架结构，再整体或分片吊装编织筒。此方案优势为，屋盖网架结构和编织筒均可在现场地面组装焊接，减少高空作业工作量，不影响下部其他工序作业；缺点为屋盖网架提升就位后，高度方向上出现空间限制，不利于下部编织筒整体或分片吊装。

（2）施工方法确定

通过对以上施工方法的分析，屋盖网架结构整体提升在各方面均具有较好的优势。其液压提升设备自重和体积都比较小，操作人员能够远距操作，适用于狭小空间。

选择整体提升方案为本工程结构的主要施工方法。先行提升屋盖网架后，编织筒结构分段提升，中上部的编织筒体先行提升，可与屋盖网架同步先行提升，下部的支撑管件采用分片散装方式。

4. 关键施工技术

（1）总体思路

采用整体提升＋分片吊装的方案，屋盖网架和编织筒体中上部结构整体提升，编织筒体下部结构则分片吊装焊接安装。于编织筒体高度方向上选取合理的分界线，上部区域为提升区，下部为吊装安装区，如图 1.5.2-4 所示。

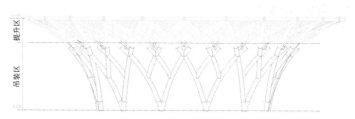

图 1.5.2-4　提升分区示意图

编织筒底部结构楼板施工完成后，在楼板上拼接组装屋盖网架，并设置相应高度的胎架，以便于编织筒体中上部结构在楼板上焊接组装。编织筒体下部管构件待屋盖网架和中上部编织筒结构提升完成后，采用汽车吊吊装嵌补和焊接。待编织筒下部受力管构件嵌补焊接完成后，方可拆除提升支架。提升方法如图 1.5.2-5 所示。

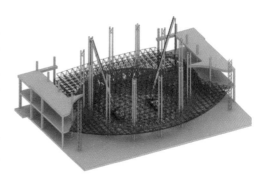

图 1.5.2-5　提升方法示意图

（2）提升点的确定

依据三维模型及相关计算，确定相应提升支点。根据计算结果，设置 12 个三角肢临时提升塔架和 2 个格构式临时提升塔架，其中，每个三角肢提升塔架上安装 2 台穿心式液压提升器，每个格构式提升塔架上安装 1 台穿心式液压提升器。提升支点布置示意如图 1.5.2-6 和图 1.5.2-7 所示。

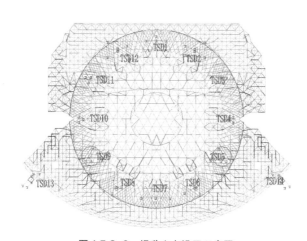

图 1.5.2-6　提升支点设置示意图

考虑到临时提升支架荷载较大，通过设置型钢转换钢梁，将提升荷载传递至混凝土楼板的框架梁、柱上，如图 1.5.2-8 所示。

图 1.5.2-7　提升塔架示意图

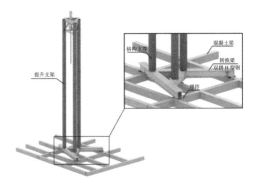

图 1.5.2-8　荷载转换钢支架示意图

被提升结构下锚点布置：根据计算结构，将提升下锚点设置于编织筒提升区域的主管上，考虑到编织筒节点复杂、自重大等特点，采用 D 形吊耳，通过地锚与被提升编织筒连接，连接形式采用焊接方式，如图 1.5.2-9 所示。吊耳处的节点以及有直接受力关系的节点应采用加劲肋板进行局部加强，确保提升过程中耳板不出现变形或断裂。

（3）提升设备选择

根据液压提升器油缸和钢绞线的性能，各提升分块在各自工况下计算得出最大提升反力，对每个提升点配置相应规格的液压提升器及钢绞线。编织筒结构配置 TX-100-J 型号液压提升器，额定荷载 1000kN，重量 700kg；钢绞线公称直径 15.24mm，抗拉强度 1860MPa。

图 1.5.2-9　D 形吊耳布置图

为保证计算机控制系统的多点同步控制，在保证各吊点提升能力和总提升能力的情况下，宜选用同一型号的液压提升器，钢绞线数量和规格满足提升荷载即可；提升液压泵站选用比例液压系统，实现多点同步控制，提高控制精度和可靠性。

（4）提升与管构件嵌补

1）试提升：为观察和检验整个提升系统的工作状态，在正式提升之前，按下列程序进行试提升：解除编织筒体结构与落地胎架之间的连接，按 20%、40%、60%、70%、80%、90%、95%、100% 分级加载直至提升结构全部离地；每次加载，须对钢结构变形量、传感器工作情况、计算机控制系统的参数进行校核，确保提升过程稳定可靠。

2）正式提升：提升分级加载。按照试提升分级加载程序提升编织筒体及屋盖网架。提升示意图如图 1.5.2-10 所示。

提升过程中应监控编织筒体结构的姿态，并实时进行调整。采用全站仪等测量仪器监测各提升吊点的标高，计算出各提升吊点的相对高差。利用液压提升器调整各提升吊点高度控制高差，使被提升钢结构单元达到稳定工况，直至钢构件提升到设计位置。

3）管构件嵌补：在中上部编织筒体和屋盖网架结构提升至设计位置后，再嵌补安装编织筒下部管构件。在此期间，中上部筒体与屋盖网架处于悬停状态，应注意各提吊点的负载控制、锚具的锁定监控、结构变形量的监测等，确保悬停期间的结构安全。同时应尽快完成编织筒体下部管构件的嵌补安装，以缩短悬停时间。编织筒下部管构件采取地面分片组装拼装，后分片吊装与中上部编织筒对接连接的方式，以加快嵌补安装的时间。

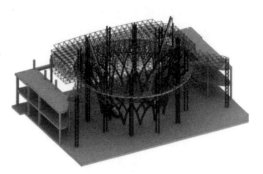

图 1.5.2-10　提升示意图

（5）提升参数优化

编织筒结构及屋盖网架结构拼装组装提升过程中，对相关数据进行记录和分析。在提升时，参照以下技术参数取值或调整，保证提升效果。穿心式液压油缸折减系数可选 0.5～0.6；提升荷载宜严格按照 20%、40%、60%、80%、90%、95%、100% 分级加载；各吊点提升能力不应小于对应吊点荷载标准值的 1.25 倍；提升速度宜 ≤ 0.2m/min；相邻两个提升点的允许高差值宜 ≤ 25mm；整体最高点与最低点的允许高差值宜 ≤ 50mm；卸除荷载宜按 10%、30%、50%、70%、90%、100% 分级卸载；提升加载或卸载天气应保证 2～3d 无雨，风力宜 ≤ 5 级。

1.5.3　雄安站重型钢结构安装技术

1. 重型钢结构特征

雄安站总建筑面积 228820m²，承轨层以下南北长 606m，东西宽 355.5m，屋盖呈椭圆形，南北长 450m，东西宽 360m。建筑总高度 47.2m。承轨层以下采用型钢混凝土框架结构，承轨层以上采用大跨度钢框架结构。承轨层钢梁主要为 H 形钢梁，最大截面积 H2600×1000×40×60，最大跨度 30m，局部区域为箱型钢梁，断面为 □1800×1250×35×45。雨棚总用钢量为 8100t，主要由钢柱、支座、钢梁、平面斜撑构成，钢柱及主梁为复杂箱形截面，雨棚钢梁通过抗振球形支座与钢柱连接。

2. 技术要素与实施方法

雄安站十字箱形节点设计复杂，存在加工制作困难、单体构件超重的问题。因此，在施工前进行深化设计，优先考虑节点分段给加工制作和吊重带来的影响，并对箱形转异形节点提前分段，以满足吊重和加工制作要求。以带靴梁钢柱构件为例，提前将柱脚优化为十字形柱＋整体大靴梁、十字形柱＋四个牛腿靴梁两种形式，在堆场进行节点焊接、转运至起吊点后整体吊装，优化了焊接环境，减少了交叉施工。

同时根据靴梁式柱脚结构特点，设计制作柱脚锚栓套架，使各柱脚锚栓整体稳定，保证复杂柱脚的安装定位便捷、准确，确保混凝土浇筑时不发生或少发生位移。

针对钢柱高强度厚板，因焊缝较长、焊接难度较大，发明了一种箱形钢柱人孔焊接防收缩变形方法，采用专用卡具及千斤顶，解决焊接人孔单侧不均匀受热、导致钢柱壁板焊接收缩向腹板侧，发生弯曲变形的问题。通过卡具和千斤顶调整钢柱使其出现反变形，用焊接收缩变形抵消这部分反变形，保证了钢柱外观质量。

3.关键安装施工技术

（1）带靴梁柱脚安装技术

雄安站钢结构柱脚为柱脚（单柱）、柱脚（双柱）、不带靴梁柱脚，单柱由十字形钢柱＋四根H形柱脚钢梁构成，双柱由两根十字形钢柱＋七根H形柱脚钢梁构成，如图1.5.3-1所示。

图 1.5.3-1 柱脚（单柱）、柱脚（双柱）、不带靴梁柱脚

靴梁式柱脚基础承台分两次浇筑，第一次浇筑1.15m，待混凝土强度满足要求，柱脚安装完毕后，再进行承台的二次浇筑。由于柱脚埋入深度较深且重量较大，柱脚锚栓的定位精准是关键，靴梁式柱脚上下及左右锚栓间距达5m，因此，根据靴梁式柱脚结构特点设计制作柱脚锚栓套架，保证复杂柱脚的安装定位（图1.5.3-2）。

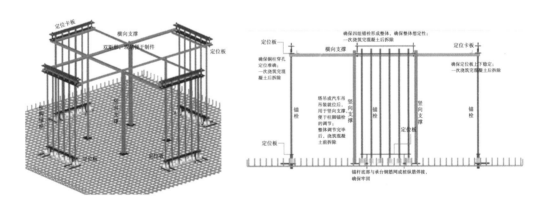

图 1.5.3-2 柱脚锚栓套架安装示意

用汽车吊分别先将靴梁穿入地脚螺栓，并将靴梁的中心线与基础放线中心线对齐吻合，四面兼顾，中心线对准或已使偏差控制在规范许可的范围以内时，穿上压板，将螺栓初拧。

靴梁标高调整采用螺母结合垫铁调整法，垫铁采用1mm厚钢板，通过转动调整螺母微调，增减垫铁数量来调整靴梁标高。当调整靴梁标高控制在规范许可的范围以内时，将螺栓拧紧。

调整柱脚垂直度，缓缓将柱脚吊入指定位置，柱脚位置需先垫置若干垫铁。钢柱垂直度采用经纬仪配合缆风绳法进行调整，缆风绳中间设置 3t 手拉葫芦，通过手拉葫芦来调整垂直度。

柱脚就位后，按上述方法通过全站仪和千斤顶配合缆风绳法调整钢柱中心线，垫铁组调整标高，校正完成后，将柱脚与靴梁点焊牢固（图 1.5.3-3）。

若由于运输和吊重限制，可将柱脚的十字形钢柱和 H 形柱脚钢梁拆分，现场采用塔吊、履带吊和汽车吊安装，校正后焊接成整体。

图 1.5.3-3 带靴梁柱脚安装示意

（2）钢柱错位校正安装技术

钢柱吊装就位后，在钢柱下端耳板位置安装对接连接夹板，采用螺栓完成上下钢柱对接调整，实现构件无缆风绳布置情况下精确对接就位固定。在深化设计阶段应依据吊装的要求提前考虑双夹板和固定耳板的位置，钢柱就位临时固定后，应及时安装钢柱连系钢梁，形成稳定结构体系（图 1.5.3-4）。

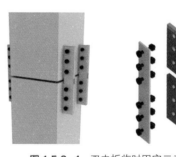

图 1.5.3-4 双夹板临时固定示意

钢柱对接固定并连接钢梁形成稳定体系后，对钢柱坐标、对接精度、垂直度、进行复核。钢柱对接有细微错位时，采用钢柱错位调节措施水平位置校正，主要包括调节固定托架和千斤顶，完成钢柱水平校正（图 1.5.3-5）。

图 1.5.3-5 钢柱错位校正示意

4.技术实施成效

雄安站是连接首都和雄安新区的重要交通设施，建设意义重大。在工程建设中，应用了大量新技术，并在此基础上进行大胆创新，用科技力量高标准、高质量完成雄安站的建设任务。

1.6 大跨度复杂钢结构屋盖系统施工技术

铁路客站作为一个城市的窗口和城市形象，承载着文化、技术、工艺之美，对建筑形体的外在要求越来越高，以雄安站、杭州西站、白云站等为代表的客站屋盖系统，结构体系先进、空间跨度大、形态造型复杂。在传统整体提升、分区提升、旋转提升、累计滑移、高空散装等一系列施工技术的基础上，结合 BIM 应用、智能监测技术、健康监测技术、大吨位吊装设备应用等新的技术手段，促进了新时代大跨度复杂钢结构设计与施工的系统发展。

1.6.1 郑州航空港站错层钢结构屋盖施工技术

出站层（标高 ±0.000）3 层，局部设办公夹层、设备夹层和商业夹层。站场规模为 16 台 32 线，包含郑万、郑阜、城际三个铁路车场，为大型综合铁路客运枢纽车站。

本工程站房屋盖为正交空间管桁架 + 实腹钢梁结构体系，整体呈高低起伏的波浪造型，主桁架横向 5 跨连续布置，中间高两边低；竖向采用室内布置的 20 组分叉 Y 形柱和南北两侧各布置的 19 组 Y 形造型柱作屋盖结构在跨度方向的支撑；东西侧立面结合建筑立意，提取莲鹤方壶营造鼎盛中原的寓意，各布置 14 组格构式造型柱作为支托起整个屋盖悬挑结构（图 1.6.1-1）。

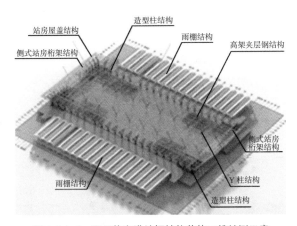

图 1.6.1-1 郑州航空港站钢结构整体三维轴测示意

屋盖主桁架跨度为 30+48+72+48+30=228m 共 5 部分，中间最大跨度 72m，杆件规格为 $\phi168\times6\sim\phi500\times30$ 等；外侧造型柱规格为 $\phi245\times12\sim\phi500\times30$ 等，材质为 Q345B。室内 Y 形柱为 $\phi1200\sim800\times40$ 的变截面钢管和铸钢节点组成，钢管材质为 Q390B（图 1.6.1-2）。

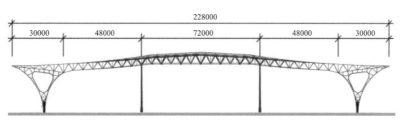

图 1.6.1-2 桁架立面示意图

1. 屋盖方案选择和技术分析

（1）方案选择

郑州航空港站三个车场为分步开通，2019 年开通郑万车场、2020 年开通城际车场、2021 年同场转线、2022 年 6 月全面开通。根据铁路开通时间计划，站房建设无论是承轨层、高架候车层、屋盖钢结构及安装工程都要适时调整，保证每个车场的对应结构能够独立施工并形成安全稳定的体系。同时高架候车层为预应力混凝土结构，楼板可承受施工荷载有限，屋盖结构如采用分条分块吊装，无法满足大型吊车和运输车辆的吊装通行要求。结合上述情况，综合考虑安全、质量、工期等多方面因素，决定将整个屋盖结构划分为 5 个施工区域：主站房屋盖结构划分 3 个提升分区（图 1.6.1-3），分别对应郑万、郑阜和城际三个车场，可以独立分区施工，采用楼面拼装、计算机控制液压分区提升的工艺实现钢屋盖的安装。东西两侧站房各为一个分区，采用大型履带吊地面分段吊装。

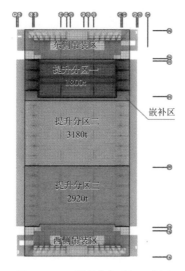

图 1.6.1-3 屋盖桁架分区示意图

（2）主要技术分析

1）分次提升：由于屋盖桁架横向呈 5 跨布置，中间高两边低，落差最高达到 7.8m；为减小桁架拼装高度降低施工安全风险，对桁架分 3 段进行楼面拼装，通过 2 次累计提升到位：即中间桁架拼装完一次提升，与两侧桁架通过嵌补对接后再整体提升到位（图 1.6.1-4 ~图 1.6.1-7）。

图 1.6.1-4　桁架楼面分段拼装

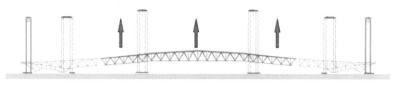

图 1.6.1-5　中间桁架第一次提升

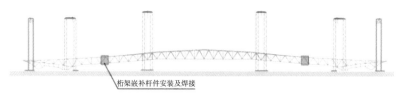

桁架嵌补杆件安装及焊接

图 1.6.1-6　中间桁架提升到位与两侧桁架嵌补连接

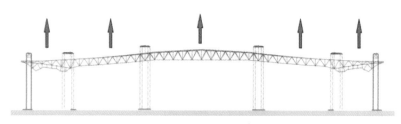

图 1.6.1-7　桁架整体提升至设计位置

2）中间桁架分段位置选择：中间桁架提升点设于 18、23 轴分叉 Y 形柱处，中间跨度 72m，两侧带悬挑段具有反弯并减小跨中挠度的作用。因桁架分段提升时其受力状态与结构成型整体加载的受力状态不符，需考虑第一次提升过程中跨中及两端端口变形是否超标。通过采用有限元软件 Midas Gen 进行分析计算，中间桁架两端各悬挑 27m 时，悬挑段端头挠度约 10mm，中间段跨中最大挠度为 78mm，杆件应力最大值 125MPa，满足设计和规范要求。

3）独立安装和卸载：屋面桁架分为 3 个提升分区，各施工分区需具备独立施工和卸载条件，并形成独立的稳定单元。分析屋盖结构支撑体系，桁架由南北向主桁架和东西向联系桁架组合，竖向支撑由分叉 Y 形柱和格构造型柱组成（图 1.6.1-8），提升二区和三区之间为屋面设计变形缝位置，结构互相独立；提升二区和一区为一整体，屋盖需断开联系桁架提升完成后嵌补，竖向结构相互独立，可以形成独立单元体进行提升和卸载，保证后续金属屋面工程的连续施工。

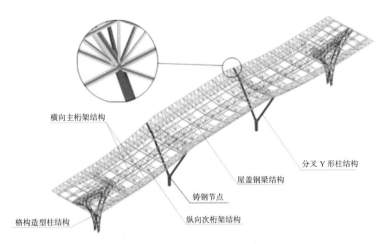

横向主桁架结构

分叉 Y 形柱结构

屋盖钢梁结构

铸钢节点

格构造型柱结构

纵向次桁架结构

图 1.6.1-8 典型桁架三维示意图

2. 屋盖提升方案实施分析

主站房屋盖结构分为三个提升分区，面积约 82000m²，屋盖桁架提升总重约 8100t，其中提升二区面积约 32000m²，重量达 3180t，处于站房中央部位，具有一定的代表性，本书重点以提升二区为例进行屋盖桁架结构提升技术和健康监测技术的介绍。

（1）提升支架设置

1）设置原则：由于本工程支撑钢柱为格构造型柱及 Y 形斜柱，无法直接作为提升支架使用，屋盖桁架需通过专门提升支架工装分区提升到位，故提升支架设计对整个提升施工非常关键。提升支架设置位置要尽可能与结构支撑钢柱位置重合或相近，使屋盖结构提升阶段的受力状态与结构设计状态尽量一致；支架位置从屋盖结构空隙穿过，不能影响正交桁架的拼装和提升及 Y 形斜柱和造型柱的安装；提升支架的承载能力要满足结构提升荷载需求，支架设计采用 3D3S（v14.0）计算软件进行分析计算，同时采用 BIM 技术对提升支架和屋盖桁架及支撑钢柱进行碰撞检查，确保支架位置准确和结构构件能够顺利安装到位。

2）提升支架布置：提升二区面积约 32000m²，重量达 3180t，处于站房中央部位，计划布置 40 组提升支架，其中第一次提升利用中部 12 组；第二次提升利用整体 40 组支架提升到位（图 1.6.1-9）。

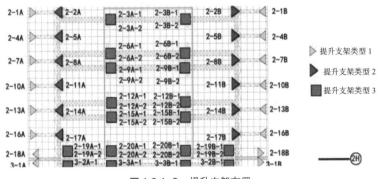

图 1.6.1-9 提升支架布置

3）提升支架构造：

根据屋盖桁架正交结构特点和提升支架具体布置位置，结合提升支架承担的提升荷载要求，在确保提升支架自身安全稳定的情况下，可将其划分为 3 种类型（图 1.6.1-10 ~ 图 1.6.1-12）。

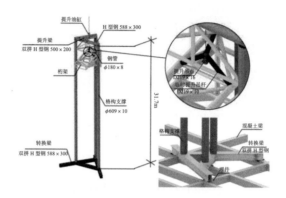

图 1.6.1-10 单管组合三角形提升支架

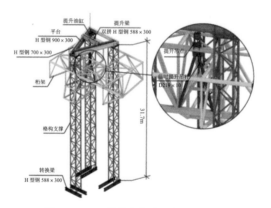

图 1.6.1-11 格构架组合三角形提升支架

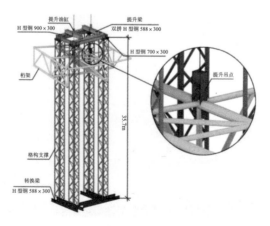

图 1.6.1-12 格构架组合四边形提升支架

类型1：3根单管组合的三角形提升支架。

类型2：3个格构架组合的三角形提升支架。

类型3：4个格构架组合的四边形提升支架。

提升支架主管$\phi 609 \times 10$材质为Q235B，其余材质均为Q345B；具体各杆件规格如图1.6.1-10~图1.6.1-12所示。

4）提升吊点设计

根据桁架提升受力分析计算，提升支架吊点位置对应部位桁架杆件存在薄弱部位，需通过局部换杆或增加杆件进行加强（图1.6.1-13），以满足结构应力应变设计要求。

5）提升支架计算

计算程序采用3D3S（v14.0）设计软件，建模采用整体建模方法，桁架杆件按照原结构图纸，格构式提升支架/圆管式提升支架根据空间放样采用不同形式，提升支架与桁架之间

图1.6.1-13 吊点位置对应部位桁架杆件加强示意图

采用拉索模拟钢绞线连接，用温度调整拉索长度。提升计算中，考虑同步提升与不同步影响下杆件应力比的控制及风荷载等水平荷载的作用，计算结果如下：

提升二区第一次提升时：桁架最大变形为60mm，提升支架最大变形为26mm。桁架换杆后杆件最大应力比为0.682，提升支架最大应力比为0.62。提升二区第二次提升时：桁架最大变形为65mm，提升支架最大变形为29mm。桁架换杆后杆件最大应力比为0.69，提升支架最大应力比为0.649。

综上，该工况下结构强度和刚度均满足要求。

（2）桁架提升

提升区屋盖桁架在对应投影高架层楼面分区完成拼装焊接后，采用计算机控制液压同步提升技术提升到设计位置安装就位。桁架提升过程设置控制室进行统一指挥调配。其主要提升工艺流程如下（图1.6.1-14）：

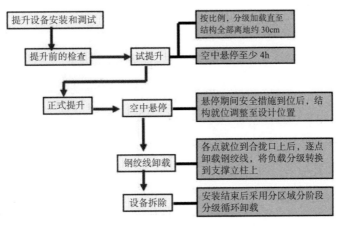

图1.6.1-14 提升工艺流程

1）提升油缸设置

根据提升支架和结构整体建模计算出来的各提升点反力值，考虑不小于 1.5 倍的安全系数确定油缸型号，提升二区最大提升反力值为 1310kN，计划采用 12 台 200t 和 42 台 100t 液压油缸，采用 15 台液压泵站提供动力。

2）施工过程分析计算

根据施工方案流程，提升分区二提升阶段可分为两个施工工况，分别为：中间屋盖桁架分块提升、屋盖桁架整体提升，过程分析采用 Midas-Gen 有限元分析软件计算（图 1.6.1-15、图 1.6.1-16）。

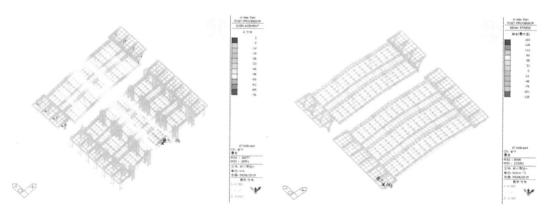

图 1.6.1-15 桁架提升阶段竖向变形分析　　　　图 1.6.1-16 桁架提升阶段结构应力分析

计算结果得知：提升分区二结构在提升施工阶段最大竖向变形为 76mm，最大结构应力为 165MPa，满足该工况下结构强度和刚度设计要求。

3）桁架预起拱

桁架现场拼装时，根据施工过程分析计算结果，当计算下挠度大于设计起拱值，现场拼装根据计算下挠值进行起拱；当计算下挠度小于设计起拱值，现场拼装按照设计起拱值进行起拱。本项目钢桁架跨中按照 90mm 进行预起拱，保证了结构最终成形效果。

（3）桁架卸载

1）嵌补杆件和竖向支撑安装

屋盖桁架提升到位后，需对分叉 Y 形柱和格构造型柱进行后补安装，同时对提升二区和提升一区分缝处的杆件进行嵌补安装。根据设计要求钢结构合拢温度 10～25℃，合拢前构件表面实测温度 18℃，嵌补杆件安装前采用全站仪对合拢构件端口实测后调整嵌补杆件精度后进行安装。

格构造型柱与屋盖结构自然过渡，上部结构与屋盖一起拼装提升施工，下部结构待屋盖提升到位以后再分段吊装（图 1.6.1-17）。

图 1.6.1-17 格构造型柱安装示意图

2）卸载

结构卸载是将屋面结构从支撑受力状态下，转换到自由受力状态的过程，即保证现有钢结构临时支撑体系整体受力安全、主体结构由施工安装状态顺利过渡到设计状态。卸载一般可分为整体卸载和分区卸载，依据结构特点结合施工进度，本工程按每个提升分区单独进行分区卸载，每分区采取同步分级卸载工艺。

提升区屋盖桁架通过计算机控制提升支撑架顶部的油缸系统逐级减荷载的方式进行卸载；根据计算卸载控制量分级卸，卸载时统一指挥进行同步操作，并密切观测监测变形控制点的位移量。

3）施工过程分析计算

根据施工方案流程，提升分区二卸载阶段可分为两个施工工况，分别为：嵌补杆件、斜柱和格构柱安装、提升支撑卸载，过程分析采用 Midas-Gen 有限元分析软件计算（图 1.6.1-18、图 1.6.1-19）。

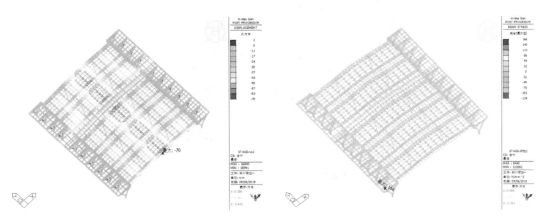

图 1.6.1-18　桁架卸载阶段竖向变形分析　　　　图 1.6.1-19　桁架卸载阶段结构应力分析

计算结果得知：提升分区二结构在卸载阶段最大竖向变形为 70mm，最大结构应力为 166MPa<295MPa，满足该工况下结构强度和刚度设计要求。

3. 结构健康监测分析

在对屋盖桁架结构支撑设置阶段、提升施工阶段、卸载阶段分别进行施工过程分析和测量监测后，为保证结构使用安全，还需对屋盖结构在金属屋面、吊顶安装阶段及后续的使用阶段进行健康监测。

（1）健康监测目的

施工和运营阶段结构健康监测系统对钢结构关键构件（室内分叉 Y 形柱、造型柱、与立柱连接的桁架结构的上下弦杆）的应力和温度监测的目的是获取钢结构关键部位的主要杆件的应力和温度状况，在施工过程和运营阶段中监测已完成的工程状态，收集控制参数，比较理论计算和实测结果，从而控制整个钢结构在承受施工荷载和服役环境荷载时结构处于安全状态。

（2）测点布置

根据站房整体结构易损性分析，初步确定布置 60 个传感器监测钢结构关键部位的应力和温度。

1）室内分叉柱应力布点

室内分叉柱为本工程最为重要的受力构件，在综合结构易损性分析及现场系统集成的情况下，对每组室内分叉柱进行监测位置优化，监测点位包含底部分叉位置和顶部与桁架连接的位置。其中底部分叉位置选取 4 个位置布设应力传感器，顶部与桁架连接的位置选取 12 个位置布设应力传感器，共计 16 个应力监测点，其具体位置如图 1.6.1-20 所示。

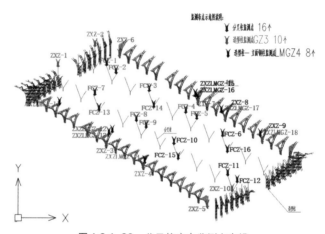

图 1.6.1-20 分叉柱应力监测点布设

2）四周造型柱应力布点

四周造型柱亦为本工程最为重要的受力构件，监测节点宜布置在立柱底部或顶部与桁架的连接位置，其中柱底位置选取 10 个位置布设应力传感器，顶部与桁架连接的位置选取 8 个位置布设应力传感器，共计 18 个应力监测点，其具体位置如图 1.6.1-20 所示。

3）屋盖横向主桁架应力布点

横向主桁架为屋盖桁架的监测重点，此桁架为屋盖的主要受力桁架，监测点位宜选取桁架跨中位置的弦杆，桁架与立柱连接位置的弦杆和腹杆，其中主桁架上弦杆位置选取 4 个位置布设应力传感器，与分叉柱连接的下弦杆及跨中位置下弦杆及腹杆各选取 7 个位置布设应力传感器，共计 18 个应力监测点。

4）纵向连系桁架和楼面桁架应力布点

为保证屋盖钢结构监测系统选取杆件的全面性，根据结构易损性分析选取纵向桁架的监测点位为跨度最大的位置的跨中和两侧与主桁架连接位置的弦杆和腹杆各选取 2 个位置布设应力传感器，共计 4 个应力监测点。楼面主桁架跨中位置以及桁架与立柱的连接位置的弦杆和腹杆各选取 2 个位置布设应力传感器，共计 4 个应力监测点

（3）监测实施

本项目钢结构应力监测系统主要包括光纤光栅应变计＋自动采集系统＋定制软件，

监测仪器选用 os3155 自带温度补偿的光纤光栅应变传感器（图 1.6.1-21），适用于室外钢结构表面的应变测量,该传感器与结构采用点焊式安装（图 1.6.1-22）。传感器如图 1.6.1-21所示，测点布置如图 1.6.1-22 所示。测点数据采集周期为：在施工阶段按施工节点如初始状态、拼装、提升、卸载等时间节点进行数据采集；在稳定阶段按每周节点进行数据采集。

图 3.6.1-21　光纤光栅应变传感器

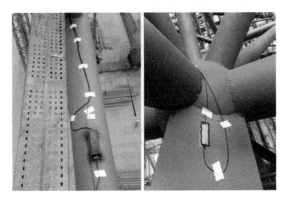

图 1.6.1-22　主桁架、分叉柱顶部测点布置

（4）监测结果

通过对卸载阶段至稳定阶段期间各测点的数据进行采集和分析（图 1.6.1-23），形成阶段性监测成果。

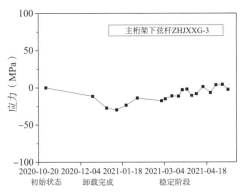

图 1.6.1-23　主桁架监测数据分析

1）通过获取钢结构卸载施工过程结束成型态时，后续屋面安装等工序对杆件应力监测数据表明，实测数据无明显较大波动和干扰，所有传感器的数据均是正常工作，数据可信。

2）定性分析：钢结构应力实测的数据具有相同的规律变化，即卸载完成后成型态时，后续安装屋面板等工序对钢结构应力有较小的变化。安装屋面板等工序结束后的一定时间内参数变化较小，结构没有向着一个方向变动的趋势，处于稳定状态。

3）定量分析：通过获取卸载完成后稳定阶段及后续安装屋面板等工序的钢结构杆件应力实测值，可得绝大多数的测试点受力变化均小于其屈服强度，其中主桁架下弦杆及腹杆变化最大在80MPa左右；稳定状态的实测值波动较小，定量分析结构是稳定的，无安全隐患。

4. 施工技术成果总结

郑州航空港站屋盖高落差大跨度管桁架结构，采用"楼面拼装、分次提升再累计整体提升"的方法顺利安装就位，方案实施中预先对整个施工过程进行施工仿真模拟计算，通过计算结果调整桁架分段和安装工艺，降低桁架拼装高度及安全风险。同时通过结构健康监测手段，在关键杆件和部位布置测点收集数据进行分析，比较理论计算和实测结果，确保在施工阶段和后期运营使用阶段中整个结构在承受施工荷载和服役环境荷载时始终处于安全状态。

1.6.2　杭州西站混合型钢结构屋盖施工技术

1. 屋盖钢结构系统的建构特征

杭州西站屋盖钢结构采用正放四角锥网架 + 正交正放桁架组成大跨度空间结构体系，具有大跨度、不规则、双曲面等特点。

站房屋盖平面尺寸为325.7m×245m，最大跨度为78m，总重量约1.1万t，采用梭形钢管柱作为支撑体系，钢管柱材质为Q345、Q420。屋盖网架中心垂直方向具有弧度，呈拱起状，屋盖最大标高55.237m，最小标高37.070m，相对高差最大达18.167m。

屋盖分为桁架区和网架区。桁架区位于屋盖中部，呈十字形，南北长234m，东西长245m，最大跨度78m，由平面桁架和倒三角圆管桁架组成，倒三角桁架插入到网架结构内，形成网架内"暗桁架"连接。桁架截面最大高度6m，构件规格为B200×6 ~ B850×250×40、P60×5 ~ P900×30，材质为Q355B、Q390B。

网架区为单层正交正放焊接球网架，平面尺寸约330m×245m，典型网格尺寸约4.5m×3.5m，焊接球规格为WSR3010 ~ WSR9040，杆件规格主要为P60×5 ~ P377×16，材质均为Q355B。桁架上方为屋盖天窗架，天窗架构件为矩形方管，材质Q355B。

屋盖共有84根结构钢管柱支撑，南北区各42根。柱顶与网架节点连接部位设置球铰支座。

2. 屋盖钢结构施工技术概述

杭州西站钢结构屋盖造型复杂、面积大、跨度大、杆件规格多、现场施工条件复杂（图1.6.2-1）。经过分析，将分布在高架候车层楼面以上的屋盖钢结构分为7个提升分区，通过楼面拼装、分区旋转、合拢提升、整体卸载等施工技术，并利用3D3S、Midas Gen有限元分析软件对结构在提升过程中的受力情况，进行模拟分析和BIM技术工况预演，保证了提升及卸载的可行性和安全性、经济性。

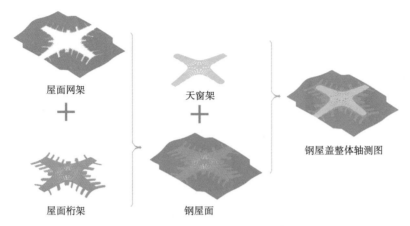

屋面网架

天窗架

钢屋盖整体轴测图

屋面桁架

钢屋面

图 1.6.2-1 杭州西站屋盖钢结构整体构成轴测图

钢屋盖安装思路：杭州西站屋盖钢结构施工，根据屋盖钢结构中间高四周低，且上下弦高差大的特点，提出"楼面拼装＋分区旋转＋合拢整体提升"的施工方案，安全高效地完成了屋盖钢结构的安装。

3. 钢结构施工分区及提升卸载方案

（1）施工分区划分原则

屋盖钢结构采取分区液压提升的施工方法，根据网架和桁架的不同区域将屋盖整体分为南、北、中三个大区。南、北区根据提升中有无旋转又各分为三个小区。

南区提升一区重量 1074t，南区提升二、三区重量 2830t。除利用 40 根结构钢管柱支撑外（两根斜柱后装，不作为提升点），另设 14 个钢管落地式提升支架，共 54 个提升点，98 个提升器。提升分三次进行，先进行一区旋转提升，再进行二区、三区旋转提升，最后将一区与二、三区间杆件嵌补完成后，整体提升到设计标高。提升到位以后，安装南区与中间区屋盖间的嵌补杆件。

北区（提升四区至提升六区）提升重量约为 3059t、中间区（提升七区）提升重量约为 2627t。除利用 40 根结构钢管柱支撑外（两根斜柱后装，不作为提升点），另设 2 个单独提升架，30 个门式提升支架，共 72 个提升点，102 个提升器。提升分三次进行，先提升七区，再将提升五区、提升六区结构旋转提升，最后将提升五区、提升六区与提升四区间的杆件嵌补完成，整体提升到设计标高。提升到位以后，安装北区与中间区屋盖间的嵌补杆件（图 1.6.2-2）。

（2）提升过程控制要点（以南区为例）

中间区域直接垂直提升，技术成熟，应用广泛，不再赘述。南北区均为先旋转提升，再

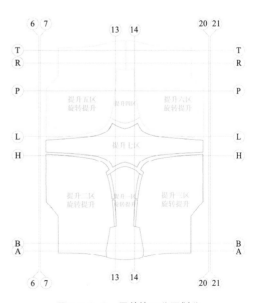

图 1.6.2-2 屋盖施工分区划分

合拢提升。下文以南区提升为例，概述"分区旋转 + 合拢提升"技术控制要点。

以候车层混凝土楼面作为屋盖拼装工作面，结合土建结构作业面交接顺序，提升顺序为：提升一区旋转定位→提升二、三区旋转定位→各分区合拢后整体提升至标高。

根据屋盖中间部分拱起、四角降低的结构形态，为保证施工安全，降低拼装高度，保证施工可操作性，先将提升一区绕轴 1—1 逆时针旋转 3°（图 1.6.2-3），继而在混凝土楼面上开展拼装工作。待拼装完成，先整体提升 0.5m，Ⓐ 轴部分结构保持不动，其他部分提升点分步提升，最后提升一区屋盖旋转至原设计角度（图 1.6.2-4）。

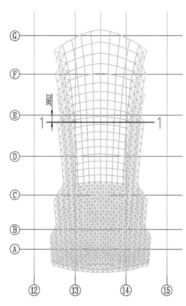

图 1.6.2-3　提升一区旋转轴示意

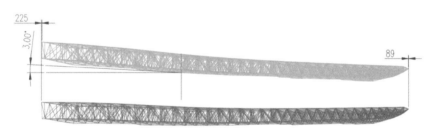

图 1.6.2-4　提升一区旋转示意

与提升一区类似，将提升二区（三区）通过旋转、拼装、分步提升的方法安装到位。首先，绕 1—1、2—2 轴分别逆时针旋转 3.08° 和顺时针旋转 2.37°（图 1.6.2-5）；其次，在高架层混凝土楼面拼装；继而整体提升 0.5m，Ⓐ 轴与 ⑨ 轴相交处结构保持不动，其他部分提升点分步提升；最后提升二区（三区）屋盖旋转至原设计角度（图 1.6.2-6）。

当提升分区旋转至设计角度后，提升一区继续提升，直至达到与提升二、三区的对接标高，安装嵌补杆件，进行分区合拢，最后三区整体提升 10.625m 达到设计标高，钢结构屋盖提升区作业完成。提升各阶段分区立面如图 1.6.2-7、图 1.6.2-8 所示。

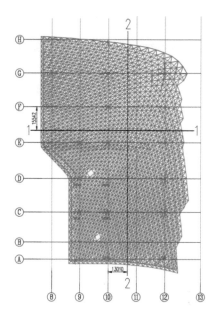

图 1.6.2-5 提升二区（三区）旋转轴示意

图 1.6.2-6 提升二区（三区）旋转示意

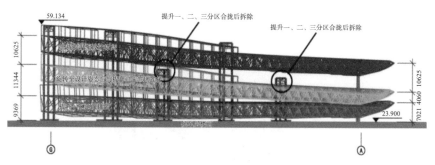

图 1.6.2-7 提升一区立面示意图（提升各阶段）

图 1.6.2-8 提升二、三区立面示意图（提升各阶段）

（3）提升架布置与设计（以南区为例）

为实现钢结构屋盖不同施工阶段的提升工作，共布置 4 种提升点、54 个提升位置，其中提升点类型 1 共 34 个、类型 2 共 6 个、类型 3 共 10 个、类型 4 共 4 个。

钢结构屋盖在提升作业的各阶段，提升架受构件自重影响产生巨大反力。通常结合结构特点及提升点位置，将提升架与结构柱相连，便于将反力传递给结构柱，进而抵抗提升反力。提升架间通过圆管相连，以提高提升架整体稳定性，提升架顶部设置转换梁，转换梁上部设有提升梁，在提升过程中，结构产生的自重荷载由钢绞线传递至提升梁，再传递至转换梁，最后传递至底部支撑结构。

提升点类型 1、2 即采用主体结构本身钢柱作为提升架的支撑结构，提升点类型 3、4 设置立管支撑实现荷载传递，立管采用 $\phi 609 \times 8$、$\phi 800 \times 10$ 圆钢管。提升架结构形式如图 1.6.2-9 ~图 1.6.2-11 所示。

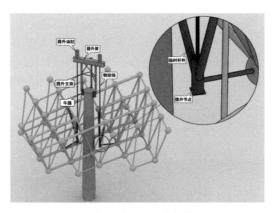

图 1.6.2-9　提升点类型 1

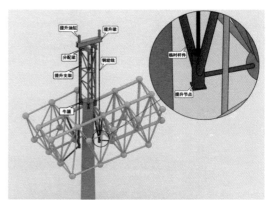

图 1.6.2-10　提升点类型 2

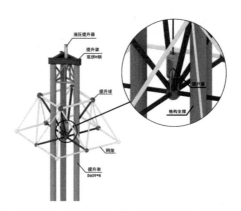

图 1.6.2-11　提升点类型 3（提升点类型 4 钢管直径与提升点类型 3 不同）

（4）嵌补杆安装要求

待网架提升到位后，需进行合拢缝嵌补杆件安装；主要有以下几种类型嵌补杆：

1）南北分区间网架杆件待网架提升到位后嵌补安装；

2）钢柱顶部网架杆件待网架提升到位后嵌补安装；

3）铸钢件顶部网架杆件待网架提升到位后嵌补安装；

嵌补杆件安装前，先测量嵌补安装间隙及精度，根据安装间隙调整杆件精度，然后进行嵌补安装、焊接（图1.6.2-12）。

嵌补杆件主要采用25t汽车吊完成；其中网架与柱顶支座之间的嵌补杆件规格较大，且汽车吊伸臂受限，因此嵌补杆件采用卷扬机逐根安装。

（5）钢结构卸载方案（以南区为例）

卸载重难点分析：

本工程屋盖面积大、跨度大、柱少，结构内部杆件受力复杂，在卸载过程中，局部的受力变化将对整个结构的受力情况

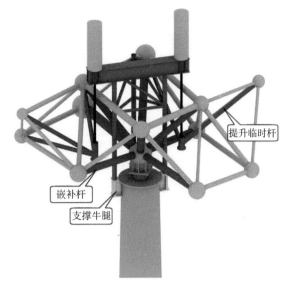

图1.6.2-12 嵌补杆件示意图

产生巨大影响，为保证桁架整体稳定性和承载力，卸载过程中，屋盖不可产生塑性变形及应力。本工程南区提升点共54个，即卸载点为54个，卸载点数量将明显影响卸载过程的安全性、主体结构的稳定性，故对卸载系统的同步控制具有极高要求。

卸载原则及顺序：

结构内力在卸载过程中产生复杂变化，主体结构与支架间由相互传力状态逐步过渡为相互独立状态，支架由初始的承载主体自重状态转变为无荷状态，主体结构则由初始的支撑受力状态转变为自由受力状态，其杆件内力发生巨大变化。为保证卸载过程顺利进行，卸载需同时做到均衡、协调、缓和。工程中遵循分区分批、分级同步、均衡缓慢、变形协调的原则进行卸载。

本工程南、北、中三个区域，南区和中间区相邻提升点24、25，应待整个屋盖完全提升到位后方可卸载，避免结构因施工不同步产生内力。南区内部卸载分3批进行，先两侧对称卸载提升点1～20，再卸载中部区域；然后对称卸载提升点21～23；最后先校对与中间区相连处桁架标高是否到位，无误后对称卸载提升点24、25。卸载过程中，严格遵守卸载的对称性及同一批次提升点同步性原则。南区卸载点布置如图1.6.2-13所示。

利用提升支撑架顶部提升油缸系统逐级减小荷载的方式进行卸载，通过对讲机统一指挥进行同步卸载操作，

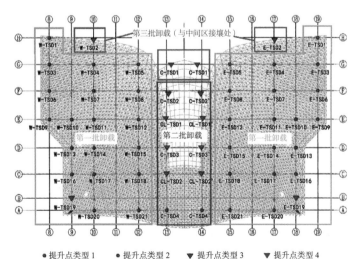

● 提升点类型1　● 提升点类型2　▼ 提升点类型3　▼ 提升点类型4

图1.6.2-13 南区卸载点布置

应根据施工全过程模拟计算最大变形值得出相应的卸载每级控制量，卸载每级控制应为最大变形值的10%、30%、50%、70%、90%、100%。在卸载过程中，设置专员密切监测并记录变形控制点的位移量，卸载过程中出现实测值与理论值有较大偏差时应停止卸载，会同各相关参建单位查出偏差原因，并通过单点油缸调节就位后继续进行。

（6）施工全过程数值模拟分析（以南区为例）

对于跨度大的钢结构构件，施工工况不同极大地影响构件内力与变形，不同安装顺序也对构件内部受力有显著影响。为保证施工过程安全，需对站房钢结构屋盖进行施工过程仿真模拟分析。根据实际施工安装顺序，通过3D3S有限元分析软件，计算并分析钢结构屋盖在各安装过程中的位移及应力变化情况（图1.6.2-14）。

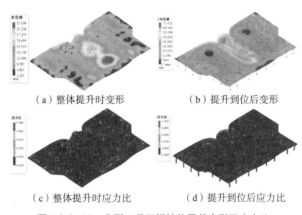

（a）整体提升时变形　　　　　　　（b）提升到位后变形

（c）整体提升时应力比　　　　　　（d）提升到位后应力比

图 1.6.2-14 典型工况下钢结构屋盖变形及应力比

通过分析提升架各阶段的受力情况，找出在提升过程中的最不利工况。钢屋盖旋转过程中提升钢绞线与立柱有微小角度产生水平力，旋转过程中，角度逐渐趋于0°。施工模拟分析时按实际刚提升时最大角度对提升架进行计算，验算提升架在水平和竖向荷载共同作用下结构承载力，该工况为提升二、三区翻转前工况，各提升区及其对应提升架在提升过程中模拟结果见表1.6.2-1。

各提升区的模拟计算结果 表 1.6.2-1

结构类型	工况	最大竖向变形位移/mm	最大应力比
屋盖	提升二、三区翻转前	21	0.779
	提升一区翻转前	19	0.673
	整体提升	35	0.682
	提升到位	72	0.666
提升架	提升二、三区翻转前	16	0.662
	提升一区翻转前	25	0.630
	整体提升	12	0.618

通过 Midas Gen 分析发现，钢结构屋盖在提升过程中，最大变形位移为72mm，结

构应力比最大为 0.779；提升架最大变形位移为 25mm，结构应力比最大为 0.662，均满足规范设计要求，说明整个施工方案具有合理可行性。

（7）全过程变形控制（以南区为例）

屋盖采用空间曲面结构，对屋盖结构关键部位的竖向位移进行全过程监控，是施工安全控制的重要措施。监控点设置在屋盖桁架悬挑外侧和中部提升吊点跨中处，监测屋盖结构最大竖向变形，监控点布置如图 1.6.2-15 所示。为方便测量，采用反射贴片（40mm×40mm）辅助测量，将贴片设置在下弦钢管侧面，通过高精度全站仪进行变形数据采集。屋盖在提升、安装嵌补杆件、提升架卸载前后对理论计算变形值与实测变形值进行对比。

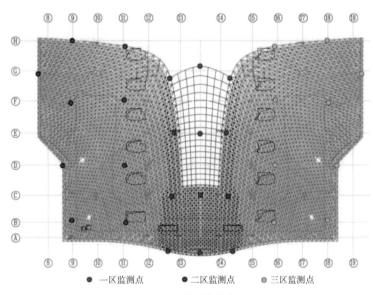

图 1.6.2-15　变形监控点布置

1.6.3　广州白云站花瓣状钢结构屋盖施工技术

1. 屋盖钢结构系统的建构特征

广州白云站地下 1 层，地上 2 层，分别为出站层、站台层及高架层，上部屋盖为三维曲面造型，钢屋盖由中央候车室屋盖、南北侧波浪形"飘带"、四角桁架、东西侧光谷"花瓣"组成；中央候车室屋盖和南北侧波浪形"飘带"采用空间管桁架＋网架结构组合形式；东西侧"光谷"采用实腹悬臂梁＋刚性环梁＋实腹拱组合形式。东西侧光谷"花瓣"共计 104 个，含外花瓣 50 个，内花瓣 30 个，飘带花瓣 24 个。站房屋面投影面积为95224m²，平面投影最大尺寸为 252.5m×412m，最大跨度 64m，最大建筑高度 36m，最大悬挑 28m。钢结构整体工程量约 18000t（图 1.6.3-1）。

屋盖支撑由钢管混凝土柱 D1600×50 组成。中央候车室屋盖、南北侧波浪形"飘带"主桁架为三角钢管桁架，主桁架自身高度 2.8～3.7m，主要弦杆规格为 D400×20～D750×50，主要腹杆规格为 D219×10～D325×20；网架采用四角锥焊接球结构，网架结构自身厚度 2m，主要钢管规格为 D76×3.75～D377×20 等，焊接球规格 WS3012～

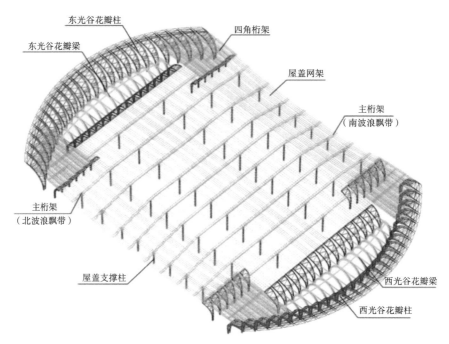

图 1.6.3-1　屋盖钢结构整体示意图

WSR9045 等；材质均为 Q355B。

四角桁架为空间倒三角钢管桁架结构。桁架高度 1.2～3.7m，长度 46.5～74m，主要桁架弦杆规格为 D273×14～D450×20，腹杆规格为 D127×5～D299×16；相邻两道桁架之间上弦设置支撑杆件，局部位置设置平面联系桁架，材质为 Q355B。

东西侧光谷结构主要包括悬臂花瓣柱及光谷拱。每个花瓣柱由两榀悬挑双曲桁架及其间的联系杆组成，双曲桁架为传力构件，生根锚固于 16.4m 楼面或 9.8m 楼面，部分花瓣柱底设置滑动支座，花瓣悬臂桁架最大悬挑 28m。两花瓣柱之间由水平杆件和桁架连接成一整体，根据花瓣柱设置部位分成飘带花瓣柱、候车室花瓣柱和外花瓣柱三种。候车室花瓣柱和外花瓣柱之间设置光谷拱结构，光谷拱为箱形结构，拱下端固接于高架候车层楼面梁，拱顶端设置上拉杆，与花瓣柱结构杆件采用插板焊接连接。光谷拱规格 □550×600×30×35，光谷上拉杆规格 □900×600×20×22，光谷系杆规格为□700×400×30×30 和 □500×600×22×22；花瓣柱规格 D400×20～D450×30，花瓣主要支撑规格 D168×8～D325×20，材质均为 Q390B。

2. 屋盖钢结构施工技术

新建站房东侧为既有京广铁路运营线，东西两侧以 E 轴为界分为两期施工，首先进 E 轴以西范围施工，然后将京广铁路运营线改迁至一期工程Ⅲ、Ⅳ线，然后进行二期结构施工。一期高架层为二期预留施工通道，一期结构的 D～E 轴网架与二期屋盖同步施工，下面以一期钢屋盖施工为例。

（1）钢屋盖安装思路

根据结构跨度大、站房下部有地铁线的结构特点，钢屋盖中央候车室屋盖与边跨飘带屋盖主要采用分块拼装、累计提升的施工方法，光谷和四角桁架采用履带吊＋汽车吊安装的方案（图 1.6.3-2）。

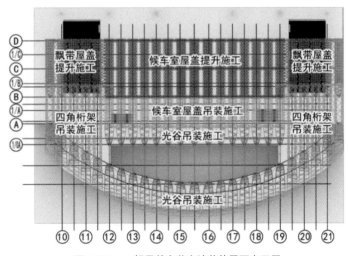

图 1.6.3-2 钢屋盖安装方法整体平面布置图

（2）屋盖钢结构安装分区划分

屋盖钢结构安装分区划分原则：

1）结合结构设计特点，主站房钢屋盖分提升区和吊装区。

2）屋盖钢结构高差变化较大，分块划分时需尽量降低拼装胎架高度，减少高空嵌补工作量；可通过多次累计提升对接，再整体提升到设计位置。

3）为减少高空嵌补量，尽量将提升分块做大。

4）吊装分块拼装，需考虑其拼装场地就近原则，满足吊装机械起重性能。

屋盖钢结构安装分区：根据屋盖钢结构分区划分原则：钢屋盖安装划分为提升区和吊装区。其中提升区包括 1-T1、1-T2、1-T3 和 1-T2A、1-T3A 共 5 部分；吊装区包括 1-D1、1-D2、1-D3、1-D4 和 1-D4A 共 5 部分（图 1.6.3-3）。

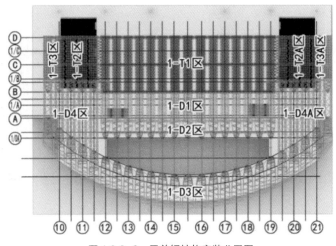

图 1.6.3-3 屋盖钢结构安装分区图

（3）提升区屋盖钢结构安装方案

提升区屋盖安装概述：

提升区屋盖钢结构主要分布在高架层及承轨层结构上部；受场地限制大型履带吊不能直接站位，采用"汽车吊、塔吊楼面拼装、整体提升"的方法施工：屋盖在楼面拼装成分块，利用"超大型构件液压同步提升技术"将其整体提升到位。由于屋盖钢结构落差变化较大，加上部分投影在不同标高楼层结构，通过多次累计提升进行施工，达到降低拼装高度、减少高空嵌补的目标。

屋盖安装方式为：

1-T2 和 1-T2A 区分块屋盖结构采用塔吊和 25t 汽车吊在高架层分段（块）拼装后，利用 80t 汽车吊在承轨层和站台上完成组装，通过 1 次提升与高架层结构上拼装的 1-T3 和 1-T3A 区屋盖结构对接；1-T1 区 3 榀主桁架及其间网架整体拼装提升，与高架层结构上拼装的 1-T3 和 1-T3A 区屋盖结构对接；5 个分区屋盖钢结构连成整体后通过提升支架整体提升至设计标高位置。

提升网架与结构钢柱之间设置滑动支座，在柱顶提升架安装前，先定位滑动支座，并与钢柱顶面节点板焊接固定。当网架提升到位后，安装屋盖桁架下弦柱顶嵌补段，调整至设计安装位置后，焊接桁架节点板与滑动支座上盖板的角焊缝。

提升架及吊点布置原则：

1）尽可能利用原屋盖支承结构即钢柱，作为提升吊点；

2）在分块单元提升时或分块累积提升时，原钢柱提升点不能完全满足分块提升变形控制要求，需另外增加提升点，布设的提升点应满足钢屋盖变形和应力在规范可控范围内。

提升支架布置：

屋盖桁架提升主要采用提升支架进行，考虑到提升支架安装高度较高，需计算结构的稳定性，屋盖提升共布置 10 组提升架（图 1.6.3-4）。

根据提升受力计算和具体布置结果，提升结构共 2 种类型。类型 1：柱顶提升架，柱顶部加设牛腿并焊接提升架，顶部提升钢梁设置 2 台提升油缸，对应下吊点与屋盖主桁架下弦杆连接。类型 2：门式格构支撑提升架，利用 2 个格构架组合的门式提升支架，顶

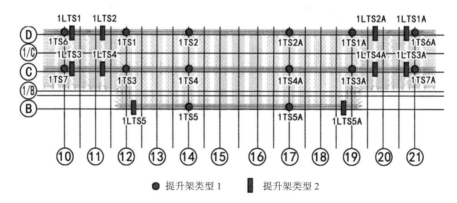

图 1.6.3-4　屋盖整体提升区提升支架及吊点布置示意图

部提升钢梁设置 1 台提升油缸，对应下吊点与屋盖主桁架下弦杆连接。

单个格构支架截面为 1.5m×1.5m，立杆为钢管 $\phi180\times8$，腹杆为钢管 $\phi102\times6$，材质为 Q355B。支撑立杆之间采用 M20 安装螺栓连接固定，腹杆和立杆之间采用 M16 安装螺栓连接固定。格构支架上端口设置一个田字形钢平台，钢平台采用 H 型钢 HW250×250 焊接而成；支撑底部转换梁规格为 H500×200，钢梁支座设置于混凝土梁上，梁上预先设置埋件。

（4）吊装区屋盖钢结构安装方案

吊装区屋盖安装概述：

吊装区屋盖主要有花瓣柱、四角桁架和光谷拱。履带吊在光谷洞口位置筏板上依次完成对应花瓣柱、四角桁架和屋盖候车室网架等；其中履带吊不能覆盖的位置采用 80t 汽车吊在加固通道上分段或分块安装。根据结构特点，花瓣柱在场外分段拼装后无法运输至场内，1-D2 和 1-D3 区花瓣柱需在 1-D1 区和 1-D2 区结构投影下方高架层加固通道进行拼装。

候车室花瓣柱柱脚、东西两端外花瓣柱柱脚、东西两端飘带花瓣柱柱脚设置滑动支座，滑动支座下端与预埋件焊接，支座上盖与花瓣柱脚半球节点焊接。

滑动支座与花瓣柱柱脚半球支座节点，在地面拼装阶段，先完成滑动支座上盘与半球节点的角焊缝焊接，拼装定位时，滑动支座中心与花瓣柱脚半球节点中心重合。拼装焊接完成后支座随花瓣柱脚分段一起安装就位，随后焊接滑动支座下盘与埋件。

1）吊装区屋盖典型结构部位分段划分

①花瓣柱

东西侧光谷花瓣柱主要有 3 种类型：候车室内花瓣、外花瓣和飘带花瓣。根据施工总体方案，花瓣柱以 260t 履带吊吊装为主，其吊装半径以外的花瓣柱，则采用 80t 汽车吊在高架层楼面就近吊装，根据吊装机械起重性能，如花瓣柱分块重量满足吊装起重性能则分块吊装，若分块重量超重则花瓣桁架与联系杆件分别单独吊装（图 1.6.3-5 ~ 图 1.6.3-11）。

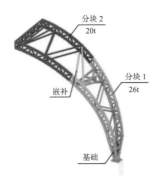 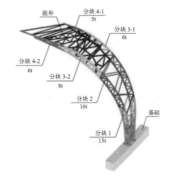

图 1.6.3-5　内花瓣分段示意图　　图 1.6.3-6　外花瓣类型一分段示意图

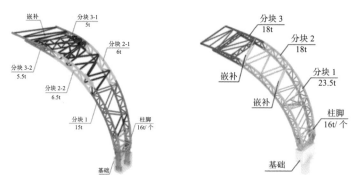

图1.6.3-7 外花瓣类型二分段示意图　　图1.6.3-8 外花瓣类型三分段示意图

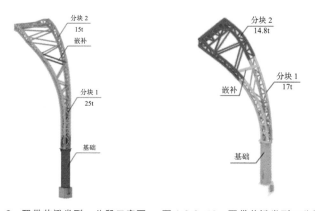

图1.6.3-9 飘带花瓣类型一分段示意图　　图1.6.3-10 飘带花瓣类型二分段示意图

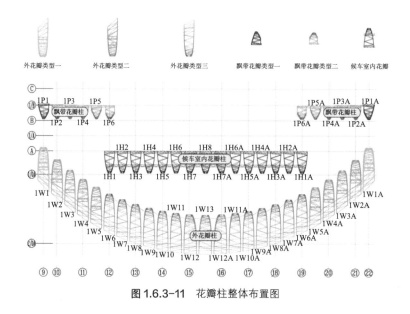

图1.6.3-11 花瓣柱整体布置图

②四角桁架

四角桁架在高架层分段拼装，采用履带吊或汽车吊分段吊装，根据吊机起重性能对桁架进行合理分段划分（图1.6.3-12）。

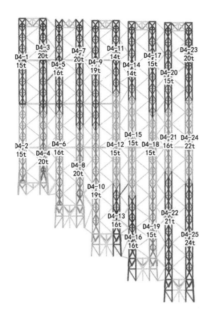

图 1.6.3-12 四角桁架分段整体布置示意图

③候车室屋盖网架

候车室屋盖网架分块吊装，其 15 个吊装分块如图 1.6.3-13 所示。

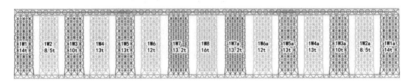

图 1.6.3-13 候车室屋盖网架分块整体布置示意图

④光谷拱

光谷拱分 3 段，其中最重分段约 13.5t，安装高度约 40m，采用 80t 汽车吊地面吊装（图 1.6.3-14、图 1.6.3-15）。

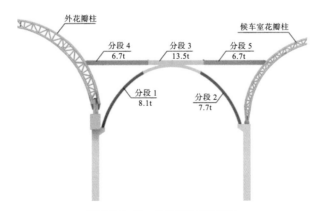

图 1.6.3-14 光谷拱分段示意图

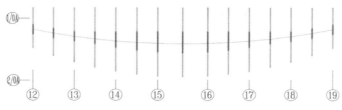

图 1.6.3-15　光谷拱整体布置图

2）吊装区屋盖临时支撑设置方案

①概述

由于花瓣柱、四角桁架、屋盖候车室网架和光谷拱采用分段或分块安装，分段处需设置临时支撑以便分段就位，临时支撑采用格构柱体系，支撑布置图如图 1.6.3-16 所示。

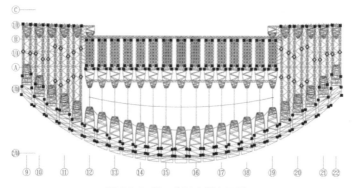

图 1.6.3-16　临时支撑布置图

②临时支撑构造设计

临时支撑采用大截面独立钢管，钢管截面为 $\phi 609 \times 10$。支撑上端口设置钢平台，钢平台采用 H200×200×8×12 以上的 H 型钢焊接而成；支撑底部设置转换钢梁，将施工荷载传递给楼板框架梁，转换钢梁为双拼 HM390×300×10×16 及以上规格的 H 型钢。

花瓣柱分段吊装：在分段位置设置大截面钢管支撑，支撑花瓣柱桁架的两根下弦，若相邻两根支撑距离较近，可在两支撑顶部安装一联系型钢，作为水平施工通道；最外侧分段，根据下方对应楼层结构局部调整支撑位置，但需使分段的重心位于临时支撑之内。

四角桁架分段处设置临时支撑，支撑桁架下弦节点位置；由于主桁架截面为倒三角，在支撑顶部平台上再设置两根支撑立杆支撑桁架上弦。

网架分块吊装时，采用 4 组临时支撑架支撑下弦球。

③光谷拱支撑体系

光谷拱结构标高约 27m，距离下方出站层结构（-12.3m）约 40m；如设置临时支撑，其单个高度较大，为增强支撑稳定性，拱梁分段 1 和分段 2 安装完毕，下部与基础固定连接，上端口采用 2 根钢丝绳拉结，另一端与对应花瓣柱固定连接。待光谷拱结构整体安装完毕，形成稳定框架结构后拆除加固钢丝绳。

（5）屋盖钢结构拼装方案

1）主要拼装内容

现场拼装主要为现场吊装区分块拼装和提升区整体拼装，现场拼装分块类型主要为屋盖焊接球网架、屋盖三角管桁架、花瓣柱分块拼装。

现场拼装均采用汽车吊或塔吊进行，根据需要将马道等零星构件随屋盖结构一同拼装整体就位。其中提升区屋盖桁架、网架采取原位拼装方法，吊装区屋盖桁架、网架在安装投影位置或吊装机械覆盖区域就近拼装。

部分花瓣柱采取分块吊装方案，在工厂进行花瓣柱两侧实腹拱桁架分段加工，现场将分段与其间的联系杆件拼装成吊装单元，拼装场地布置于光谷位置候车层楼面和出站层楼面。

2）拼装胎架设置

在主桁架主杆下方和网架下弦球下方设置临时固定埋件，楼面混凝土浇筑前进行预埋，或者在楼面上用工字钢、方管、角钢等形成拼装平台。

3）站房屋盖网架分块拼装

网架设立拼装胎架，胎架下部提前放置埋件或在楼面搭设型钢拼装平台，胎架立杆采用 D102×4～D219×8 钢管。网架下弦球先安装定位，球底部设置钢圆环限位，待相邻下弦球安装完毕后安装下弦杆件，由中间依次向四周安装形成小单元后，再进行腹杆及上弦杆件安装。

提升区网架采用 25t 汽车吊，从中间向南北两侧同步拼装；提升区桁架与网架同步拼装，且桁架拼装略领先于网架拼装。

4）网架楼面拼装流程

楼/地面划线及拼装胎架搭设→网架下弦焊接球及下弦杆件定位安装→网架上弦焊接球定位及腹杆安装→安装网架上弦杆件→杆件焊接→马道安装→屋面檩条安装→分块网架整体测量。

（6）计算机液压同步提升

计算机控制液压同步提升技术是采用柔性钢绞线承重、提升油缸集群、计算机控制、液压同步提升，构件在地面拼装后，整体提升到预定位置安装就位，具体提升工艺流程如图 1.6.3-17 所示。

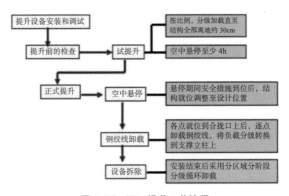

图 1.6.3-17 提升工艺流程

（7）嵌补杆件安装

屋盖钢结构提升、吊装到位后，进行嵌补区杆件安装，嵌补杆件主要采用汽车吊完成；其中桁架与柱顶支座之间的嵌补杆件规格较大，且汽车吊伸臂受限，此处嵌补杆件采用卷扬机逐根安装。

（8）屋盖架卸载

整个屋盖结构的承重分布在结构支撑钢柱、吊装临时支撑以及提升支架等三大部分结构体系上，结构安装完成后，临时支撑及提升支架荷载需进行卸载和拆除，完成整个结构体系的转换。

结合工程屋盖面积大、重量大、跨度大，卸载点多面广的特点，总体卸载原则为：分区分批、分级同步、均衡缓慢、变形协调。整体卸载方案如下：

1）提升区和吊装区屋盖结构可分区单独卸载。

2）花瓣柱保留端部支撑参与屋盖体系卸载；其他中部支撑主要用于花瓣柱安装过程分段就位，可直接提前卸载，不参与屋盖体系卸载。

屋盖卸载主要分以下四步进行：第一步：12 轴和 19 轴飘带花瓣柱和柱顶嵌补安装焊接完成后，进行 1-T 区提升点卸载；第二步：1-D4（A）区四角桁架与两端花瓣柱安装完毕后，先花瓣柱再桁架卸载；第三步：1-D1 区吊装网架分块两端与桁架、花瓣柱连接完毕后卸载，由于网架分块间不相连，其单独分块安装完毕后可直接卸载；第四步：1-D2 和 1-D3 区剩余花瓣柱端部支撑，待光谷拱结构安装焊接完毕最后卸载。屋盖分步卸载分区如图 1.6.3-18 所示。

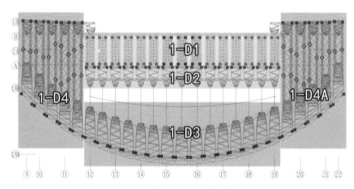

图 1.6.3-18　吊装区屋盖分步卸载分区示意图

1.6.4　天津于家堡站双螺旋钢结构屋盖施工技术

1. 屋盖结构系统的建构特征

天津滨海站为全地下站房，地上部分为单层网壳穹顶，外形酷似"贝壳"。穹顶南北长 143.9m，东西宽 80.9m，矢高 25.80m，结构体系由 72 根箱梁相互交叉编织而成。在穹顶的上下两端均设有钢环梁，对整个结构起连接和约束作用。72 根钢箱梁为变截面矩形杆件，尺寸各异，加工难度大；杆件螺旋编织，角度变换多，节点复杂。单层网壳属缺陷敏感性结构，施工难度大，安全风险高（图 1.6.4-1 ~图 1.6.4-3）。

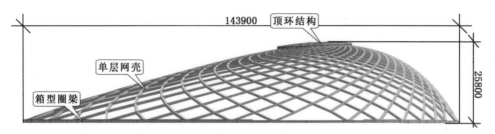

图 1.6.4-1 穹顶侧立面示意图

图 1.6.4-2 穹顶全景图

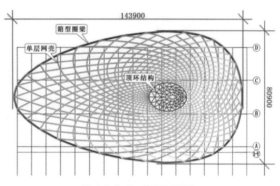

图 1.6.4-3 穹顶平面图

2. 屋盖钢结构施工技术

（1）单层网壳支座形式选择

穹顶钢结构属于边界条件受力敏感体系，传力复杂。根据设计要求，支座均承受巨大水平力、竖向力及扭矩，尤其是单个支座水平最大推力达到 13560kN。为确保穹顶安全，对底部支座受力工况进行了大量仿真模拟及有限元分析。通过对单铰支座、斜向支座和双铰支座等多种方案的比选研究，分析各个支座方案的优缺点和可实施性，最终创新性地采用了同心圆双铰支座，有效降低了上部钢结构巨大扭矩对地下结构的影响，解决了上部网壳结构与地下结构间可靠传力的难题（图 1.6.4-4）。

图 1.6.4-4 双铰支座

（2）单层网壳的安装方案选取及施工仿真分析

根据结构跨度大及外形扁平深远的特点，如采用传统的高空散拼施工工艺，对机械性能要求高，地面层结构加固费用大。尤其是中部杆件密集，吊装距离远，单元分块小，造成嵌补杆件多、质量不易控制。经过多次方案研究论证，结合吊装重量、吊装半径、工程成本，最终采用外围 8500m² 范围进行高空散拼，中部 2500m² 范围整体提升的施工方案。施工前，针对施工过程中的关键工况进行仿真模拟计算，对可能发生的不利因素提前预判，优化临时支撑及提升塔架设计、细化单元块划分等，保证结构施工的安全（图 1.6.4-5）。

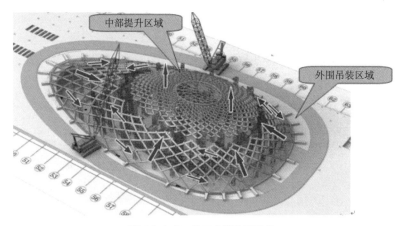

图 1.6.4-5 施工方案仿真模拟

（3）临时支撑

支撑分为拼装支撑和提升支撑，两种支撑均采用 1500mm×1500mm 格构形式，其中拼装支架采用 Q235 钢，提升支架采用 Q345 钢。外围散装区布置 73 榀临时支撑，中部提升区，共设置 21 个提升支撑。提升支撑布置如图 1.6.4-6 所示。

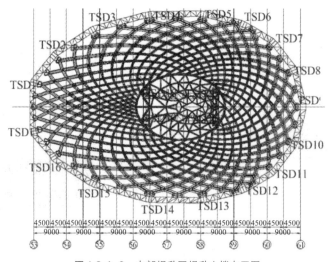

图 1.6.4-6 中部提升区提升支撑布置图

（4）单元块拼装

中间提升区域先搭设内圈临时支撑，然后拼装顶部钢环梁。待环梁形成稳定体系后从内向外继续分层搭设临时支撑，同时用水平支撑进行横向连接，形成环形支撑体系。该体系增加了临时支撑的整体稳定性，同时抵抗安装过程中因结构自重产生的水平推力。待胎架逐层稳定后，分区块再将提前加工好的单片箱形网壳分块吊装并使用临时定位板进行固定。待单片箱形网壳接口处的坡口间隙和板边差检查无误后进行焊接。在吊装区域拼装过程中，外围吊装区域也由外向内分层进行分块拼装。

（5）中部区域提升

中部提升区总重约959t，共设置21个提升点。边缘17个提升点分别设置1个提升塔架，每个塔架上设置1台100t油缸，下吊点采用原有网壳节点板焊接耳板作为锚固结构；网壳中间设置4个塔架，塔顶用圈梁连接，中间塔架上设置200t油缸，下吊点采用圈梁设置牛腿作为锚固结构。液压同步提升安装技术采用计算机控制，通过数据反馈和控制指令传递，实现同步动作、负载均衡、姿态矫正、应力控制、操作闭锁、过程显示和故障报警等多种功能（图1.6.4-7、图1.6.4-8）。

图 1.6.4-7　穹顶中部整体提升

图 1.6.4-8　穹顶外围高空散拼

（6）卸载

在中部提升区域和外围散拼区域完成杆件嵌补和焊缝检测后，开始结构的卸载施工。卸载采用从内向外逐次卸载的方法，同时遵循"分区、分节、等量，均衡、缓慢"的原则来实现。结合本工程的特点和构件在结构体系中的受力大小及相互依赖的主次关系，将所有94个支撑点划分成5个卸载区（图1.6.4-9）。卸载后结构最大竖向变形为80mm，该部分横向跨度为80.9m，挠跨比为1/1022。杆件的最大应力为102N/mm²，应力比不超过0.33，具备较大的安全储备能力。结构的变形和构件应力满足设计及规范要求，应力及变形监测点布置符合结构力学特征。

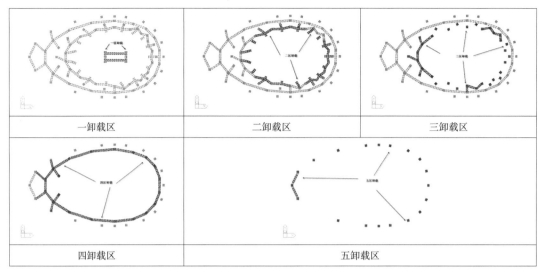

一卸载区	二卸载区	三卸载区
四卸载区	五卸载区	

图 1.6.4-9　5 个卸载区示意

1.7　大跨度装配式结构施工技术

广州白云站主站房高架候车层创新采用装配式叠合板结构，楼板总厚度为 150mm，由下层 70mm 厚装配式预制板 + 上层 80mm 现浇板组成。混凝土强度等级为 C40，钢筋强度等级为 HRB400。

免支撑叠合板装配式结构体系，即在周围钢梁上铺设预制板，预制板作为正式结构构件参与受力，同时作为上部待浇筑板面的模板。预制板铺设完成后即可进行上层现浇板板面钢筋安装和混凝土浇筑施工，最终形成叠合层楼板结构。

主站房高架候车层设计标高为 +9.8m，与下层结构承轨层（标高 −2.4m）之间高差为 12.2m，层间高度大。采用免支撑叠合板装配式结构体系，不用搭设满堂架，叠合板作为上层现浇板的模板，减少模板使用，避免占用站前单位施工工作面，可与站前单位立体交叉同步施工，缩短工期，节省成本，确保安全。

1.7.1　装配式结构的创新特征

白云站高架候车层楼板总厚度为 150mm，由下层 70mm 厚预制板 + 上层 80mm 现浇板组成。混凝土强度等级为 C40，钢筋强度等级为 HRB400。

预制板采用开槽型叠合板，在四周边设 30mm × 30mm × 100mm 槽口，槽口间距 150mm，叠合板侧面无预留"胡子筋"。

预制叠合板最大尺寸为 3250mm × 2400mm × 80mm、重量为 1560kg；最小尺寸为 2275mm × 500mm × 80mm、重量为 228kg。相比传统叠合板结构，开槽型叠合板四周预留槽道，无预留"胡子筋"。如图 1.7.1-1 所示。

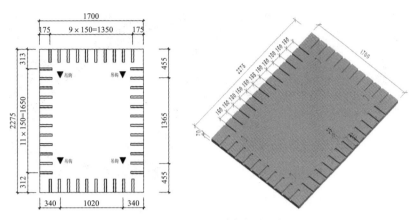

图 1.7.1-1 开槽型叠合板构件示意图

1.7.2 装配式结构的深化设计

叠合板应根据钢梁间尺寸进行深化设计，以某一个区块为例：96 块预制板根据梁间距不同划分为 8 种尺寸，每种预制板的开槽方向均应一一对应，保证预制板间开槽处能够安装抗剪板筋；深化设计时应充分考虑水电预留孔洞的位置；在预制板和钢柱连接位置，预制板根据钢柱直径尺寸留设对应的圆弧段缺口，保证预制板能够与钢柱完美契合；为便于预制叠合板吊装，应在每块板四角设计预埋吊筋，为每块预制板上进行编号。如图 1.7.2-1 所示。

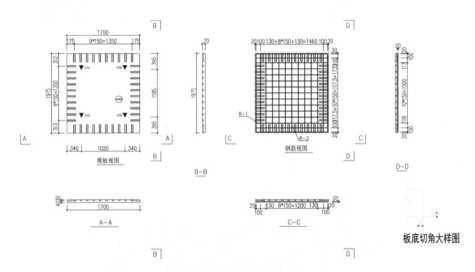

图 1.7.2-1 叠合板深化设计

1.7.3 装配式结构关键施工技术

（1）工业化生产及养护

工业化生产：预制板在有资质的厂家采用定制化模具加工生产，生产各环节采用全机械化。在工厂加工制作完成后对预制板进行筛选，将不符合要求、质量有缺陷的叠合板剔除。预制板工厂成型后，进行至少 3d 的养护（图 1.7.3-1）。

图 1.7.3-1　预制板工厂内生产制作

　　构件养护：预制板生产完成后放入工厂内养护窑中进行养护，养护完成后用回弹仪测试强度，强度测试合格后即可运输到现场或移至堆场（图 1.7.3-2）。

图 1.7.3-2　预制板养护

（2）运输及安装

　　构件装车及运输：构件白天在工厂装车，晚上运输，运输至现场后直接在车上将构件吊装就位，减少二次搬运。夜间吊装预制板构件，可将塔吊使用效率最大化，不影响白天塔吊吊运其他材料（图 1.7.3-3）。

图 1.7.3-3　预制板现场吊装

现场吊装：

1）预制板下方不设临时支撑，直接在钢梁上安装。

2）预制板上除了有编号标签外，另外设置指北标识，以保证安装方向正确。

3）运输车辆直接停放在场内塔吊覆盖范围内，塔吊直接从运输车上将预制板吊至楼板面相应安装位置，避免二次搬运。

4）预制板吊装过程中，在作业层上空500mm处减缓降落，由操作人员根据板缝定位线，引导楼板降落至钢梁上，校核预制板水平位置及竖向标高情况，允许误差为±5mm。

5）水电安装专业现场施工人员，及时校核预埋线盒线管的定位及走向是否准确。

6）预制板定位后，四周用钢尺检查，保证预制板与钢梁搭接长度满足50mm要求。

（3）上层叠合板结构施工

钢筋安装：预制板吊装完成后，在吊装完成的板面上进行钢筋安装，现浇板板厚为80mm，安装的钢筋尺寸为双层双向Φ12@100，上层现浇板面筋交叉点用扎丝按梅花形交错绑扎。现浇板板面较薄，且钢筋为双层双向，按图纸要求，在钢筋安装时需确保钢筋上部保护层厚度满足20mm的要求。

水电管线安装：在完成预制板吊装后，安装对应的预留预埋管线，预留预埋管线应顺直安装在预制板上。对于预制板上预留的机电安装洞口，应采用对应尺寸的模板临时封堵，待浇筑完成后，拆除模板。

预留洞口模板支设：叠合板在工厂加工生产时将洞口预留好，叠合板安装完成后，在对应预留洞口位置安装套管，套管尺寸比预留洞口略大，套管顶部用胶带封堵，防止施工时混凝土灌入套管内；使用铁丝将套管与上层板钢筋固定，防止套管位置偏移（图1.7.3-4）。

图1.7.3-4 预留洞口模板支设

混凝土浇筑：上层现浇板钢筋绑扎及验收完成后，开始进行混凝土浇筑施工。浇筑前，应对叠合板装配式结构的支撑钢梁进行校核，验算挠度和变形。若复核变形过大时，可通过钢梁安装起拱予以抵消，无需额外设置临时支撑。施工过程中预制叠合板层竖向变形在可控范围内时，方可进行现浇层施工。叠合层混凝土浇筑前，应使用有压力的水管冲洗湿润预制板，注意不要使浮浆积在压痕内，确保现浇层与预制板之间能够可靠粘接。叠合层混凝土浇筑时，其坍落度应控制在 160±20mm，浇筑时应连续施工，一次浇筑成形，避免留设施工缝。

（4）细部节点处理

拼缝处理：吊装完成后，应用撬棍或其他不损坏预制板的设备在预制板的位置进行微调，且与钢梁搭接长度每侧均大于 50mm。对缝隙较大的拼缝位置使用泡沫胶填缝处理，防止混凝土浇筑时漏浆，填缝打胶后将缝隙外多余的泡沫胶清除，保证混凝土填充满拼缝位置，确保浇筑质量（图 1.7.3-5）。

图 1.7.3-5　预制板填缝处理

预制板间连接：每块预制板需保证相对位置在同一平面上，预制板间的开槽口位置需相互对应，以便安装剪力筋。剪力筋采用直径 12mm 的三级螺纹钢，剪力筋在槽口内安置，不应短于槽口的长度，作为相邻预制板间的连接纽带（图 1.7.3-6）。

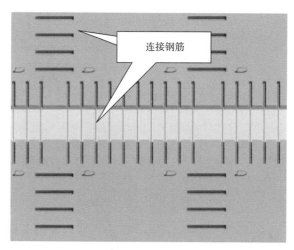

图 1.7.3-6　预制板间连接

1.8　超深全地下车站施工技术

滨海站为全地下高铁站房，首次建立了国内以地下铁路客站为中心的城市地下空间系统，将大型地下铁路客站与周边地铁、公交、出租车、社会车辆、地下步行街、景观公园、市政道路等地下、地上城市系统进行了统一规划布局，避免了高铁线路对城市规划的切割，消除了地面高铁噪声污染，开创了国内大型地下空间综合开发利用的先河。

1.8.1 地下车站的重点和难点分析

滨海站属于沿海软土地基条件下国内最深的全地下站房综合交通枢纽工程,其地下结构体量巨大,基坑总面积达 13 万 m²,其中核心区域大基坑面积达 7 万 m²,平均深度20m,最深处 32m。场地内存在深厚饱和性淤泥质软土和富水砂层,地质条件差;基坑周边环境复杂,存在敏感保护性建筑和交通繁忙的道路,基坑开挖安全风险高。枢纽基坑内施工单位多,同时作业相互交叉影响,材料运输及施工组织困难(图 1.8.1-1)。

图 1.8.1-1 滨海站平面位置图

1.8.2 地下大空间结构体系创新

整个枢纽属于超大跨度地下结构,对向支撑设计困难。另外,由于滨海站房处于枢纽大基坑的中心,基坑深度最大,考虑到多家施工单位同时作业,相互交叉影响大等因素,所以在高铁站房负一层底板以下与周边配套工程的交界面处,采用地下连续墙进行分隔,并采用半顺半逆的施工工艺。由于车站的穹顶结构向下传递水平及竖向集中荷载较大,且地下结构不能按常规设变形缝,因此,根据结构刚度与温度应力的正相关关系,创新性地采用了 HPE 钢管混凝土柱 + 型钢混凝土梁 + 钢筋混凝土薄板的结构体系。

1.8.3 总体施工思路

零层板为型钢混凝土梁板结构,截面尺寸较大,为保证施工安全并提高工效,将基坑施工优化为地下一层明挖顺作,与地下二层、地下三层(地铁 Z1 线横穿高铁站房)盖挖逆作相结合的施工工艺。为提高整体施工效率,从地面层设置通向中板的钢栈桥,然后在中板对应钢栈桥的部位预留部分结构,作为负二层的出土通道。主要施工顺序:首先顺挖施工负一层土方(开挖至中板以下 1m)并设置有筋垫层(承受吊装作业荷载),同时完成钢栈桥施工,然后利用钢栈桥将钢龙骨运至吊装区域进行原位拼装,完成负一层顶板钢梁施工后,搭设短肢满堂红架体完成中板结构。待中板强度达到 100% 时,再进行负一层顶板钢筋混凝土结构施工;同时利用预先设置的钢栈桥进行负二层土方开挖,然后逆做法完成负二层底板和墙体。在逆做负二层底板时对应 Z1 线位置预留出土口进行负三层土方开挖,并由钢栈桥运出地面。待土方完成后逆做完成负三层底板及墙体后,最后再将预留出土口浇筑封闭。盖挖区半顺半逆相结合的施工技术,极大地缩短了施工工期,降低了施工成本(图 1.8.3-1、图 1.8.3-2)。

图 1.8.3-1　盖挖区半顺半逆结合施工图

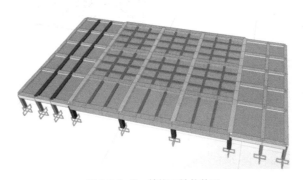

图 1.8.3-2　盖挖区结构体系

1.8.4　地下车站关键施工技术

顺逆结合深基坑施工技术是综合考虑施工场地、周边环境、基坑深度等特征而采用的施工方法。利用地下连续墙作为盖挖中板四周的支撑及防水体系，采用一桩接一柱方式作为盖挖中板的支撑点。盖挖区土方开挖前由围护结构、桩柱结构及结构中板形成刚性稳定体系，以减少土方开挖过程中基坑的变形，达到基坑施工的安全稳定。

（1）施工技术要点

1）负一层土方开挖

根据先顺后逆的剖面图所示，将负一层分为 2 个区段，从中间开始分别向两侧开挖，每层挖土深度不超过 5m，采用两台挖掘机在不同作业高度接力传递的方式，边挖土边将土传递到地表装车运走，两台挖掘机同时均衡连续作业（图 1.8.4-1）。

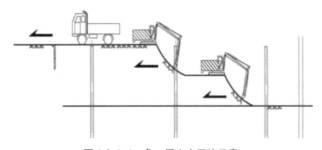

图 1.8.4-1　负一层土方开挖示意

2）负一层结构顺做法施工

根据开挖进度，依次进行垫层及负一层底板（中板）结构施工。在中板结构施工的同时，穿插进行负一层顶板钢梁安装施工。待负一层中板混凝土强度达到100%后，方可进行负一层顶板钢筋混凝土结构施工（图1.8.4-2、图1.8.4-3）。

图1.8.4-2　钢梁安装　　　　　　图1.8.4-3　负一层底板（中板）分段作业

3）出土钢栈桥施工

负二层为逆做法施工，为加快土方开挖施工进度及材料运输，在地面至负二层之间修建出土和材料运输通道。通道的负二层到负一层由原土构成坡道，坡面浇筑混凝土面层，负一层到地面采用钢栈桥。钢栈桥的竖向支撑为钢管柱，并在柱间加X形斜撑（水平方向、竖向）增加桥体抗侧移刚度，桥面板为钢梁（主梁、次梁）、檩条上铺20mm厚钢板；梁、檩条采用工字钢（图1.8.4-4）。

图1.8.4-4　出土钢栈桥

4）负二层土方开挖及结构施工

负二层土方开挖从出土口逐步向四周推进。为提高钢栈桥的使用效率，加快出土进度，土方开挖时首先采用盆式挖土，从钢栈桥处（基坑中间）向基坑的长方向（南北向）挖土，开挖出一条道路（为保证车辆通行，道路用C30混凝土硬化，厚250mm，宽10m），方便运土车通行。道路完成后可同时向短方向（东西向）开挖。土方开挖时，采用分层开挖方式，每层开挖深度不超过5m，从内向外接力式倒运。土方开挖完成后，分段及时跟进完成负二层墙体和底板（图1.8.4-5）。

图 1.8.4-5　负二层土方开挖局部

1.8.5　施工技术创新与效果

（1）超深"T"形地下连续墙施工技术

工程邻近海河，场地内存在超厚饱和性淤泥质软土和富水砂层软土，围护结构设计为 60m 超深"一""Z""T"字形三种异形截面形式的地下连续墙，墙厚均为 1.0m。其中"T"字形单元槽段横向长度为 4m，竖向加肋长度为 2.8m，采用三抓成槽技术。"T"字形地下连续墙成槽先两抓横向再抓竖向，交替成槽。地下连续墙成槽顺序按"跳位成槽法"流水作业，抓斗掘进遵循斗齿两边均衡受力，对硬砂层采取引孔成槽。利用专用的可拆卸液压抓斗铲刀，清理相邻槽段的工字钢板，保证成槽质量。钢筋笼采用整体加工、分段拆分吊装的方法，完成钢筋笼安装后外侧回填砂袋固定。在工字钢两侧设镀锌薄铁皮，以防混凝土浇筑时绕流到工字钢后面，影响下一幅的成槽。另外在工字钢翼缘的外侧各设 1 根 36mm 的钢管，作为阻挡混凝土绕流的第二道防线。基坑开挖后 1836 延米地下连续墙无渗漏现象，施工质量高（图 1.8.5-1 ~图 1.8.5-4）。

图 1.8.5-1　超深异形地下连续墙成槽施工及钢筋笼安装

（2）AM 扩孔桩施工技术

桩基工程采用 AM 扩孔桩，ϕ2.4m，成孔深度 82m。桩身、桩底两道扩孔，扩孔 ϕ3.4m，既增加了桩基竖向承载力，也提高了桩基抗浮能力。为保证扩孔质量，当使用旋挖钻机完成直孔钻进后，及时采用全液压魔力旋扩铲斗扩孔技术及影像追踪监控技术

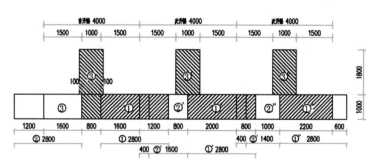

图 1.8.5-2 "T"形连续墙三抓成槽次序排位示意图

注：①、①'、①"为第一抓，②、②'、②"为第二抓，③、③'、③"为第三抓，次开幅第二抓中原状土 0.8m 宽，第三幅底
二抓中原状土 1.0m 宽。

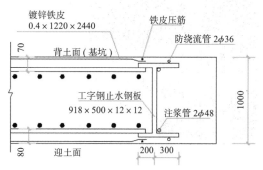
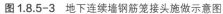

图 1.8.5-3 地下连续墙钢筋笼接头施做示意图

图 1.8.5-4 钢筋笼安装演示图

进行扩孔。预先在电脑中输入扩孔标高、形状等相关数据，实现桩身、桩底部位分别旋切扩孔。铲斗回缩、提升钻头等过程实时显示扩孔作业的相关数据和影像，全过程掌握扩孔情况，随时进行扩孔纠偏。桩身采用 36h 超缓凝混凝土浇筑，为后续钢管柱施工创造条件（图 1.8.5-5）。

图 1.8.5-5 AM 扩孔桩施工技术演示和现场实施

（3）HPE 液压垂直插入线间钢管柱施工技术

盖挖区钢管柱位于铁路轨道线间，直径 1.4m，长 24m，重 60t。根据高铁行车限位要求，设计要求平面定位偏差 ±5mm，垂直度偏差在 H/500 内。为满足钢管柱的精度要

求，采用 HPE 液压垂直插入技术。施工时将钢管柱吊放至 HPE 垂直插入机内，通过插入机抱箍紧固并调整钢管柱平面定位和垂直度，精度满足要求后在钢管柱底部安装垂直传感器。在钢管柱入孔及插入混凝土过程中，根据插入机自身携带的垂直仪及安装在钢管柱上的传感器反馈的信号，动态掌握钢管柱下插标高及垂直度控制情况，随时调整插入机的水平度，及时进行钢管柱垂直度纠偏，直至满足设计精度要求。根据钢管柱施工工序（包含 HPE 插入机调整就位、钢管柱起吊行走、定位下插、过程纠偏）所需时间为 20 ~ 25h，为保证已浇筑完成的灌注桩混凝土保持良好的和易性，优化混凝土配合比，配制 36h 超缓凝高性能混凝土（图 1.8.5-6）。

图 1.8.5-6　HPE 液压垂直插入钢管柱施工与竣工后的实际效果

1.9　超大型客站屋面系统综合施工技术

　　经过数十年的发展，铁路客站金属屋面系统技术日渐成熟。铁路客站做为大型公共交通建筑的特征，屋面具有面积大、汇水流量大、安全风险高、耐久性要求高、防渗防漏质量要求高等特点。由于现代客站复杂的造型需要，屋面体系设计日益复杂，为施工带来了较大的施工难度，当前大型高铁站房屋面系统基本上采用铝镁锰合金金属屋面，具有重量轻、荷载小、板型多、色彩肌理丰富、安装速度快、可维护性强等特点，因此得以广泛应用。

1.9.1　郑州航空港站超大面积屋面系统施工技术

　　郑州航空港站屋面整体造型设计取意莲鹤方壶、鼎盛中原，波浪形犹如鹤羽飞翔（图 1.9.1-1）。站房屋面东西向长 489m，南北向宽 232m，总体面积约 11.35 万 m^2，屋面檐口高度 50m，最高点（采光天窗处）59.9m。屋面系统包括铝镁锰屋面系统、不锈钢天沟系统、玻璃采光顶系统、防风防坠落系统等。屋面工程防水等级为一级，采用直立锁边金属屋面系统，由 9 道玻璃采光天窗将其分隔为 10 个单元，中间 8 个凹曲面单元通过双曲渐变造型形成自然分级排水，屋面板为 1.0mm 厚直立锁边铝镁锰合金板，65/300 型；主体站房为南北坡向、东西站房分别坡向东西两侧，四周为不锈钢排水天沟 1532m；9 条玻璃采光天窗，每条长 168m，宽 8.2m，面积约 12400m^2。

图 1.9.1-1 屋面整体效果图

1. 大面积屋面系统区域划分分析

屋面系统工区划分主要是根据建筑造型、结构分区、现场平面布置、屋面施工进度计划及资源需用量计划、材料运输途径和加工方法、屋面安装的总体思路及安装顺序、安全文明施工和环境保护要求等综合制定屋面系统工区划分方案。屋面施工中，根据工程特点及周边环境，统筹考虑工程工期、质量、劳动力、周转材料、大型机械等资源投入情况，分阶段分重点进行施工。

大型铁路客站屋面面积较大、系统复杂、工期要求紧，可划分为多个施工区域，由多个单位共同施工。站房屋面与站台雨棚屋面因涉及不同的施工环境、材料选用情况和不同的进度要求，可考虑单独划分雨棚区域。工区划分需充分考虑工期进度要求和钢结构工作面提交的顺序，兼顾屋面安装的总体方案及安装顺序。分区位置一般设置在变形缝、外天沟、采光顶等界面清晰的地方。

郑州航空港站屋面东西长约 489m，南北宽约 232m，屋面最高点 59.9m。屋面在 2H 轴处设置变形缝，在 2A 轴、2X 轴与东、西侧站房交界位置结构坡向发生变化，根据本项目屋面钢结构的施工顺序、结构分区的独立性和稳定性，屋面分缝和建筑变化特点，将屋面施工共分为五个工区，如图 1.9.1-2 所示。

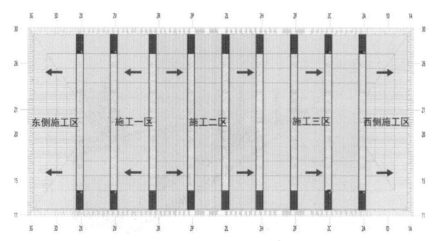

图 1.9.1-2 屋面施工分区示意图

2. 大面积屋面系统运输方案分析

（1）垂直运输

屋面系统垂直运输方式主要为塔吊和汽车吊，在屋面施工过程中，若塔吊未拆除，一般材料可用塔吊运输至屋面，塔吊覆盖不到的区域或塔吊已拆除时，可使用汽车吊进行运输。

当室内空间较大，汽车吊吊臂无法覆盖时，可将材料通过土建平台转运至吊装区域下方，再通过卷扬机吊至屋面，在屋面主钢结构上架设导轨，将构件拉运至安装点，进行安装。

为保证屋面的防水性能和美观性，会出现屋面板长度较长的情况，为了保证屋面板平整、顺滑、不弯折，可采用索道运输的方式（图 1.9.1-3）。

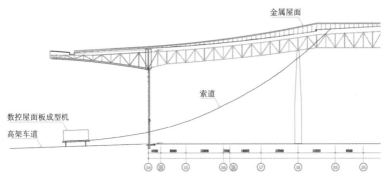

图 1.9.1-3　索道运输示意图

（2）水平运输

屋面板压型出板时不能时时挪动位置，故在安装过程中，需对屋面板进行水平运输。屋面板的水平运输主要包括平行屋面板方向的水平运输及垂直屋面板方向的水平运输两种情况。屋面板常用的水平运输方案主要有"人工搬运式水平运输"及"滑轨式水平运输"两种方式。

人工搬运式水平运输，主要适用水平运距较短的屋面板，在搬运过程中应有专人指挥，避免搬运过程中的屋面板损坏。如图 1.9.1-4 所示。

图 1.9.1-4　人工搬运式水平运输

轨道式水平运输：主要适用于较为平坦，行走路线为直线，且相对规则的屋面。为避免屋面板人工长距离搬运困难及搬运过程中的损坏，在屋面上铺设滑轨，利用滑车在轨道上行走的方式进行屋面板的水平运输。如图1.9.1-5所示。

3. 屋面系统技术分析和对策研究

针对屋面系统双曲波浪形态的复杂性、体量大、防水等级要求高、玻璃采光天窗高度高面积大等特点，对屋面各系统从防水、保温、热胀冷缩、抗风揭等功能和安全方面进行分析和对策研究，做好施工前的技术准备工作。

图1.9.1-5 滑轨式水平运输滑车示意图

本项目屋盖结构和主檩条由主体钢结构单位实施，屋面系统从次檩条安装开始，金属屋面面积约9万m²，屋面构造层包括底层穿孔板、无纺布、吸声棉、隔汽膜、几字转换檩条、保温岩棉、TPO防水卷材和铝镁锰合金屋面板（图1.9.1-6）。

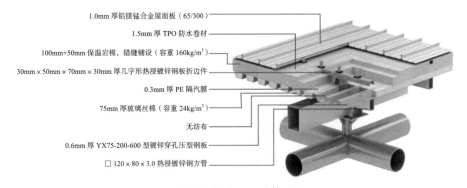

1.0mm厚铝镁锰合金屋面板（65/300）
1.5mm厚TPO防水卷材
100mm+50mm保温岩棉，错缝铺设（容重160kg/m³）
30mm×50mm×70mm×30mm厚几字形热浸镀锌钢板折边件
0.3mm厚PE隔汽膜
75mm厚玻璃丝棉（容重24kg/m³）
无纺布
0.6mm厚YX75-200-600型镀锌穿孔压型钢板
□120×80×3.0热浸镀锌钢方管

图1.9.1-6 屋面系统效果图

（1）防水施工技术分析

本项目屋面被相邻采光天窗分隔为相对独立区域，屋面横向采用三段叠级处理，中间段板长60m，两侧段板长78m，整体往南北坡向排水至外侧天沟，是屋面排水的主通道；纵向为弧形屋面，由相邻天窗根部向区域中部坡向排水，跨度约35m。屋面防水等级为一级，排水坡度介于5%～14%之间。防水功能是屋面工程最主要的功能之一，对薄弱部位需进行重点分析研究。

1）屋脊防水分析：通常铝镁锰金属屋面板在屋脊处需做断开处理，根据规范《屋面工程技术规范》GB 50345-2012第4.11.28条的规定：金属板屋面的屋脊板在两坡面金属板上的搭盖宽度不应小于250mm；屋面板端头应设置挡水板和堵头板。

屋面作为建筑的第五立面，既要考虑空中俯瞰的建筑效果，也要考虑使用功能。本项目采用了连续屋脊和盖板屋脊两种形式，在侧站房东西坡向和南北坡向相交屋脊线处采用盖板屋脊（图1.9.1-7），在主站房上部区域采用连续屋脊（图1.9.1-8），避免了屋面板在屋脊处断开后可能产生的漏水隐患。

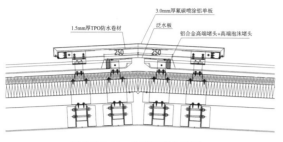

图 1.9.1-7 盖板屋脊构造图

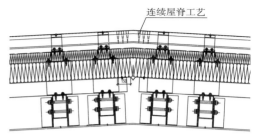

图 1.9.1-8 连续屋脊施工图

2）屋面板纵向搭接防水分析：铝镁锰合金直立锁边屋面系统，是通过屋面板的两侧不同大小肋扣合在一起，再通过机械咬合的方式连接。屋面板的小肋一侧设有反雨水毛细作用的凹槽，防止雨水因毛细作用向上运动渗入室内。屋面纵向为两侧向中间弧形坡向屋面，板纵肋搭接应为大肋扣小肋，至内凹曲面最低点一块板时为两侧小肋，需特别加工制作（图 1.9.1-9）。

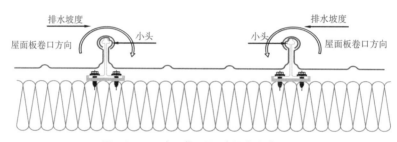

图 1.9.1-9 内凹曲面屋面板最低点布置图

3）天沟防水分析：站房屋面面积约 11.3 万 m²，雨水排至天沟后采用虹吸雨水系统＋溢流系统进行排水，天沟截面大小需根据计算取得。本项目采用不锈钢天沟，沟宽 1200mm，沟深 480mm，吸取了其他站房设置内天沟后遇到极端天气或雨水渗漏到室内影响车站使用的经验教训，四周天沟均设于屋面室外悬挑区域。

屋面天沟采用专用工具把屋面板板端向下弯便于排水同时在板端设置泡沫堵头使屋面密封并防止雨水回流；设置滴水片起到滴水防水的作用，并且使天沟处的屋面板连成整体增强抗风能力，最外侧设置挡水板用来防风及防水（图 1.9.1-10）。

屋面天沟沿四周通常布置，天沟纵向连接采用搭接方式，沿着水流方向上层搭下层 50mm，氩弧焊接连接（图 1.9.1-11）。

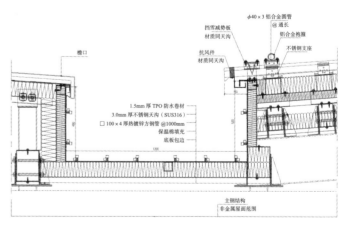

图 1.9.1-10 天沟排水示意图

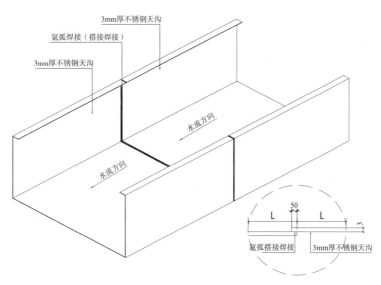

图 1.9.1-11 天沟纵向搭接示意图

4）玻璃天窗部位防水分析：本项目共计 9 条玻璃天窗，天窗长度 168m，宽度 8.2m，天窗高度随屋面坡度变化高出屋面 1.8 ~ 3.5m 不等，天窗防水重点有以下几个方面：

①考虑建筑防排烟设计，玻璃天窗设置了电动排烟开启扇，初步设计开启扇位于玻璃天窗顶部，排烟效果好，但开启扇经常开合，因铝合金支座部位胶条容易变形发生渗漏，结合以往站房屋面上开天窗存在的问题，修改排烟开启扇为侧面开启，减少漏水隐患（图 1.9.1-12）。

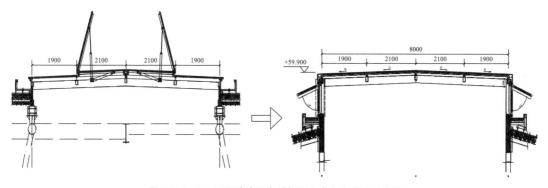

图 1.9.1-12 采光玻璃天窗排烟开启扇方向修改示意图

②在天窗侧立面设置导水槽，将雨水直接导到四周外天沟内，同时天窗侧立面与屋面板纵向交接处设置上下泛水，下部泛水宜采用与屋面板同材质材料并与屋面板有效连接，宽度应满足设计排水需要，泛水立边按设计要求应具有足够防水高度，并与天窗结构之间按设计要求预留伸缩空间；上部泛水应与天窗等系统可靠连接，有坡度时，应顺水搭接固定并用防水密封胶密封（图 1.9.1-13）。

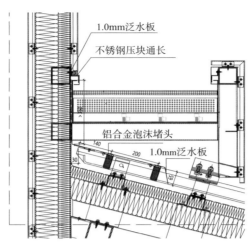

图 1.9.1-13　屋面与天窗立面交接部位防水示意图

③本项目第四道玻璃天窗位置设有屋面变形缝，变形缝上部为铝合金压板，内设风琴导水胶条、TPO 防水卷材，下部设不锈钢弹簧板、铝单板导水槽，多种措施防止变形缝位置发生渗漏水情况（图 1.9.1-12）。

（2）保温隔热分析

本项目屋面保温层采用 100+50mm 厚保温岩棉，岩棉密度 $160kg/m^3$。岩棉应连续性铺设，拒绝出现冷桥现象。

1）屋面标准保温层：按照屋面标准构造层进行铺设，两层岩棉应错缝铺设，在保证大面铺设质量的前提下，重点对几字形檩条凹槽、板间缝隙应嵌填密实，避免出现冷桥现象。

2）天沟保温：天沟周边应用保温材料填实，在天沟底部以及侧边镂空处，需要用包边材料将保温材料包严实，避免保温材料掉落现象。

3）天窗立面保温：天窗侧面高出屋面区域，应铺设保温材料，天窗方通立柱内应用保温材料填实，避免在钢立柱位置出现冷桥现象。

4）室内外封堵：建筑外立面幕墙将屋面分为室内区域和室外区域两部分，幕墙与屋面和檐口交接部位，应采用保温材料 + 镀锌板材方式将室外与室内空间分开，确保室内连续保温效果。

（3）热胀冷缩分析

1）屋面板热胀冷缩：站房屋面为保证防水效果，屋面板板材需要保证连续性、无破坏、无钉子外露。本项目屋面板最长为 78m，存在较大的热胀冷缩现象，屋面板采用直立锁边固定方式，固定座可以限制板在宽度方向和上下方向的移动，滑动座可以保证板在长度方向的滑动自由，消除温度应力的影响。通常在屋面板高端处采用铆钉将屋面板与 T 形码支座固定，防止屋面板热胀冷缩现象产生下滑（图 1.9.1-14），在屋面板低端或侧边处即靠近天沟或天窗位置，形成自由边使屋面板一端自由伸缩，

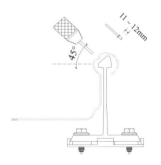

图 1.9.1-14　屋面板与 T 形码支座固定连接方式

根据规范《压型金属板工程应用技术规范》GB 50896-2013 第 5.3.2 条：屋面压型金属板应伸入天沟内或伸出檐口外，出挑长度应通过计算确定且不小于120mm。本项目出挑长度150mm。

2）天沟板热胀冷缩：本项目天沟板为3mm不锈钢材质，天沟需要连续性，天沟板连接采用焊接方式连接。不锈钢金属材质存在热胀冷缩现象，为防止天沟在热胀冷缩过程中将焊接处拉裂，需要将天沟设置伸缩缝，伸缩缝间距需要依据规范《建筑金属围护系统工程技术标准》JGJ/T 473-2019 第 5.3.5 条：顺直天沟连续长度不宜大于30m，非顺直天沟应根据计算确定，连续长度不宜大于20m 的规定设置，同时屋面结构变形缝处应设置天沟伸缩缝（图 1.9.1-15）。

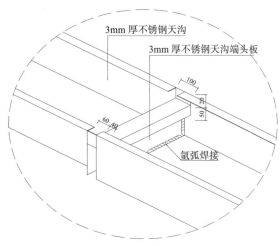

图 1.9.1-15 天沟伸缩缝示意图

3）屋面结构（采光天窗）热胀冷缩：本项目屋面桁架结构东西向总长489m，为超长大跨结构，在靠近中间位置 HJ 轴处设置一道南北向温度变形缝，正处于第四道采光天窗中间部位，采光天窗钢架在变形缝两侧单独设置，保证结构变形自由。同时在采光天窗玻璃围护部位设置风琴胶条和不锈钢波纹板，保证围护结构和主体结构变形一致，变形空间不低于设计要求的90mm（图 1.9.1-16）。

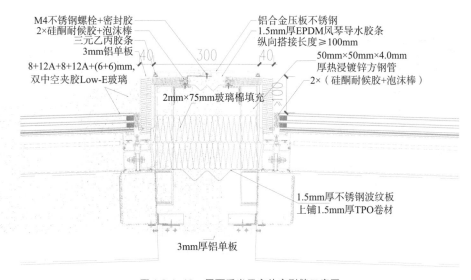

图 1.9.1-16 屋面采光天窗处变形缝示意图

（4）抗风揭分析

天沟、屋脊、山墙等屋面板的构造节点收口咬合部位是金属屋面抗风揭薄弱点，极易被强风撕开、撕裂。对该区域屋面板进行多次的收边咬合，先人工多次咬合，再机械咬合，确保此部位屋面板咬口紧密，且咬合完毕后，需及时安装抗风揭构件，进行端部的抗风固定，确保天沟、屋脊、悬挑区等抗风薄弱区域的整体抗风得到可靠加强。

本项目屋面板抗风设计方面，充分吸取了过往大型机场、车站屋面因大风原因被掀起破坏的教训，采取多重措施防止风揭破坏。

1）抗风揭功能主要通过板的直立锁边咬合实现，同时对屋面板按照 20m 左右间距设置数道抗风锁夹，在天沟、叠级板边缘部位，利用挡雪和排水减势系统支座锁夹作为加强措施。

2）由于屋面板的重量轻，屋面系统的抗风性能差，在考虑抗风设计的时候，首先根据该地区的主导风向来确定铺板的方向，板的大边部分背对风向。

3）按结构荷载规范的最不利值进行验算，满足屋面薄弱区域在风吸力作用下的抗风要求。斜坡屋面板由于热胀冷缩有向下滑动的趋势，故在屋面最高点设置固定点，同时也提高了屋面板的抗风强度。

4）屋面系统分别按照挑檐区域、室内区域进行抗风揭试验，抗风揭试验包括稳态风荷载试验、动态风荷载试验（图 1.9.1-17）、气密性和水密性试验。屋面设计风吸力计算值为：−2.89kPa，试验委托中冶建筑研究总院有限公司钢结构质检中心进行，动态压力测试按照五个阶段，每阶段 8 次加载，分别循环 2200、1100、800、500、400 次，共计 5000 次，试样没有发生破坏；静态压力测试在 −6.3kPa 压力下保持 60s 后，受检金属屋面系统试样未发生破坏，在向 −7.0kPa 加压过程中，加压至 −5.9kPa 时，受检金属屋面系统试样发生破坏，屋面板与 T 形码脱开（图 1.9.1-18），根据《钢结构工程施工质量验收标准》GB 50205—2020 的规定，该金属屋面系统样品抗风揭压力值 W_u=−6.3kPa，大于设计风吸力计算值 −2.89kPa，试验结果验证了本项目屋面抗风揭设计的安全性。

图 1.9.1-17　动态风载试验

图 1.9.1-18　静态风载试验–屋面板与 T 形码脱开破坏

4. 屋面系统关键工序流程

金属屋面系统包含直立锁边屋面系统、玻璃采光天窗系统、天沟系统和檐口铝单板系统等，关键工序流程如图 1.9.1-19 所示。

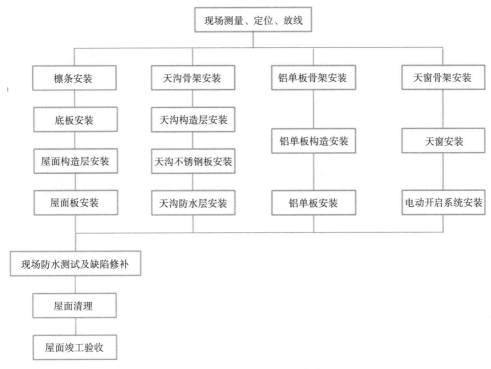

图 1.9.1-19 屋面系统关键工序流程

5. 屋面系统主要工艺技术

（1）测量复核

1）根据现场原有基础测量控制点，布设屋面施工测量控制网。平面控制网间距不超过 30m，标高控制点的密度以方便屋面标高测控为宜。

2）对钢结构主檩条施工后的标高、轴线位置进行复测。

3）根据施工图进行三维建模，并在模型上量出各檩条安装点及屋面板固定座控制点的坐标，统计出檩条、屋面板固定的安装标高、位置的各种数据。

（2）檩托和檩条安装

1）以高程定位点为依据，根据檩距和轴线确定出檩托的位置互相垂直两个方向的定位线及关键点檩托坐标值。

2）根据施工图及实测实量结果，运用 BIM 技术、Revit 或犀牛（Rhino）软件建立等比例三维模型，提取各檩条安装点及屋面板固定支座、天沟骨架控制点的坐标，根据坐标统计出檩条、屋面板固定支座、天沟骨架的安装标高及位置的各种参数数据。

3）檩条的高差调整，可以通过檩托的高度，通过加工不同长度的檩托进行调整。钢结构误差为正值，檩托板加高，钢结构误差为负值，檩托板高度降低。

4）檩托定位完成后，与屋面主檩条对称点焊固定，使用 50t 汽车吊将次檩条吊装至屋面作业平台处，使用螺栓将次檩条与檩托连接固定，相邻檩条顶面高差应在 2mm 以内，如超差则通过檩托板上的椭圆孔上下调节螺栓位置确定次檩条标高（图 1.9.1-20）。

图 1.9.1-20　檩条檩托安装

（3）底板压型钢板安装

底板设计有位于次檩条底面和顶面两种情况，本项目经综合考虑施工安全和速度，将底板调整到次檩条顶面。底板与次檩条通过不锈钢自攻螺钉连接固定，底板之间的纵向搭接长度不得小于 100mm，横向间相互搭接一个波峰。安装时还要注意底板肋部的搭接要对准，以保证压型板间的相互贯通。压型底板安装完毕后，板面应无残留物及污物存在，各板接缝应严密、接槎顺直、锚固可靠，纵横接缝呈直线，板面平整清洁（图 1.9.1-21）。

图 1.9.1-21　底板安装

（4）几字形衬檩及衬檩支撑安装

在底板上弹出控制线，按照设计间距要求将几字形檩托使用自攻螺钉与次檩条连接固定，经检查轴线偏差满足要求后沿垂直底板铺设方向安装几字形衬檩（图 1.9.1-22），纵向相邻两几字形檩条，其端头应连续搭接，搭接长度 30～50mm。

图 1.9.1-22 几字形衬檩及檩托安装示意图

（5）构造层施工

本屋面工程构造层由下至上依次为无纺布、玻璃丝吸声棉、PE 隔汽膜、岩棉保温层、TPO 防水层。

1）使用汽车吊将构造层材料成捆吊装至屋面作业平台，材料堆放时应避免集中堆放、超高，同时需采取抗风揭、防雨措施。

2）依次铺设各构造层，铺设时宜从屋面一侧向另一侧进行。铺设保温岩棉时应错缝搭接、铺设严密（图 1.9.1-23），尤其要重点保证屋面与天窗交口处、山墙边、泛水外、边缘立面封堵等边角部位施工质量，防止形成冷桥，端部和边缘应采用专用工具进行锚固。

3）铺设 TPO 防水卷材时，应先将基层杂物清理干净并弹控制线。铺设顺序：由最低点天沟处向上，平行于屋脊方向进行铺贴。卷材铺贴采用分段铺贴法进行，两幅卷材纵横向搭接宽度不应小于 100mm，接缝采用热风焊接，收口部位采用固定钉及密封材料密封处理（图 1.9.1-24）。卷材与基层固定钉部位，采用电钻钻孔，其间距不大于 80cm，放入塑料胀塞，自攻螺钉加垫片用螺丝刀上紧，不得有松动现象，上面焊 TPO 圆盖封闭。

图 1.9.1-23 保温岩棉铺设

图 1.9.1-24 TPO 防水卷材铺贴

（6）铝合金支座安装

用经纬仪在屋面防水层或次檩条上测放铝合金支座（T形码）的安装控制线，根据 T 形码设置间距放出安装点位，用自攻螺钉与次檩条固定。考虑现场檩条安装偏差，T 形码通常设有六个孔位，现场要求必须保证四个孔位且两孔位为对角线，与次檩条连接固定。铝合金支座作屋面防雷引下点时应取消隔热垫，支座与檩条金属直接接触（图 1.9.1-25）。

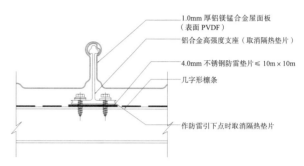

1.0mm 厚铝镁锰合金屋面板（表面 PVDF）
铝合金高强度支座（取消隔热垫片）
4.0mm 不锈钢防雷垫片 ≤ 10m × 10m
几字形檩条
作防雷引下点时取消隔热垫片

图 1.9.1-25 铝合金支座（T 形码）安装示意图

（7）铝镁锰屋面板安装

1）屋面板采用数控成型机现场加工。屋面板安装前，需先将天沟底板安装完成。

2）在屋面南北两侧高架层地面垂直于檐口方向搭设一个斜坡钢支架作为屋面板成型机设备底座，沿成型机出板方向使用 5t 手动葫芦架设屋面板运输索道输送槽（索道坡度应计算确定，输送槽高 150mm，宽度应比屋面板宽 50mm），利用成型机出板时的推力将屋面板沿着索道运输至屋面出口，再由人工搬运至工作面。索道由两条 φ12 钢丝绳（上端固定在钢结构屋盖杆件上，下端固定在地面设备支架上）、0.4mm 镀锌铁皮 U 形槽及挡板组成。

3）根据屋面排版图先定位深入天沟位置线（以板伸出排水沟边沿的距离为板端定位线，板块伸出排水沟边沿的长度略大于设计为宜以便于修剪），再定位屋脊定位线，将板抬到安装位置，以 T 形码支座定位屋面板，屋面板就位时先对准板端控制线，然后将搭接边用力压入前一块板的搭接边，检查搭接边是否紧密接合并调整好位置后，先使用手动咬合钳沿顺流水方向进行预锁边，然后使用专用电动锁边机进行锁边咬合。咬边机前进的过程中，其前方 1m 范围内必须用力使搭接边接合紧密，咬边应连续、平整、无扭曲和裂口。中间单元屋面板应从两侧向中间铺设，东西侧式站房宜顺次铺设。

4）中间单元屋脊板采用先进的连续屋脊施工工艺，使用专用设备现场压制成型，解决了常规盖板屋脊施工工艺的渗漏隐患（图 1.9.1-26）。

（8）不锈钢天沟安装

1）天沟安装工艺流程

天沟龙骨安装→天沟底板及侧封板安装→构造层安装→天沟板安装→天沟泛水板及滴水片安装。

2）天沟支架安装

天沟主要依靠下部支架承重，安装时其顶面距

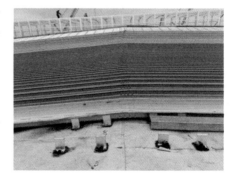

图 1.9.1-26 连续屋脊施工示意图

两侧檩条顶面距离与天沟深度相同，保证每段天沟都能与支架完全接触，使天沟支架受力均匀。

3）天沟搭接、焊接

不锈钢板天沟搭接前将切割口打磨干净，搭接时注意搭接缝间隙不能超过1mm，搭接长度约50mm，采用氩弧焊接连接。

4）天沟伸缩缝设置

天沟伸缩缝做法：天沟每间隔30m设置一道伸缩缝，伸缩缝处天沟端头板与天沟板氩弧焊接。

5）附属设施安装

天沟安装完成且经过蓄水试验后，应开孔进行虹吸雨水系统、溢流系统的安装，本项目天沟还设有TPO防水层和电融雪装置，应按设计要求依次安装完成（图1.9.1-27）。

图1.9.1-27 天沟施工完成示意图

6. 主要施工技术成果总结

（1）屋面连续屋脊板的应用，避免了屋面板在屋脊断开后采用盖板屋脊可能存在的漏水隐患；

（2）对于大型公共建筑，屋面天沟尽量设置在室外区域，避免有漏水情况时对室内设施和人员产生影响，影响建筑运营；

（3）屋面天沟根据百年一遇降水量计算采用虹吸雨水排水系统，同时设置溢流系统，北方地区屋面天沟尚应设置电融雪装置，防止出现结冰现象。

（4）屋面采光天窗排烟开启扇尽量放在建筑侧面，避免顶开发生故障或密封不严造成渗漏水。

（5）通过对屋面进行稳态、动态风荷载试验和抗风揭分析，加设抗风锁夹，确保屋面在设计构造情况下不会发生风揭现象。

1.9.2 杭州西站超大面积屋面系统施工技术

杭州西站超大面积屋面系统由金属屋面系统和十字形天窗系统组成，运用了辐射制冷膜、光伏发电等工艺，在满足传统屋面系统基本功能的同时，兼顾实现"碳达峰""碳中和"工作目标，进一步体现了"智慧云城"的建设理念。

1. 屋面系统建筑特征

杭州西站站房屋面造型呈变形长方形，长边约334m，短边约249m，金属屋面最高点标高为60.75m。中间十字形采光天窗幕墙面积约12000m^2，侧立面开启窗约6000m^2。直立锁边铝镁锰金属屋面板面积约为57700m^2。

金属屋面工程主要由：金属屋面系统、装饰铝单板系统、天沟系统、排烟窗系统、防坠系统、防风系统、避雷系统等组成。

本项目屋面汇水面积较大，采用304不锈钢天沟作为汇水装置，整个屋面分为4个区，每个区划分为12个汇水分区，每个汇水分区设置一个不锈钢集水槽。

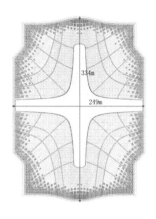
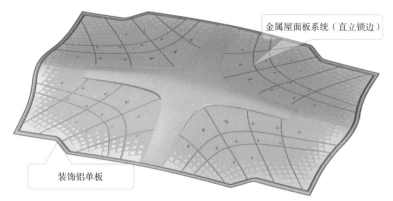

图 1.9.2-1 杭州西站金属屋面示意图

金属屋面在檐口周边设有 3mm 厚铝单板装饰板。屋面系统主要为金属屋面板系统（直立锁边）+ 装饰铝单板、金属屋面板系统（直立锁边）两种形式（图 1.9.2-1）。

直立锁边屋面系统是完成建筑封闭，防水、保温、隔声的主要系统，作为一道防水层，TPO 防水卷材作为二道防水层。

金属屋面板系统（直立锁边）+ 装饰铝单板构造从上至下依次共 13 层工艺（图 1.9.2-2）：

3.0mm 厚装饰铝单板；ϕ50 铝管及铝合金转接件；65/300 辐射制冷铝镁锰合金屋面板（总厚度 1.19mm，其中铝镁锰合金板厚度 1.0mm，辐射制冷膜厚度 0.14mm，保护膜厚度 0.05mm）；25mm 厚玻璃棉毡，密度 24kg/m³；1.5mm 厚 TPO 防水卷材；30 × 50 × 70 × 3mm 几字形檩条；50mm 厚岩棉板，密度 180kg/m³；50mm 厚岩棉板，密度 140kg/m³；0.3mm 厚反射型复合聚丙烯隔汽膜；50mm 厚玻璃吸声棉，密度 24kg/m³；无纺布；0.8mm 厚镀铝锌穿孔压型钢板；次檩条。

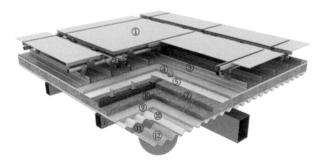

图 1.9.2-2 金属屋面板系统（直立锁边）+ 装饰铝单板构造断面图

2. 屋面系统构造总体安装流程

（1）金属屋面系统

以金属屋面板系统（直立锁边）+ 装饰铝单板标准构造为例，本项目钢结构提交作业面后，金属屋面安装前进行钢结构复测定位。屋面构造按照从下往上依次安装：檩托、檩条调差安装→压型底板→无纺布（上铺隔汽膜）→几字形支座安装→吸声棉铺设→几字形檩条安装→保温岩棉铺设→TPO防水卷材铺设→固定支座安装→玻璃棉毡铺设→辐射制冷铝镁锰合金屋面板安装→装饰板骨架→装饰板安装→收边收口。天沟系统等安装穿插进行。

（2）十字形采光天窗系统

三维扫描测量→数据比对调整→支座安装→钢龙骨制作安装→铝型材制作及安装→防坠网安装→玻璃安装→注胶。

3.关键技术

（1）超长金属屋面板断板搭接技术

杭州西站金属屋面板采用无内天沟屋面系统（图1.9.2-3），单板长度最长达到130m属于超长板。杭州地区夏季最高气温约42℃，冬季最低气温可达-10℃，夏冬温差最高达52℃，根据多年积累的施工经验，屋面板热胀冷缩计算伸缩长度217.5mm，另外超长金属面板受温度应力作用产生挤压或断裂。采取断板措施后，最长板长为93m，屋面板热胀冷缩计算伸缩长度为155.6mm，伸缩长度大幅减小，屋面板伸入天沟悬挑长度可以减少约60mm，减少了风揭风险。断板工艺设置高低跨搭接，避免接合部发生渗漏现象。超长金属屋面板的断板搭接结构具有施工简便、防水抗风性能好的特点（图1.9.2-4、图1.9.2-5）。

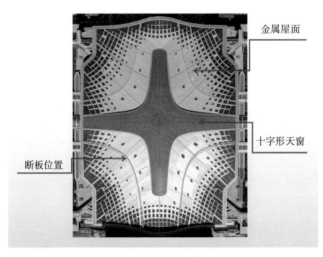

图1.9.2-3　屋面板实景

图1.9.2-4　断板示意图

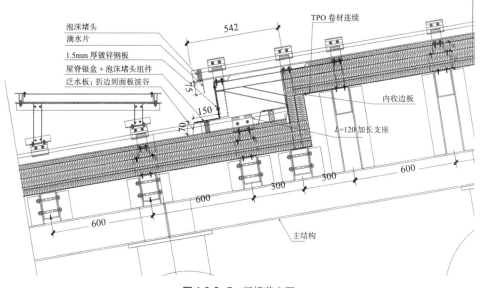

图 1.9.2-5　断板节点图

1）屋面断板技术要点

①断板位置选择

断板位置的选择要经过多专业间相互配合，既不影响主体钢结构屋盖的受力情况，增加大量荷载，又要满足建筑外观的美观要求，同时要协调屋面内部各机电安装专业管线布置等情况，确保不相互交叉影响。

②断板处屋面保温处理

屋面保温作为建筑节能的重要组成部分，要确保屋面的保温封闭完整性，设计及施工时尤其注意保证保温板的连续性，确保保温效果。

③防渗漏措施

断板处采用高低跨布置，正常情况下雨水自然流下，排水通畅；大雨、大风等不利天气环境下，充分考虑雨水倒灌，高低跨处搭接 500mm 以上，上层板处设置鹰嘴、滴水片、泛水板等构造，下层板处设置泡沫堵头组件等构造，确保雨水不会进入屋面系统内部。

2）屋面板断板技术抗风揭性能验证

断板处的抗风揭加强措施：檩条加密、增加抗风夹。金属屋面断板系统进行了动态抗风揭性能试验，静态抗风揭压力值 W_u=11.2kPa，动态抗风揭压力值 W_d=2.16 kPa，动态抗风揭安全系数 K=7.26 > 1.6，抗风揭试验结果验证了该断板结构安全可靠。

（2）斜交屋脊板防水处理

本项目东西两侧屋面板以 99.28° 斜交于屋脊处，屋脊处渗漏水风险高、屋脊盖板抗风揭要求高。优化节点后，采用工字形钢架 +3mm 铝单板的屋脊盖缝板结构，如图 1.9.2-6 所示。

（3）排烟窗防水处理

突出屋面的排烟窗、上人孔等构筑物四周采用双层披水板，面层皮水板与屋面板采用铝焊焊接处理，在迎水面设置分水器（图 1.9.2-7）。

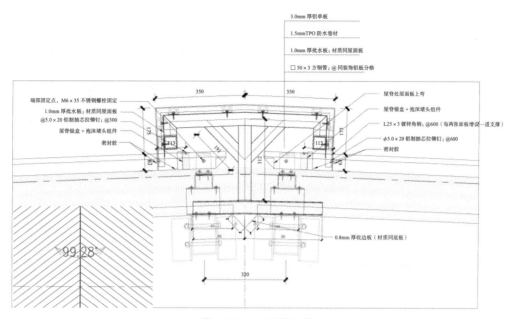

图 1.9.2-6 屋面抗风揭

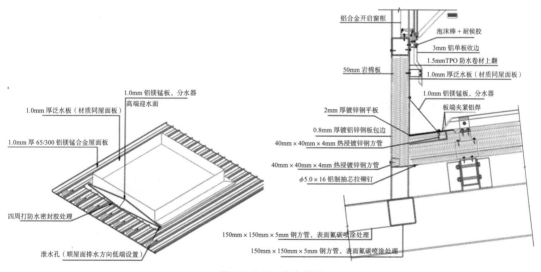

图 1.9.2-7 防水处理

（4）防坠落系统

屋面上方沿马道周围设有防坠落系统，防坠落系统是屋面检修的重要安全保护环节，防坠落系统主要构造：$\phi 10$ 不锈钢钢丝绳、铝合金夹具（图 1.9.2-8）。

（5）不锈钢天沟单元化施工工艺

本项目天沟系统采用地面单元拼装，采用集成装配式单元模块化技术。运用集成化的设计理念，对钢结构工作面复测后，在地面或者高空临时平台拼装成小单元后进行吊装。减少高空作业工作量，降低安装难度，从而有效提高施工效率、保证工期（图 1.9.2-9 ～图 1.9.2-12）。

图 1.9.2-8　防坠落系统节点示意

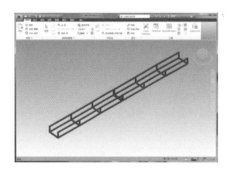

图 1.9.2-9　装配式单元骨架模型　　　　　图 1.9.2-10　装配式天沟单元骨架现场制作

图 1.9.2-11　天沟单元骨架拼装　　　　　图 1.9.2-12　天沟单元模块拼装

　　天沟处的构造处理涉及屋面板与不锈钢天沟两种材质的连接处理，为解决天沟溢水现象从以下几个方面加以控制，确保整体排水的顺畅。

　　①天沟处泛水板，其功能主要为天沟上部作为披水板，及天沟下部作为挡水用的密封板，其连接方式为将泛水板两端翻边，靠屋面内部一侧上翻，而与天沟接触面下翻，泛水板用螺钉固定在方管上。这样可以防止雨水飞溅落入屋面内侧。

　　②本项目在天沟处施工时，屋面板端部设通长金属压条，在金属压条与屋面板之间，塞入与屋面板板型一致的防水堵头，尺寸定位后再进行统一咬合。

　　这样一方面可增强板端波谷的刚度；另一方面可形成滴水片，使屋面雨水顺其滴入天沟，而不会渗入室内。使板肋形成的缝隙能够被完全密封，防止因风吹灌入雨水。如图 1.9.2-13 所示。

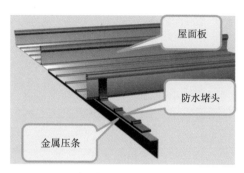

图 1.9.2-13 新型天沟系统屋面板节点效果示意

（6）辐射制冷膜技术应用

杭州西站屋面板外表面采用一种高效反射新材料——辐射制冷膜，将屋面的热量反射到外空间，降低能耗。数据显示采用辐射制冷膜，可实现整体空调系统综合年节能率约 35%～45%，电力需求削峰比约 60%。

辐射制冷产品应用后，显著改善西站站房室内环境，大幅降低了空调系统的电力消耗，年减少用电量约 733～946 万 kW·h，年度用电量的减少换算成标准煤消耗减少约 2961～3822t，换算成碳排放量减少约 1994～2573t。杭州西站应用辐射制冷技术后，将满足国家发改委《绿色高效制冷行动方案》中"到 2030 年，大型公共建筑制冷能效提升30%。"的目标。

1）辐射制冷铝镁锰金属屋面板的压型：

本项目的金属屋面板采用辐射制冷铝镁屋面板，压制成型后的外观如图 1.9.2-14 所示。

图 1.9.2-14 金属屋面板

辐射制冷铝镁锰板的表面覆有蓝色的保护膜，用于压制及安装过程的保护作用，同时为保证安装时能顺利揭开不会被咬合结构锁入产生残留，保护膜分为三段，如图 1.9.2-15 所示。

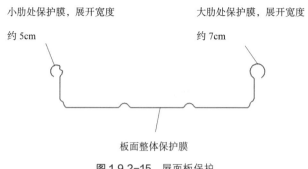

图 1.9.2-15　屋面板保护

2）辐射制冷铝镁锰屋面板压型过程介绍

在板材压型机到场后应进行设备调试，并进行首件产品的加工，使其外形尺寸、压型后的正面辐射制冷膜及保护膜状态、背面涂装质量等情况符合要求（图 1.9.2-16）。

图 1.9.2-16　屋面板压型

压制成型后，除铝镁锰板的常规检验要求外，蓝色保护膜应无连续性或大范围破损，表面的辐射制冷膜应无划伤、划痕等异常。

3）屋面板安装完成后辐射制冷膜封边处理

金属屋面板安装完成后，将屋面板表面剩余的保护膜进行揭除。

辐射制冷铝镁锰板安装并咬合完成后，需对外露的金属板边缘进行封边处理，防止水汽渗透至膜与金属板间，产生侵蚀从而导致各类异常，其中封边又分为"辐射制冷铝镁锰板天沟处裁切端口""辐射制冷铝镁锰板屋脊处裁切端口""辐射制冷铝镁锰板大肋边缘端口"三类。

①裁切端口封边

辐射制冷铝镁锰板天沟处及屋脊处的裁切端口使用耐候密封胶进行封边处理，操作过程如图 1.9.2-17 所示。

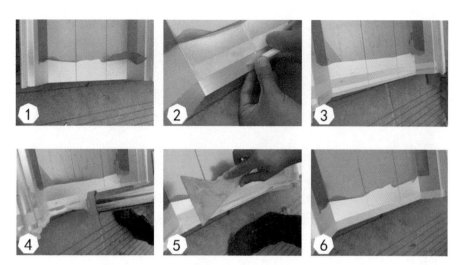

图 1.9.2-17　辐射制冷铝镁锰板天沟处裁切端口封边图示

1- 揭开端口附近的保护膜；2- 在距端口约 2cm 处粘贴美纹胶带并用美工刀在距端口约 1cm 处划开膜；3- 将反射型辐射制冷膜沿割开缝剥离开金属板；4- 往美纹纸及金属板边缘之间注入耐候密封胶；5- 使用刮板抹平注入的耐候密封胶，确保端口与美纹纸间全被覆盖；6- 揭掉美纹纸即完成封边

②辐射制冷铝镁锰板大肋边缘端口封边

辐射制冷铝镁锰板大肋边缘端口使用耐候氟碳漆进行封边处理，操作过程如图 1.9.2-18 所示。

图 1.9.2-18　辐射制冷铝镁锰板大肋边缘端口封边图示

注：使用毛刷蘸适量氟碳涂料，贴着金属板边缘涂刷一遍，确保边缘均被覆盖，待凝固后（约 10min）重新涂刷一遍。

4）辐射制冷膜局部修复

保护膜全部揭除后，对屋面进行整体检查并修复破损区域。常规修复方案需要的材料及工具如图 1.9.2-19 所示。

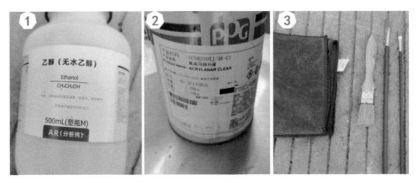

图 1.9.2-19　局部修复主要使用材料及工具

1- 酒精：用于破损处的修复前清洁；2- 耐候氟碳漆：涂刷后覆盖破损处，予以密封；3- 毛巾及刷子：清洗及涂刷用工具

修复的操作过程如图 1.9.2-20、图 1.9.2-21 所示。

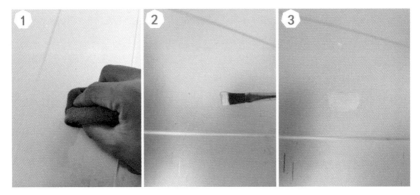

图 1.9.2-20　破损处修复图示

1- 使用毛巾蘸酒精擦拭破损处，去除附着的脏污；2- 使用毛刷沾适量氟碳漆，涂刷覆盖破损处；3- 待氟碳漆凝固后即完成修复

图 1.9.2-21　辐射制冷膜现场安装效果

（7）光伏板技术的应用

杭州西站光伏发电项目面积 1.5 万 m^2，共 7540 块 400Wp 单晶硅光伏组件（图 1.9.2-22）。

图 1.9.2-22 光伏板应用技术

（8）屋面虹吸雨水系统

屋面雨水天沟均位于外围，虹吸雨水不锈钢集水井处于网架高度较低矮的悬挑端，因此需对每一个集水井单独设计，采用 BIM 建模在确保容积情况下设计为异形集水井，有效的指导现场施工（图 1.9.2-23）。

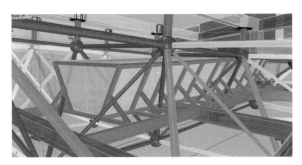

图 1.9.2-23 屋面虹吸雨水

（9）十字形天窗技术

十字形天窗幕墙面积约 18000m²，立面约 6000m²，平面约 12000m²，大面玻璃、局部铝板收口，设计造型复杂，大面由三角形平面玻璃做出曲面效果，施工难度大，工艺技术要求复杂。玻璃面板采用 6Low-E+12Ar+6+1.52PVB+6mm 超白中空钢化夹胶玻璃，玻璃下部设有不锈钢防坠网（图 1.9.2-24）。

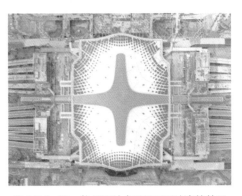

图 1.9.2-24 杭州西站金属屋面系统实施效果

1）龙骨单元板块化制作、安装技术

对将十字形天窗划分为 480 个单元板块，根据图纸进行下料加工，严格按照图纸尺寸进行拼装焊接。拼装好的单元板块按照图纸编号对每一个单元块进行标记分类，合格后进行安装（图 1.9.2-25）。

单元板对应标号位置块运输到位，使用汽车吊将单元板块吊装到预定点位，单元板块上安装 2 个捯链，手动调节偏差距离，使其安装在对应位置，调整后将单元板块与支座固定（图 1.9.2-26）。

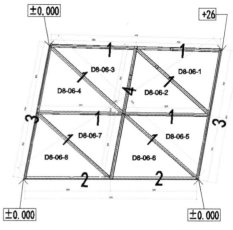

图 1.9.2-25　龙骨单元板块化安装示意

图 1.9.2-26　单元板块划分图（局部）

2）铝合金龙骨安装

铝型材底座按照设计图纸尺寸对应加工，编号与钢龙骨对应编号。在钢龙骨上用墨斗弹出铝型材底座安装中线，根据放线位置及编号将铝合金型材安装到固定位置，使用 M6×90 不锈钢机制螺钉固定在钢龙骨钢件上（图 1.9.2-27）。

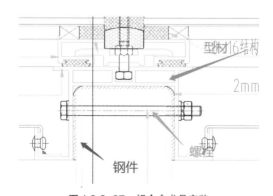

图 1.9.2-27　铝合金龙骨安装

3）铝合金安装系统采用双压块双密封系统,体系内设有冷凝水收集槽（图1.9.2-28）。

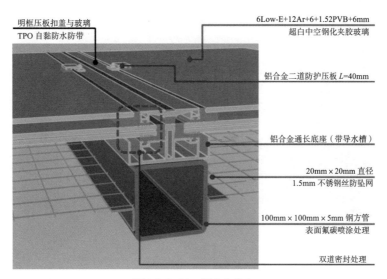

图1.9.2-28　铝合金节点

4）防水排水构造

电动开启窗均设置天窗侧立面，减少渗漏水风险。采用60°外开下悬电动排烟窗，排烟窗内侧收口铝板设置泛水及排水导流槽，通过导管排至室外。排烟窗外侧底部收口铝板设置鹰嘴滴水线（图1.9.2-29）。

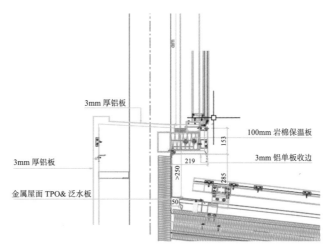

图1.9.2-29　防水排水构造

1.9.3　丰台站超大面积屋面系统施工技术

1.屋面系统建筑特征

丰台站屋面按区域分为南、北进站厅屋面、高速站台屋面、光厅屋面、周围挑檐五部分（图1.9.3-1、图1.9.3-2），分别为铝镁锰直立锁边板屋面＋玻璃采光天窗、ETFE

膜气枕屋面、铝板与穿孔板挑檐。屋面系统建筑面积共约 10 万 m^2，其中铝镁锰板屋面 76000m^2，玻璃采光天窗约 14000m^2，ETFE 膜屋面约 10000m^2。

图 1.9.3-1　丰台站屋面全景图

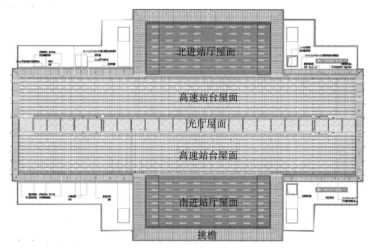

图 1.9.3-2　丰台站屋面分区图

　　屋面系统包括铝镁锰屋面系统、光庭 ETFE 膜系统、天窗采光系统、檐口系统等。屋面相对最高标高为 36.50m，檐口标高为 35.50m。屋顶平面投影呈长方形，长为 493.10m，宽为 170.60m。站台位于整个施工区域的中间位置，包括中央站台、东西站台。

　　站台金属屋面属于室外环境，采用夹胶玻璃天窗及膜天窗的形式来保证采光效果，单元玻璃天窗宽 2.61m、长 19.8m，共 486 个玻璃天窗单元，总面积 2490m^2；膜天窗宽 1.6m、长 20.5m，共 60 个，总面积 1968m^2。

　　南、北进站厅屋面、高速站台屋面采用 1.0mm 铝镁锰直立锁边板＋玻璃采光天窗＋316 不锈钢天沟组成，东、西方向设置 8 道主排水沟，南、北方向设置 68 道导水沟，间距 20.5m，坡度 0.5%，屋面采光天窗采用 8+12Ar+1.52PVB+6mm 中空钢化双银高透

Low-E 超白玻璃 +3mm 铝板组成。

ETFE 膜屋面共由 282 个气枕单元组成，其中 160 扇固定单元，122 个消防排烟窗，单个气枕尺寸 19.5m×3.5m。由上、中、下三层 ETFE 膜材组成，上层采用厚度 250μm ETFE 印点膜材，中间层采用厚度为 100μm 透明 ETFE 膜材，下层采用 250μ 透明 ETFE 膜材。可熔断排烟窗做法是：在气枕三面预埋熔断条，气枕实现 60s 内三面熔断开启。电动可开启排烟窗，每樘窗配置两套螺杆式开窗器，以及一套同步器，开启扇 60s 内开启角度不小于 70°，控制方式为分区控制、消防联动控制（图 1.9.3-3）。

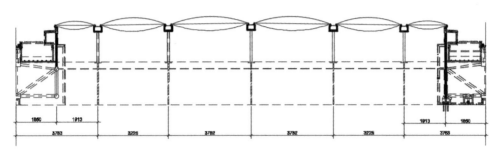

图 1.9.3-3　ETFE 膜结构屋面示意图

挑檐系统项目内容包含：3mm 厚屋面铝板（约 8250m²）；25mm 厚蜂窝铝板（约 1662m²）；2.5mm 厚条形穿孔铝板（约 9491m²）；3mm 厚铝板（约 2210m²）。檐口标高 35.50m，东西长 220.5m，南北长 99.5m。钢结构悬挑长度为 18m。

2. 屋面系统主要构造与施工概述

丰台站屋面投影面积达 10 万 m²，属于超大面积金属屋面，且屋面类型多，节点多，屋面坡度较平缓，极易发生渗漏，通过优化天窗节点、天沟节点，设置多层防水等措施，有效解决了屋面渗漏难题。

（1）站台屋面构造

站台屋面中间构造具体做法为（从上至下）（图 1.9.3-4）：

图 1.9.3-4　站台屋面构造示意图

① 1.0mm 厚铝镁锰直立锁边屋面板；

② 0.17 高密度纺粘聚乙烯膜铺设；

③ 50mm 厚吸声玻璃棉密度 16kg/m³，防火等级 A 级；

④ 0.3mm 聚烯烃涂层纺粘聚乙烯隔汽膜；

⑤ 0.6mm 厚 YX28-205-820 镀铝锌穿孔压型钢板。

（2）站厅屋面构造

站厅屋面中间构造具体做法为（从上至下）（图 1.9.3-5）：

① 1.0mm 厚铝镁锰直立锁边屋面板；

② 0.17mm 高密度纺粘聚乙烯膜铺设；

③ 2.5mm 厚几字形檩条，材质 Q235B；

④ 75+75mm 厚两层保温玻璃丝棉错缝铺设，密度（32kg/m³），不燃性能 A 级；

⑤ 0.3mm 聚烯烃涂层纺粘聚乙烯隔汽膜；

⑥ 0.6mm 厚 YX28-205-825 穿孔镀铝锌压型底板；

⑦ 50mm 厚吸声玻璃丝棉密度 16kg/m³；

⑧ 0.3mm 聚烯烃涂层纺粘聚乙烯隔汽膜；

⑨ 0.6mm 厚 YX15-225-900 穿孔镀铝锌压型底板。

图 1.9.3-5　站厅屋面中间构造图

（3）站厅天沟构造（图 1.9.3-6）

①3mm 厚不锈钢天沟；

②天沟融雪系统；

③天沟龙骨（50mm×50mm×3mm 镀锌钢管，间距 800mm）；

④ 50mm+50mm 厚玻璃丝棉，密度 16kg/m³；

⑤ 0.3mmPE 膜；

⑥无纺布；

⑦ 0.6mm 厚 YX28P205-820 型钢镀铝锌压型钢板；

⑧ 1.5mm 厚 TPO 防水。

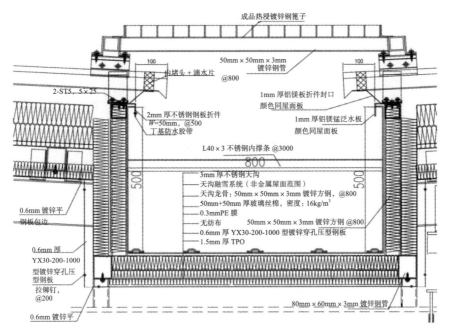

图 1.9.3-6 站厅天沟构造

（4）站台天沟构造（图 1.9.3-7）

① 3mm 厚不锈钢天沟；

② 天沟融雪系统；

③ 天沟龙骨（50mm×50mm×3mm 镀锌钢管，间距 800mm）；

④ 50mm 厚玻璃丝棉，密度 16kg/m³；

⑤ 0.6mm 厚 YX28P205-820 型钢镀铝锌压型钢板。

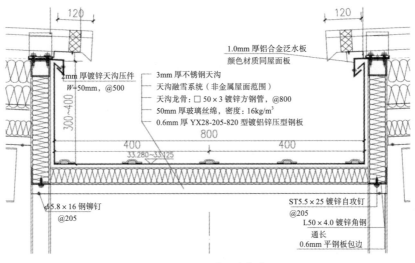

图 1.9.3-7 台天沟构造

...

（5）玻璃天窗构造（图 1.9.3-8）

采光天窗面积约 19100m²，其中固定扇天窗面积共 18788m²，开启扇面积共 312m²。天窗侧面内部填充玻璃棉，天窗侧面外侧围护铝板。

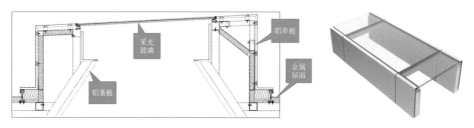

图 1.9.3-8　玻璃天窗构造

本工程屋顶上布设玻璃天窗系统，西站台天窗系统面积共约 6678m²，天窗玻璃面板选用 10+1.52PVB+10 钢化夹胶超白彩釉玻璃；东站台天窗系统面积共约 6678m²，站台站房部位天窗玻璃面板选用 10+1.52PVB+10 钢化夹胶超白彩釉玻璃天窗，站厅站房天窗玻璃面板选用 8+12Ar+6+1.52PVB+6mm 中空钢化双银高透 Low-E 超白彩釉玻璃。

站台天窗系统（T8 站房）做法（由上至下）（图 1.9.3-9）：

① 10+1.52PVB+10 钢化夹胶超白彩釉玻璃天窗；

②铝合金型材及附框。

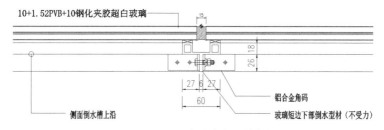

图 1.9.3-9　天窗系统（T8 站房）

站厅天窗系统（T6 站房）做法（由上至下）（图 1.9.3-10）：

① 8+12Ar+6+1.52PVB+6mm 中空钢化双银高透 Low-E 超白彩釉玻璃天窗；

②铝合金型材及附框。

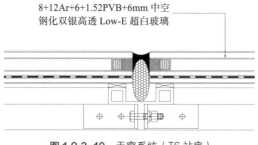

图 1.9.3-10　天窗系统（T6 站房）

（6）ETFT 膜屋面工程构造（图 1.9.3-11）

ETFE 膜屋面共 9500m²，位于 AB/7-22 轴、K/7-22 轴、U-R/P2-P15 轴，由 48 扇开启窗（300m²）、74 扇熔断排烟窗（2200m²）以及 160 扇固定气枕（7000m²）组成。

每个气枕单元由上、中、下三层 ETFE 膜材组成，固定气枕上层采用厚度 250μm ETFE 印点膜材，中间层采用厚度为 100μm 透明 ETFE 膜材，下层采用 250μ 透明 ETFE 膜材，开启窗部分层膜材均采用上层采用厚度 250μm ETFE 膜材，中间层采用厚度为 100μm 透明 ETFE 膜材，下层采用 250μ 透明 ETFE 膜材。该项目包含开启系统以及熔断系统，用于屋面的消防联动功能。

天沟采用双层设置，内天沟为 3mm 厚 316 不锈钢天沟，内天沟截面尺寸为 300mm×200mm×3mm、700mm×350mm×3mm 两种规格。外天沟为 6mm 钢天沟，外天沟截面尺寸为 400mm×250mm×6mm、800mm×400mm×6mm 两种规格。内外天沟之间设置 40mm 厚岩棉保温层。密度：120kg/m³，不燃 A 级。

檩托采用□100×100×8 方管与 16mm 钢板焊接制作，檩托最大高度 1480mm。檩托与主体钢桁架焊接固定，纵向间距 3331mm，横向最大间距 3762mm。

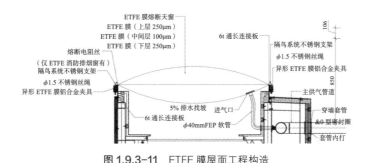

图 1.9.3-11　ETFE 膜屋面工程构造

（7）挑檐构造（图 1.9.3-12）

挑檐上部为 3mm 铝单板，固定于 100mm×50mm×5mm 镀锌钢管上，挑檐下部为 2.5mm 厚蜂窝铝板（约 1662m²）、2.5mm 厚条形穿孔铝板（约 9491m²），固定于 100mm×50mm×5mm 镀锌钢管上。

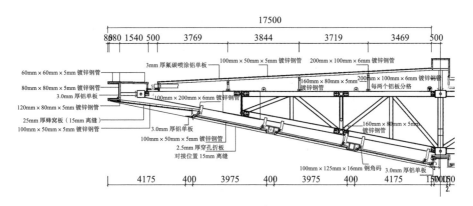

图 1.9.3-12　挑檐构造

3. 施工构造方案优化

（1）节点防水优化

丰台站屋面工程共 480 个采光天窗，天窗规格 20m×1.6m，玻璃与铝板、玻璃与玻璃之间采用结构密封胶密封，胶缝总长度约 31000m，为防止胶缝处出现渗漏现象，在铝板及纵向胶缝下方设置 1.5mm 厚 TPO 卷材防水（图 1.9.3-13），横向胶缝下方设置铝合金导流槽，防、导结合，解决胶缝开裂形成的渗漏问题。

（2）站台金属屋面构造优化

对于屋面玻璃天窗部位，天窗与铝镁锰屋面板交接位置及天窗本身都是漏水的重要隐患点，属于防水的薄弱点。天

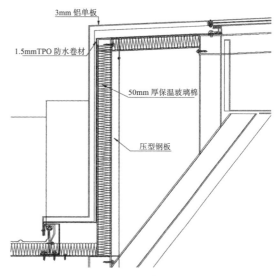

图 1.9.3-13　TPO 防水节点示意图

窗本身没有防水措施，后期天窗密封胶开裂易造成漏水隐患；此外原构造天窗铝板与铝镁锰屋面板之间由一块铝制披水板通过打钉、打密封胶的形式进行连接。此处理方法存在两个缺点，一是打钉固定不牢，二是密封胶使用年限较短。原天窗构造（图 1.9.3-14、图 1.9.3-15）本身未考虑由密封胶开裂造成的漏水隐患，其次天窗构造与铝镁锰屋面板之间的披水板采取密封胶密封防水，也增加了漏水隐患，防水措施首要考虑的应该是硬防水措施。站台金属屋面天窗优化构造如图 1.9.3-16、图 1.9.3-17 所示。

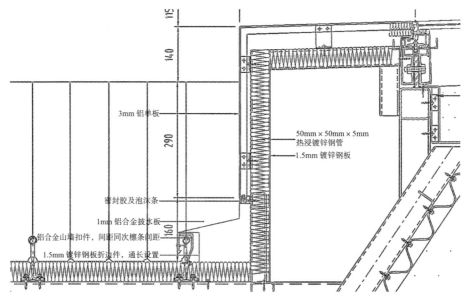

图 1.9.3-14　站台金属屋面原天窗构造图（1）

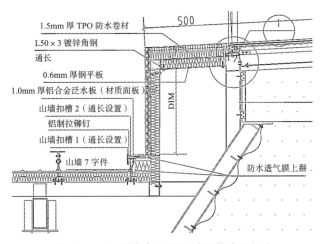

图 1.9.3-15　站台金属屋面天窗原构造图（2）

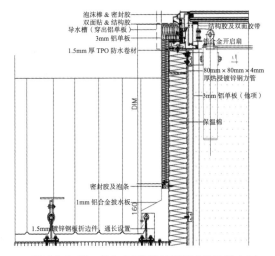

图 1.9.3-16　站台金属屋面天窗优化构造图（1）

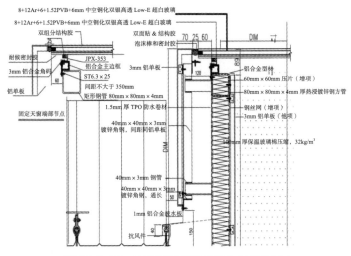

图 1.9.3-17　站厅金属屋面天窗优化构造图（2）

（3）金属屋面与膜屋面连接优化构造

金属屋面与膜屋面连接时，膜屋面的 ETFE 膜与对应型材之间存在空隙，导致存在渗水和漏水隐患。故对 ETFE 膜进行延长出型材面，形成一块披水膜（图 1.9.3-18）。

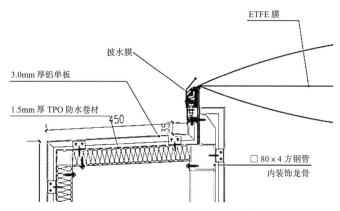

图 1.9.3-18　丰台站金属屋面与膜屋面连接优化构造图

（4）屋面板屋脊优化

原屋面板构造做法为双拼屋面板，中间屋脊断开，屋脊上方盖板与屋面板之间使用铆钉连接，连接处采用配套密封件及泡沫堵头进行密封。如图 1.9.3-19 所示。优化后屋面板屋脊处为连续屋面，这样优化对屋面板施工更为方便，其次连续屋脊防水效果更佳，使用年限更久（图 1.9.3-20）。

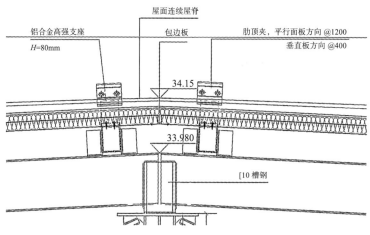

图 1.9.3-19　丰台站金属屋面屋面板

（5）屋面伸缩缝优化

1）结构伸缩缝原构造做法

结构伸缩缝位于站台东西两侧，共 2 处，结构伸缩缝宽 1.3m，长 170.6m。原伸缩缝构造断面分缝处未做防水处理，容易造成积水和渗水隐患，而且结构不均匀沉降容易

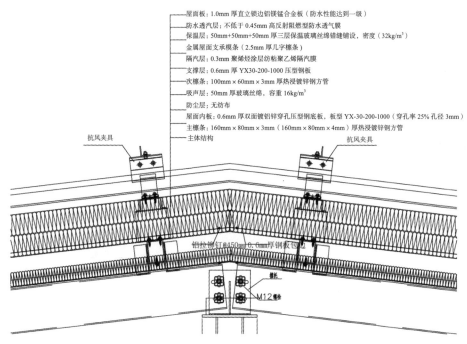

屋面板: 1.0mm厚直立锁边铝镁锰合金板 (防水性能达到一级)
防水透汽层: 不低于0.45mm高反射阻燃型防水透气膜
保温层: 50mm+50mm+50mm厚三层保温玻璃丝绵错缝铺设, 密度(32kg/m³)
金属屋面支承檩条 (2.5mm厚几字檩条)
隔汽层: 0.3mm聚烯烃涂层纺粘聚乙烯隔汽膜
支撑层: 0.6mm厚YX30-200-1000压型钢板
次檩条: 100mm×60mm×3mm厚热浸镀锌钢方管
吸声层: 50mm厚玻璃丝绵, 容重16kg/m³
防尘层: 无纺布
屋面内板: 0.6mm厚双面镀铝锌穿孔压型钢底板, 板型YX-30-200-1000 (穿孔率25%孔径3mm)
主檩条: 160mm×80mm×3mm (160mm×80mm×4mm) 厚热浸镀锌钢方管
主体结构

抗风夹具   抗风夹具

铝拉铆钉@150mm 0.6mm厚钢板包边

螺栓
M12螺栓

图1.9.3-20 丰台站金属屋面屋面板连接优化构造

造成断面分缝处开裂, 从而引发漏水。为避免由结构不均匀沉降造成屋面结构开裂, 从而引发的漏水隐患, 将原断面分缝处添加TPO防水处理。并对伸缩缝处玻璃天窗侧面伸缩添加披水板进行封堵 (图1.9.3-21、图1.9.3-22)。

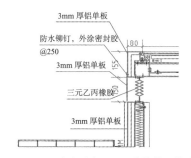

3mm厚铝单板
防水铆钉, 外涂密封胶@250
3mm厚铝单板
三元乙丙橡胶
3mm厚铝单板

图1.9.3-21 丰台站金属屋面伸缩缝原构造图

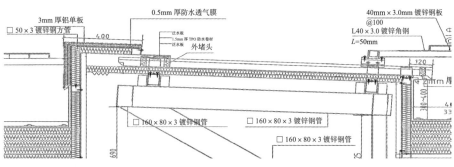

3mm厚铝单板
□50×3镀锌钢方管
0.5mm厚防水透气膜
1.5mm厚TPO防水卷材
外堵头
40mm×3.0mm镀锌钢板@100
L40×3.0镀锌角钢
L=50mm
□160×80×3镀锌钢管
□160×80×3镀锌钢管
□160×80×3镀锌钢管

图1.9.3-22 丰台站金属屋面伸缩缝优化构造图

2）天沟伸缩缝优化构造做法

屋面主天沟每隔 20m 一个天沟伸缩缝，每隔 40m 一个天沟伸缩缝联通孔，联通孔材质为不锈钢，联通孔与不锈钢氩弧焊焊接（图 1.9.3-23）。

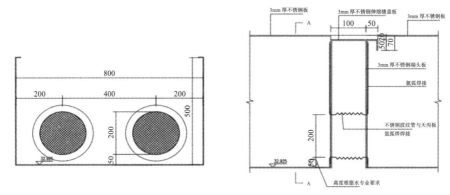

图 1.9.3-23　丰台站金属屋面天沟伸缩缝优化构造图

（6）ETFE 膜气枕节点防水

丰台站 ETFE 膜屋面天沟采用 3mm 不锈钢，ETFE 膜气枕四周与天沟固定连接，两种材料交接处为防水薄弱点，为避免连接处雨水渗漏，连接处节点做法如下：

天沟上设置通长 6mm 厚 T 形连接件，焊缝满焊，减少渗漏风险。

天沟设置 6mm 厚钢拉板，间距 400mm。气枕固定采用特制铝合金夹具，材质 6063-T5，通过螺栓与天沟连接板固定，夹具与 T 形连接件之间设置 MPDM 垫片（图 1.9.3-24）。

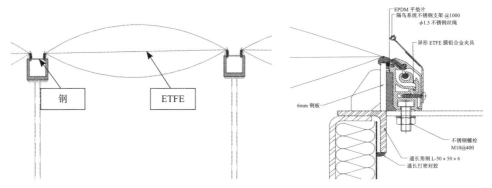

图 1.9.3-24　ETFE 膜气枕连接示意图

（7）屋面排水系统设置

丰台站屋面坡度较小，汇水面积大，屋面天沟采用 316 不锈钢，排水主天沟尺寸 1400mm×600mm、1200mm×600mm，导水沟截面尺寸 800mm×500mm，坡度 0.5%，雨水通过南、北方向共 68 道导水沟，汇至主天沟内，主天沟内设置虹吸雨水管，间距 20m。

为防止虹吸雨水口堵塞，造成雨水漫灌，天沟伸缩缝采用 3mm 不锈钢立式伸缩缝、

3mm 不锈钢立式伸缩缝 + 不锈钢波纹软管过水孔伸缩缝两种方案，有效解决了橡胶伸缩缝易老化，渗漏的问题，又满足了规范要求天沟伸缩缝不大于 30m 的规定（图 1.9.3-25）。

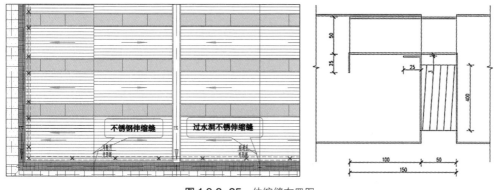

图 1.9.3-25 伸缩缝布置图

（8）ETFE 膜材选型优化

设计要求气枕采用三层镀点膜，透光率不小于 80%，遮阳系数 0.35。通过对膜材镀点形状、颜色、大小、密度等进行调整优化，气枕上层膜采用 H63D04 号银色镀点膜（透光率 45%，遮阳系数 0.57），中层、下层采用透明膜。既达到了设计要求，又节省了膜材制作成本（图 1.9.3-26）。

（9）ETFE 膜材拼接

为保证 ETFE 膜拼缝处密封性，ETFE 膜拼接采用热合搭接，搭接宽度 10mm。出厂前应进行充气测试，提高拼缝处耐久性。

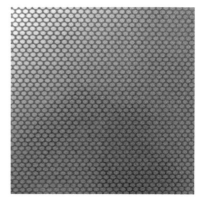

图 1.9.3-26 ETFE 膜镀点示意

ETFE 膜屋面共使用 3 台德国 Elnic 智能供气机，供气机设置单独底座，使用夹具与金属屋面板固定。供气管道采用 ϕ140 不锈钢管，材质 316，不锈钢供气管道与气枕之间的连接管道采用 FEP 波纹管（图 1.9.3-27）。

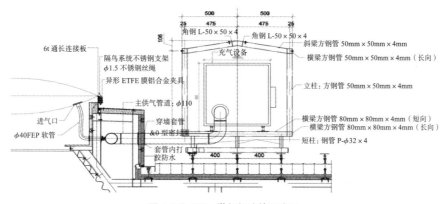

图 1.9.3-27 供气机连接示意图

供气系统配备有风感应器及雪感应器，当风速、积雪高度达到一定数值后，供气机将会增加供气，使气枕内压从正常压力值（300Pa）增大到最大压力值（600Pa）。风、雪感应器安装在天沟上部，使其能有效而准确地工作。

4. 金属屋面构造系统安装重点与关键工艺

（1）金属屋面安装工艺流程

1）标准金属屋面构造系统安装流程

站台屋面构造安装施工顺序由下往上逐层进行安装施工见表1.9.3-1。

站台屋面构造安装施工顺序 表 1.9.3-1

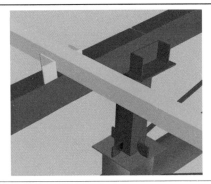	
第一步：檩拖、檩条安装，檩条间距偏差小于5mm，弯曲矢高 *L*/750，且不大于12mm	第二步：穿孔压型底板安装。端部齐平，长度方向接缝在一条直线上

第三步：0.3mm聚烯烃涂层纺粘聚乙烯隔汽膜	第四步：铝合金支座安装，沿板长、宽方向相邻支座偏差小于2mm，高差小于4mm，纵倾角≤1°

第五步：玻璃吸声棉铺设，铺设严密，不能存在漏铺	第六步：0.17mm高密度纺粘聚乙烯膜铺设

第七步：铝镁锰屋面板安装，板肋活波峰直线度 $L/800$，且不大于 25mm	第八步：屋面抗风夹具安装，夹具螺栓需紧固，夹具安装在支座上

2）站厅标准金属屋面构造系统安装流程

站厅屋面构造安装施工顺序由下往上逐层进行安装施工见表 1.9.3-2。

站厅屋面构造安装施工顺序　　　　　　　　　　表 1.9.3-2

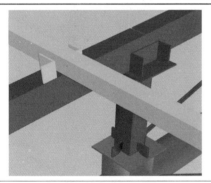	
第一步：檩拖、檩条安装，檩条间距偏差小于 5mm，弯曲矢高 $L/750$，且不大于 12mm	第二步：下层穿孔压型底板安装，端部齐平，长度方向接缝在一条直线上
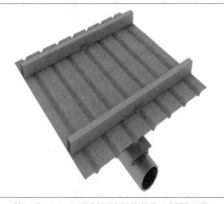	
第三步：0.3mm 聚烯烃涂层纺粘聚乙烯隔汽膜	第四步：玻璃吸声棉铺设，铺设严密，不能存在漏铺

第五步：底板安装端部齐平，长度方向接缝在一条直线上

第六步：0.3mm 聚烯烃涂层纺粘聚乙烯隔汽膜，搭接宽度不小于 100mm

第七步：几字形檩条安装，间距偏差小于 5mm

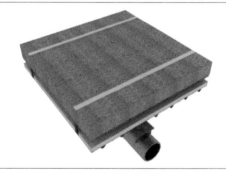

第八步：保温玻璃棉铺设

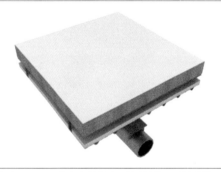

第九步：0.17mm 高密度纺粘聚乙烯膜铺设，顺水搭接，搭接宽度不小于 100mm

第十步：铝合金支座安装，沿板长、宽方向相邻支座偏差小于 2mm，高差小于 4mm，纵倾角 $\leqslant 1°$

第十一步：铝镁锰屋面板安装，板肋活波峰直线度 $L/800$，且不大于 25mm

第十二步：屋面抗风夹具安装，夹具螺栓需紧固，夹具安装在支座上

3）金属屋面施工方案与施工重点

①底板安装

站台屋面底板采用 0.6mm 厚镀铝锌穿孔压型钢底板，为正打底板，站厅采用双层底板，上层底板采用 0.6mm 厚双面镀铝锌穿孔压型钢，底板板型 YX-26-205-820（穿孔率 25% 孔径 3mm），为正打底板，下层底板采用 0.6mm 厚 YX15-225-900 压型钢板，为反打底板。底板均采用 M5.5×25 碳钢钉与檩条连接，每个坡打一颗螺钉，顺坡方向钉间距为同次檩条间距 1200mm，底板与底板之间采用顺坡搭接，搭接长度 50mm。

②底板安装具体流程

安装准备→安装作业平台的设置→安装前对钢结构及建筑标高等的复测→屋面底板的运输（运至安装作业面）→放基准线→首块板的安装→复核→后续屋面底板的安装→安装完成后的自检、整修、报验。

③屋面底板的运输

屋面底板受运输条件限制，一般控制在 6m 以内。在屋面施工过程中，屋面钢底板在运至现场后，用塔吊直接吊到 20m 层，20m 层采用人工搬抬的方式运输。

④屋面底板的安装重点见表 1.9.3-3。

屋面底板的安装重点 表 1.9.3-3

序号	安装重点
1	为保护压型钢板表面及保证施工人员的安全，必须用干燥和清洁的手套来搬运与安装，不要在粗糙的表面或钢结构方通上拖拉压型钢板，其他的杂物及工具也不能在压型板上拖行
2	在底板安装前，利用全站仪在安装好的檩条上先测放出第一列板的安装基准线，以此线为基础，每二十块板宽为一组距，在屋面整个安装位置测放出底板的整个安装测控网
3	测控网测设完成后，安装前将每一组间距每块板的安装位置线测放至屋面檩条之上。以此线为标准，以板宽为间距，放出每一块板的安装位置线
4	当第一块压型板固定就位后，在板端与板顶各拉一根连续的准线。这两根线和第一块板将成为引导线，便于后续压型板的快速固定
5	在安装一段区域后要定段检查，方法是测量已固定好的压型板宽度，在其顶部与底部各测一次，以保证不出现移动和扇形
6	钢底板通过自攻螺钉与檩条连接。自攻螺钉的间距：横向为相隔一波的距离，在波谷处与檩条连接；钢底板的安装顺序为由低处至高处，搭接为高处搭低处
7	安装到下一放线标志点处，复查板材安装偏差，当满足设计要求后进行板材的全面紧固。不能满足要求时，应在下一标志段内调正，当在本标志段内可调正时，可在调正本标志段后再全面紧固
8	安装完后的底板应及时检查有无遗漏紧固点，对于压型钢板安装边角位置，其空隙处用保温材料填满

（2）隔汽膜的铺设

本工程站厅设置 0.3mm 聚烯烃涂层纺粘聚乙烯隔汽膜，安装在上层底板上，隔汽膜采用人工拉至屋面再搬至施工位置，隔汽膜铺设需搭接 100mm。

（3）玻璃棉安装

在进行玻璃棉铺设固定之前，先要对底板进行清洁作业，去除散落的钉、现场切割的铁屑。并检查建筑物周边和屋面开口的周边，必须保证基层没有明显的突出物或凹陷处，玻璃棉铺装需满铺。多层保温玻璃棉上下层之间采用错缝铺装的方式；单层玻璃棉之间采用搭接的方式铺装，搭接长度为100mm。

（4）几字形檩条及檩托安装

1）几字形托采用30mm×80mm×100mm×2.5mm的几字形钢制作宽度130mm，安装间距为坡度方向同次檩条间距，水平防线间距为1025mm，安装偏差不得大于5mm，采用M5.5mm×25mm钢钉穿透底板与次檩条连接，钉数量为一边2颗共4颗。

2）几字形檩条安装在几字形托上，每个托的位置一边固定两颗同几字形托钉，间距同次檩条。

（5）0.17mm高密度纺粘聚乙烯膜铺设

在施工前清理角码上的灰尘及油污，确保角码清洁，以保证角码与防水透气膜的粘结效果。角码穿过高密度纺粘聚乙烯膜处应尽量保证高密度纺粘聚乙烯膜的完整，高密度纺粘聚乙烯膜曲线泛水将角码与防水透气膜完全密封。密封处与角码粘结不小于20mm。在屋面施工时，防水透气膜的铺设应平行屋脊方向由低到高搭接铺设，搭接长度为100mm，屋面的高强度铝合金支架穿过高密度纺粘聚乙烯膜时，铝合金支架与高密度纺粘聚乙烯膜交接处，用丁基胶条环绕一圈进行密封。高密度纺粘聚乙烯膜不宜长期暴露在紫外线下，外饰面工程应尽快完成。

（6）固定支座的安装

本工程铝支座采用两种规格，站台屋面采用高110mm的铝合金支座，站厅屋面采用高80mm的铝合金支座。

1）屋面固定支座

固定支座是将屋面风荷载传递到檩条的受力配件，它的安装质量直接影响到屋面板的抗风性能。固定支座的安装误差还会影响到屋面板的纵向自由伸缩，前屋面板槽口扣合的严密性。

屋面板支座应确保屋面板安装后，在热胀冷缩过程中，能使屋面板自由滑移，防止出现因支座安装不正确在屋面板滑移的过程中将屋面板拉破。安装支座时，安装支座下方的隔热垫。支座的安装采用对称打4颗自攻螺钉。安装好后，控制螺钉的紧固程度，避免出现沉钉或浮钉。

2）支座的调差

细部的标高偏差，可以通过在屋面板固定支座下部，塞入一定厚度的EPDM垫片，从而使屋面板标高符合设计要求。

3）固定支座的安装要求及允许偏差

固定座中心距离以比板的实际尺寸大4mm为宜，支座安装的松紧以橡胶垫片挤出0.5mm为宜。固定座安装完成后，应严格检查固定支座的安装要求及允许偏差。

（7）铝镁锰屋面板的安装

1）屋面板的加工制作

屋面板采用1.0mm厚65/400型铝镁锰合金屋面板。

2）金属屋面板的运输

直立锁边屋面板最长 20m，现场施工时屋面构造材料主要利用索道进行屋面材料运输。屋面板采用索道进行屋面板运输，索道一端固定在屋面上方，一端固定于压板机前。借压板机出板向前的力使板沿着索道运输到屋面上。

（8）屋面板安装方案

将板抬到安装位置，就位时先对准板端控制线，然后将搭接边用力压入前一块板的搭接边，最后检查搭接边是否紧密接合。屋面板位置调整好后，用专用电动锁边机进行锁边咬合。要求咬过的边连续、平整，不能出现扭曲和裂口。当天就位的屋面板必须完成咬边，以免来风时板块被吹坏或刮走（图 1.9.3-28）。

图 1.9.3-28 屋面板咬合和板边修剪

1）板边修剪

屋面板安装完成后，需对边沿处的板边进行修剪，以保证屋面板边缘整齐、美观。屋面板伸入天沟内的长度 120mm。

2）安装要点

在完成屋面板安装前的测试之后开始进行屋面板的安装。

铝合金屋面板安装采用机械式咬口锁边。屋面板铺设完成后，应尽快用咬边机咬合，以提高板的整体性和承载力。

当面板铺设完毕，对完轴线后，先用人工将面板与支座对好，再将咬口机放在两块面板的接缝处上，由咬口机自带的双只脚支撑住，防止倾覆。

铝镁锰金属屋面板安装完成后淋水实验

在完成金属屋面板的安装后，安排技术小组对已安装完成的金属屋面板进行淋水实验（淋水时间不得小于 2h），以保证金属屋面板的防水性能。

（9）屋面安装时收边及防雷处理

1）屋面板堵头的安装

屋面板堵头为内堵头（图 1.9.3-29），主要用于天沟处，内堵头安装在滴水片与屋面板中间依靠滴水片和屋面板夹紧，滴水片与屋面板连接位置采用每块屋面板 2 颗铆钉拉接。

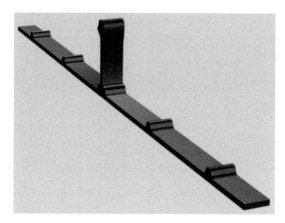

图 1.9.3-29　内堵头

2）屋面泛水板的安装

屋面泛水板采用工厂制作，现场连接安装方式进行。根据安装部位的不同，屋面泛水板有多种连接方式：

①天沟处泛水板，其功能主要为天沟上部作为披水板，及天沟下部作为挡水用的密封板，其连接方式为将泛水板两端翻边，靠屋面内部一侧上翻，而与天沟接触面下翻，泛水板用碳钢自攻螺钉（采用钢螺钉间距400mm）固定在方管上。这样可以防止雨水飞溅落入屋面内侧。

②本工程在天沟处施工时，屋面板端部设通长铝合金角铝，在滴水角铝与屋面板之间，塞入与屋面板板型一致的防水堵头，尺寸定位后再进行统一咬合。

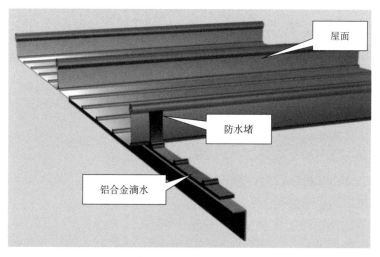

图 1.9.3-30　天沟处防水处理

这样一方面可增强板端波谷的刚度；另一方面可形成滴水片，使屋面雨水顺其滴入天沟，而不会渗入室内。使板肋形成的缝隙能够被完全密封，防止因风吹灌入雨水（图 1.9.3-30、图 1.9.3-31）。

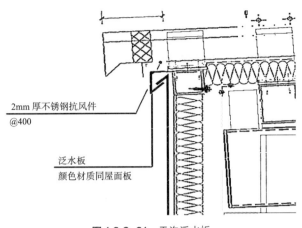

图 1.9.3-31 天沟泛水板

3）屋面与天窗交接处泛水板

屋面与天窗铝板的交接处安装泛水板，利用山墙处紧固件（固定支座或山墙扣件），将泛水板与山墙件用铆钉连接成形，铆钉间距 400mm 每颗（图 1.9.3-32）。

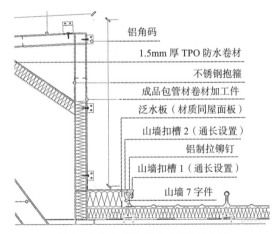

图 1.9.3-32 屋面天窗交接处泛水板

4）山墙处泛水板

山墙处泛水板，利用山墙处紧固件（固定支座或山墙扣件），将泛水板与山墙件用铆钉连接成形，铆钉间距 400mm 每颗（图 1.9.3-33）。

5）屋面避雷节点处理

根据《建筑物防雷设计规范》GB 50057—2010 第 4.1.4 条规定：当金属板下无易燃物品，板厚≥ 0.5mm 时，屋面板可作为接闪器，本工程屋面板厚度为 1.0mm，满足要求。

本工程屋面系统的防雷处理将在屋面板支座安装的同时布置，主要以屋面板铝合金高强支座与不锈钢连接件连通，作为防雷节点，在屋面上将布置避雷网线，通过不锈钢带，将支座上的电流导入下部檩条，和钢结构连成一整体，使电流能上下传递，不锈钢连接件数量为每个屋面 6 个点，屋面大小为 75m^2（图 1.9.3-34）。

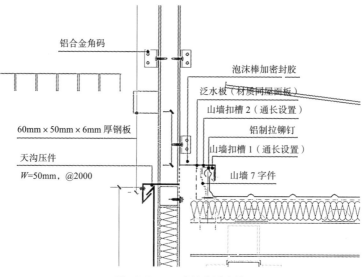

图 1.9.3-33　山墙处泛水板

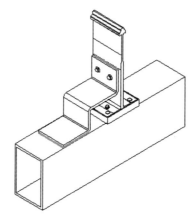

图 1.9.3-34　不锈钢防雷连接件安装图

（10）天沟系统安装

1）天沟介绍

屋面设置多道天沟，天沟板采用 3.0mm 厚不锈钢板，材质为 316 不锈钢材质，天沟内设置雨水斗（虹吸系统），雨水斗安装需天沟完成后进行，天沟内设置融雪系统需雨水斗安装完成后施工。

2）天沟骨架的安装

天沟骨架底部采用 50mm×4mm 的角钢制作，其余部位采用 50mm×3mm 镀锌方管制作，焊接方式为四面围焊，焊缝为三级焊缝。

3）天沟包边板安装

天沟包边板采用 0.6mm 厚 YX28-205-820 镀铝锌压型钢板，天沟底部底板用铆钉拉接固定在 50mm×4mm 厚的角钢上，侧边包边板用自攻螺钉固定，自攻螺钉采用 5.5mm×25mm 镀锌自攻螺钉，包边板每个波谷内都需打钉。

4）玻璃棉铺设需和不锈钢天沟同时进行，玻璃棉需满铺。

5）不锈钢天沟安装及注意事项

天沟伸缩缝：本工程天沟板伸缩缝采用结构式伸缩缝，并根据材料性能计算热位移变形量，预留天沟板缝75mm，伸缩量为50mm，可避免伸缩导致焊缝拉裂造成漏水（图1.9.3-35）。

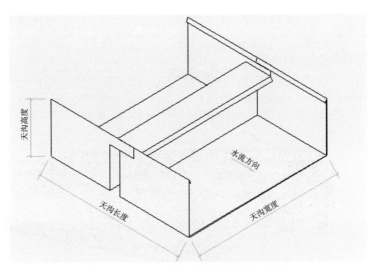

图1.9.3-35　不锈钢天沟伸缩缝做法示意图

不锈钢天沟对接前将切割口打磨干净，打磨程度达到无缝表面的标准，采用轻度磨料、酸洗膏除去焊接的回火颜色，以保证饰面一致。

对接时注意对接缝间隙不能超过1mm，先每隔10cm点焊，确认满足焊接要求后方可焊接。电焊采用316材质焊条，满焊采用氩弧焊焊丝采用316材质。天沟焊接后不应出现变形现象，引起天沟积水，可在焊接两侧铺设湿毛巾，焊缝一遍成形。

焊缝的处理需在天沟焊接处采用手动砂轮机打磨处理，打磨程度达到无缝表面的标准，采用轻度磨料、酸洗膏除去焊接的回火颜色，以保证饰面一致。

所有的工序完成以后，应进行统一的修边处理，清理剪切边缘的毛刺与不平。

最终完工后，要对天沟进行清理，清除屋面施工时的废弃物，特别是雨水口位置，要保证不积淤，确保流水的顺畅。

天沟安装完成后，应进行天沟的蓄水试验。

蓄水试验时天沟内部灌水应达到天沟最大水量的2/3，且闭水达到48h以上，天沟灌水后应立即对天沟底部进行全面检查，直到48h不漏水为止，如有漏水点应及时进行补焊处理。

（11）天窗系统安装

①天窗的安装采用登高车操作。

②铝合金窗框窗扇制作见表1.9.3-4。

铝合金窗框窗扇制作 表 1.9.3-4

序号	内容
1	采光窗的窗框和窗扇在工厂内拼装好，并经过试装，确定满足公差要求后再在现场安装
2	窗框及窗扇上的密封胶条在四周应连续，且其下料长度应比铝材长 5%，以免收缩时接头处出现缺口。胶条接口宜接在角部切成 45° 碰角，接口处进行焊或耐候胶密封，在用组角机进行组角时必须打组角胶
3	四个角组角拼缝处应拼接严密，安装后对拼缝处用组角胶密封，以免产生渗漏

③天窗安装见表 1.9.3-5。

天窗安装 表 1.9.3-5

序号		内容
1	骨架安装	天窗骨架与反吊龙骨采用捯链提升至桁架下方，捯链用 8mm 钢丝绳绑扎在桁架上弦杆节点处。天窗骨架通过转接件与主体连接，骨架与转接件采用焊接连接，转接件与主体结构采用满焊工艺连接 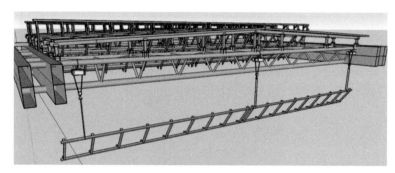 天窗骨架吊装示意图
2	钢平板及玻璃棉安装	天窗骨架与反吊龙骨采用捯链提升至桁架下方，把捯链用 8mm 钢丝绳绑扎在桁架上弦杆节点处。天窗骨架通过转接件与主体连接，骨架与转接件采用焊接连接，转接件与主体结构采用满焊工艺连接
3	防水卷材铺设	铝板下铺设 1.5mm 厚 TPO 防水卷，卷材搭接不小于 10cm，采用热风焊机焊接，方管收口位置采用不锈钢抱箍固定，卷材的铺设需和玻璃棉同步安装
4	铝板安装	铝板制作成型后，整块铝板通过四周铝角码与龙骨连接，安装采用碳钢自攻螺钉固定在龙骨上，铝板安装调整完成后，即开始注入耐候密封胶。施工过程中，准备好清洁剂、清洁布、纸胶带、聚丙烯泡沫棒、刮胶铲。 工艺流程：清洁注胶缝→填塞泡沫条→粘贴刮胶纸→注胶→清洁饰面层→检查验收
5	窗框安装	本工程先安装铝合金连接件，将铝合金横梁与事先初装后的配套铝型材，调节铝合金横梁的安装高度、位置，使其平整、安装后的尺寸符合窗框安装要求。将窗框安装在骨架上，并用螺栓固定
6	玻璃的安装	龙骨安装及报验完毕后，进行面板安装。现场安装时，应先对清标号，利用剪刀车将玻璃板运到相应的位置。玻璃板块就位后，对接缝的尺寸进行调整，待位置精确后，用铝合金压板固定玻璃副框

（12）防坠落系统安装

一般由固定支架、紧线器、钢缆、紧固螺栓及其他配套附件组成，材质采用不锈钢材质（图 1.9.3-36）。

（13）检修通道、抗风夹、肋顶夹安装

1）抗风夹、肋顶夹安装工艺

抗风夹、肋顶夹安装于屋面板上方，用螺栓紧固，后续光伏安装在抗风夹上（图 1.9.3-37）。

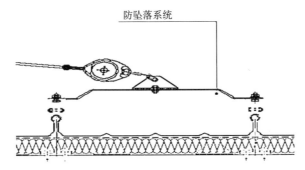

图 1.9.3-36 防坠落系统

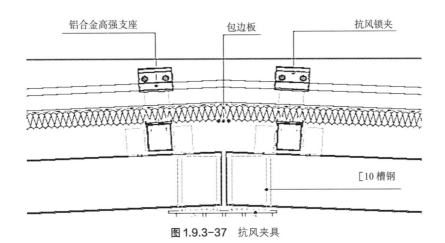

图 1.9.3-37 抗风夹具

2）马道安装工艺

①检修通道设置在天沟上方。

②检修通道骨架与角码焊接，角码与肋顶夹采用自攻螺钉连接。

③□50×4厚钢方管通长布置，次骨架□50×4厚钢方管@800，上方通长布置成品热浸镀锌钢箅子（图1.9.3-38）。

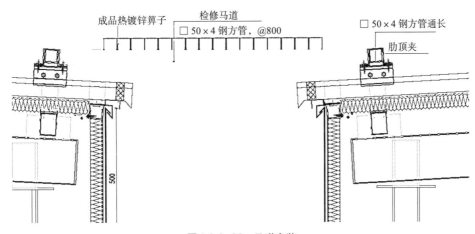

图 1.9.3-38 马道安装

（14）金属屋面防腐处理

钢材原材料全部采用热镀锌处理厚度不小于 70μm，焊接口打磨后涂刷一遍富锌 80μm 底漆后再刷一遍银粉漆。

压型金属板采用双面镀铝锌处理镀铝锌量为 $\geqslant 120g/m^2$，表面聚酯涂层两涂两烤，涂层厚度 $\geqslant 25μm$。

铝镁锰屋面板正面涂层为两涂，涂层厚度不小于 24μm。

（15）T 形码安装的质量保证关键措施

1）T 形码安装前根据弧度、坡度等要求认真放线，放线完成后仔细检查方可安装 T 形码。

2）T 形码下部的橡胶垫随 T 形码一同安装，避免冷桥效应和电化学反应的生成。

3）不同长度的 T 形码分区码放、管理，避免 T 形码的误用；

4）安装完成后需要带线、尺量查看直线度和间距是否符合要求（图 1.9.3-39）。

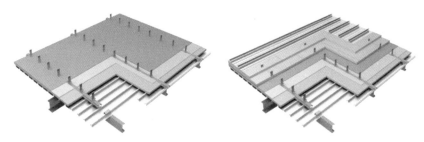

图 1.9.3-39　T 形码的安装示意图

（16）屋面板安装的质量保证措施

1）在板扣合完毕后，对每一个固定座进行检查，若没有扣合好要重新扣合。

2）手动锁边完毕后，进行电动锁边时，锁边操作人员应携带胶皮锤，在电动锁边机的前方对板肋尤其是固定座部位进行敲击，以此对板的固定效果进行再检查，若再有固定座扣合不好，电动锁边机需停止，再次进行调整。

3）金属屋面施工前对主结构坐标、造型进行复测，保证屋面施工完成后达到设计的外形要求。

4）压型金属板屋面的挠度与跨度之比不宜超过 1/150。

5）压型金属板的板肋直线度 L/800 且不应大于 25.0mm。

（17）屋面保温、吸声层质量保证措施

1）做好防风、防雨雪等措施，保证结构层安装完成后的使用功能。

2）随时测量防水保温结构层的厚度，保证屋面防水、保温作用。

3）屋面各工序需严格按照设计要求执行，必须满足构造层数要求。

4）严格执行设计及规范要求的防水、保温施工规定，保证达到屋面的使用要求。

5. 膜屋面安装工艺及流程

本工程由于场地限制，安装高度高，现场无法使用吊装机械设备和直臂式高空车进行安装，根据现场实际情况，膜屋面施工时采用在屋面主钢构上搭设作业平台进行施工。

作业平台只作为劳动工人的操作平台及零星物料的临时堆放平台，零星物料不能集中堆放，严禁用于钢天沟等重物的堆放平台。

（1）作业平台

作业平台骨架制作采用40mm×3mm方管焊接制成，尺寸为4000mm×300mm，小横杆间距444mm，单板重量40kg，加工厂制作完成后运至现场，具体详见图1.9.3-40.

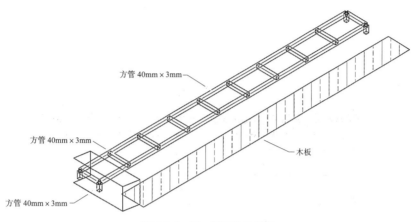

图1.9.3-40 钢跳板示意图

平台骨架利用塔吊将跳板吊装至屋面后，先将安全网布置在T形檩条上，并固定牢实，再从东向西进行搭设，交错布置于光厅屋面钢桁架上，平台骨架放于钢桁架T形梁上表面，两端短方管（□40×3）作为南北限位，整个平台搭设完成后，在平台四个角位置T形梁上部焊接长100mm方管（□40×3）作为东西限位，骨架间距为300mm，最大跨度3763mm，如图1.9.3-41所示。

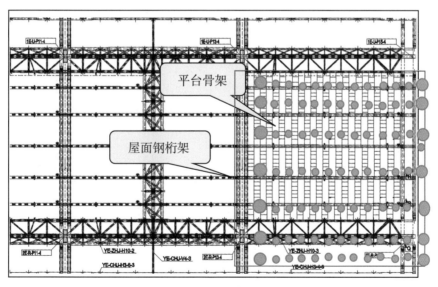

图1.9.3-41 屋面焊接与操作平面图

●：表示长100mm方管□40×3焊接位置。

在安全网和平台骨架安装完成后，在钢架上东、西方向满铺 1.5mm 厚木质复合板，复合板与钢架使用自攻螺钉固定，并在平台四周设置双层生命防护绳（高度 1.1m），确保作业人员施工安全。

钢跳板搭设区域根据二次钢结构天沟安装顺序进行，每个班组搭设 $400m^2$，二次钢结构安装区域完成后，将钢跳板搭设至下一个安装区域，从东向西依次进行。

钢跳板一个区域使用完成后，先将部分复合板拆除码放至一边，再拆除钢跳板并人工将东侧单个钢跳板搬运至西侧下一个区域，如图 1.9.3-42 所示，下个区域搭设要求跟第一个区域搭设要求相同。

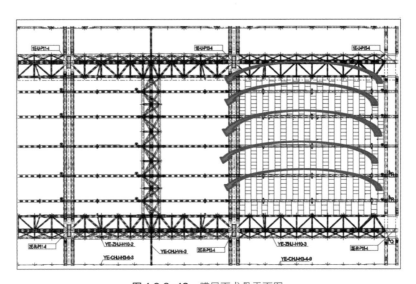

图 1.9.3-42　膜屋面龙骨平面图

（2）二次钢构安装

1）檩托方管安装

ETFE 膜屋面檩托采用 100mm × 100mm × 8mm 钢方管与 360mm × 360mm × 16mm 钢板工厂内焊接而成，焊缝等级为三级角焊缝，最大单重 37kg。

檩托高度随屋面坡度进行变化，檩托最大高度 1479mm，纵向间距 3331mm，横向间距 3225mm、3762mm。檩托与屋面钢桁架上表面焊接固定，焊缝等级三级。

檩托使用塔吊运至屋面临时操作平台上，集中堆放时不超过 3 根（110kg），并且应及时进行人工二次倒运，分散放置于安装位置，根据钢桁架上十字控制线确定准确位置后，进行焊接固定。

2）钢天沟安装

钢天沟到场后，采用塔吊吊装至屋面，采用人工运至操作平台进行存放位，堆放时不得集中堆放。

钢天沟安装时，使用平板车沿操作平台，人工运至天沟安装位置，人工安装至檩托上部。

钢天沟就位后，利用水平尺及水准仪控制天沟水平及标高、直线度等，进行天沟位置微调，确保符合设计和图纸要求。

天沟调整完成后，将钢天沟与檩托板进行焊接固定，焊缝等级三级，焊缝高度8mm。

待钢天沟安装完成后，进行钢天沟焊缝区域400mm的保温岩棉和不锈钢天沟安装，保温岩棉确保安装厚度符合设计要求，并做好隐蔽过程验收工作。

不锈钢天沟与钢构天沟采用铆钉进行固定，对接焊缝采用氩弧焊进行焊接。

①构件除锈

钢材原始腐蚀等级不低于B级别，所有钢构件应将表面长刺、油污及附着物清除干净，采用喷砂抛丸除锈，除锈等级Sa2.5级。现场补漆除锈采用电动除锈，除锈等级st3级，粗糙度为35～55μm。

②钢构件涂装

所有钢构件5道漆保护涂装。两道底漆：环氧富锌底漆，厚度2×40μm。一道中间漆：环氧云铁中间漆，厚度70μm。两道面漆：氟碳面漆，厚度2×40μm。以上均为设计要求内容。

构件出厂前，在加工厂内完成所有涂装工作，现场焊接完成后，进行焊缝处补涂施工。

3）气枕开启窗施工要点及施工方法（图1.9.3-43～图1.9.3-45）

①安装铝合金窗框、推杆连接板

铝合金窗框使用304不锈钢M6.3自攻螺钉固定在天沟上，自攻螺钉间距500mm，开启扇合页位置加密布置，间距150mm。

推杆连接板焊接于钢天沟下部，连接板采用8mm普通钢板（Q235B），防腐要求：5道漆保护涂装。两道底漆：环氧富锌底漆，厚度2×40μm。一道中间漆：环氧云铁中间漆，厚度70μm。两道面漆：氟碳面漆，厚度2×40μm，尺寸160mm×120mm，焊缝等级三级。

②安装推杆，采用LM2000型电动推杆，每个开启扇2台电动推杆。

③连接电线、控制箱、感应器。

④系统测试与调节。

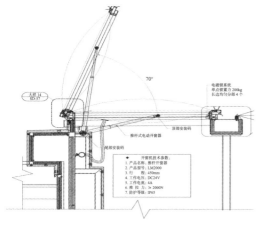

图1.9.3-43　开启窗剖面图

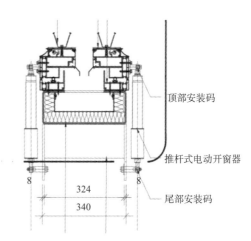

图1.9.3-44　可开部分剖面图

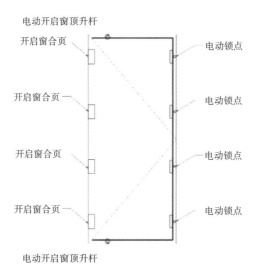

电动开启窗顶升杆

开启窗合页 —— 电动锁点

开启窗合页 —— 电动锁点

开启窗合页 —— 电动锁点

开启窗合页 —— 电动锁点

电动开启窗顶升杆

图 1.9.3-45 开启窗构造图

（3）ETFE 气枕实施要点及施工方法

1）水平安全网安装

根据施工图纸，在一个大样区域内二次钢结构天沟底部张拉安全网，安全网孔为 5cm×5cm，绳粗 5mm，气枕膜单元安装区域周边及行走区域拉设生命线，以保证安装人员的安全。

将 ETFE 气枕分配到相应的区域，根据出厂图纸标注的对角编码，将气枕铺设到位，气枕铺设前，下部安全网即可兼做防止膜材下坠的兜网，气枕膜在该单元安装完成后，该单元的安全网即可拆除。

气枕安装过程中，应避免铝合金拉膜条安装导致 ETFE 气枕在穿条过程中打折，而损坏气枕焊缝，也可借助稀释后的中性洗涤剂作为润滑液。气枕张拉完成后，进行铝合金盖板安装，保证三元乙丙防水胶条固定位置的准确，盖板不锈钢自攻螺钉防止打空钉，对于北京丰台地区的空气质量，春季施工风沙较大，在安装盖板防水胶条的过程中，有必要对铝合金底座、橡胶条及 ETFE 气枕接触面使用酒精或丙酮进行清洁沙尘，以确保达到最有效的防水效果。

气枕安装完成后，检查气枕表面是否有瑕疵和褶皱，如角落存在褶皱，使用热风枪调整合适温度进行除皱；如项目没有投入使用，还有外单位施工的前提下，必须使用覆盖物保护气枕不被外来尖锐物体损伤，最后利用棉布或者水清洁气枕，油污处可使用酒精或柔性洗涤剂进行清洗。

气枕安装好后与充气管道连接，并及时对其充气，以保证气枕的安全。

打扫现场和清洁膜材，在未进行工程验收和交付使用前，做好成品保护标识牌并置于醒目位置，并安排专人进行看护，防止其他作业人员误伤。

2）ETFE 气枕的施工方法

膜结构安装工艺流程：

①根据膜材出厂编号，人工膜材倒运至需安装位置的附近侧方区域。

②照安装方向在地面对膜材进行展开检查，确保即将安装的膜材无损伤。

③照安装位置，将膜材吊至安装区域，边对边、角对角展开，并观察与安装区域的尺寸大小。有熔断系统的则提前布置好熔断线路。

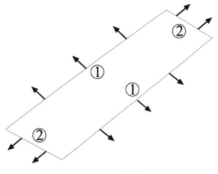

图 1.9.3-46 张拉布置图

④根据设计节点样式，气枕进气口连接末端供气管。

⑤对膜面的每两条对边进行同时施加张拉力40kg，张拉设备采用特制的张拉工装（图 1.9.3-46）。

⑥首次张拉未到位的，需间隔 4h，方可继续进行第二次张拉。

⑦安装异形铝合金夹具，根据设计图纸要求，将气枕膜安装到对应位置进行张拉后固定，张拉至图纸要求的设计位置和尺寸，固定到位后安装盖板等后续工作。

⑧固定完成后可进行充气，待气压达到设计值后观察效果。

⑨铝合金盖板安装并做好接头部位平顺过渡，做到外观平整美观。

⑩整个项目整体调整膜面，做到平整美观。

⑪安装防鸟支架，项目整体调试验收。

6. 大跨度挑檐施工技术

南、北进站厅屋面挑檐以东西向中轴线为中心线呈对称关系，项目内容包含：3mm 厚屋面铝板（约 8250m²）；25mm 厚蜂窝铝板（约 1662m²）；2.5mm 厚条形穿孔铝板（约 9491m²）；3mm 厚铝板（约 2210m²）。檐口标高 35.50m，东西长 220.5m，南北长 99.5m。钢结构悬挑长度为 18m（图 1.9.3-47、图 1.9.3-48）。

（1）挑檐安装流程

条形穿孔铝板吊顶安装（单元板块整体吊装，采用反吊）→灯槽铝板安装→蜂窝铝板安装→檐口铝板安装→排水天沟安装→屋面铝板安装。

图 1.9.3-47 屋面钢架现场照片

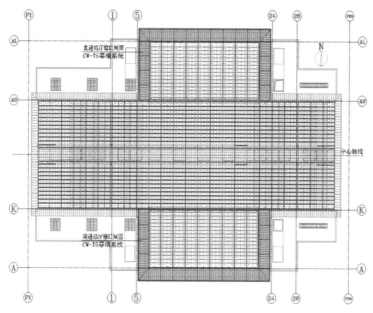

图 1.9.3-48 屋面钢架挑檐屋顶平面图

（2）铝板施工

①龙骨安装

根据测量得出的点和线进行龙骨的安装。首先安装立柱支架，支架采用 180mm×60mm×5mm 镀锌钢管，立柱下部与钢结构焊接；支架底部采用 100mm×50mm×6mm 钢板为加强肋加固立柱。主龙骨采用 200mm×100mm×6mm 热镀锌钢管，根据控制线焊接在支架上。

主龙骨安装完成后，安装次龙骨，次龙骨采用 100mm×50mm×5mm 热镀锌方管。根据水平控线进行安装，次龙骨两端与主龙骨焊接。次龙骨上表面与主龙骨上表面平齐。

②铝板面板安装

采用全站仪对已安装完成的龙骨进行校正，并在龙骨上测定铝板的分格线、定位点以及铝板连接码件的定位点。根据测量得出的定位点，将铝板角码与龙骨采用 M5 自攻螺钉进行固定，自攻螺钉间距为 300mm。铝板之间缝隙为 15mm，要求保证缝隙大小一致，特别是铝板角部四块铝板交接部位，要顺直，偏差不大于 1mm。依据铝板编号逐一进行面板的安装。

③打胶

在铝板安装完成后，使用硅酮耐候密封胶将铝板拼接缝逐一进行打胶，密封胶颜色同铝板颜色。打胶前用美纹纸贴于胶缝两侧，美纹纸要求贴顺直，且保证胶缝宽度一致。然后用胶枪进行打胶，打完一段胶后用胶刷铲平胶缝，最后撕去美纹纸。

（3）条形穿孔铝板吊顶施工方案

1）安装工艺流程

测量放线→连接钢梁安装→单元板块拼装→单元板块验收→单元板块整体吊装→微

调就位→焊接固定→清理。

2）具体施工方法

依据放线组所弹中心线、分格线安装钢连接件，要求转接件标高及平面偏差不大于3mm。连接件为160mm×80mm×5mm热镀锌方管。

单元板块拼装，单元板块在安装平台上拼装，拼装完成后，由监理单位进行验收，验收合格后方能起吊。单元板块划分如图1.9.3-49所示。

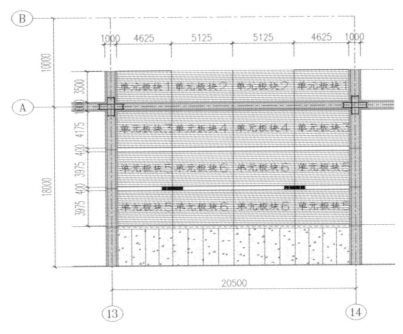

图1.9.3-49　单元板块划分图

单元板块拼装流程：铺设次龙骨→安装主龙骨→安装钢板连接件→安装铝板连接件→安装条形穿孔铝板。

首先需要在安装平台上搭设临时台架，临时台架用100mm×50mm×5mm镀锌钢管焊接而成，要保证台架的平整度，用极光水准仪进行检测。然后根据施工图纸中的次龙骨相关尺寸铺设次龙骨，次龙骨采用100mm×50mm×5mm镀锌钢管，主次龙骨处焊缝总长度不小于150mm，焊缝高度5mm。次龙骨铺设完成后，两端用L50×50×4镀锌角钢连接。主龙骨装在次龙骨上方，用L63×63×5镀锌角钢与次龙骨连接在一起，采用现场手工焊接，焊脚尺寸为5mm。单元板块龙骨布置图如图1.9.3-50所示。

龙骨焊接完成后，在主龙骨端部安装连接钢板，连接钢板为10mm厚钢板加工件，与主龙骨采用四面围焊，焊缝尺寸为5mm。铝板连接件连接在次龙骨底部，采用M5自攻螺钉固定，螺钉间距为175mm，铝板连接件采用L40×30×1.5镀锌穿孔角钢。最后安装条形穿孔铝板，铝板从一端开始安装，先安装第一条，然后是第二条，依次安装。铝板与连接件采用M6×25不锈钢螺栓连接。

最大单元板块尺寸为：5125mm×4243mm，总重量约为700kg。因此采用4台1t电

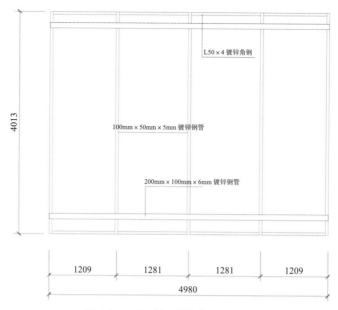

图 1.9.3-50　单元板块龙骨布置图

动葫芦起吊，吊顶设置在单元板块四个角部。起吊时四台电动葫芦同时缓慢启动。待提升到预定安装位置后，用手动葫芦进行微调。使单元板块四个角部的钢板挂钩钩挂在连接件上，连接件采用 L125×100×16 镀锌角钢。镀锌角钢用两根 M12×160 不锈钢螺栓固定在转接件上；然后通过上部的 M12 调节螺栓调节单元板块的标高。

（4）蜂窝铝板施工方案

蜂窝铝板的安装与铝板安装类同，可参考铝板安装施工工艺。不同的是蜂窝铝板采用反装，在龙骨上部安装固定蜂窝铝板。龙骨焊接完成后在龙骨上方铺设脚手板，施工人员从上部固定蜂窝铝板连接角码。连接角码采用 3mm 厚铝合金 Z 形角码，角码间距为 300mm，采用 M5 自攻螺钉固定。蜂窝铝板之间缝隙采用明缝，宽度为 15mm。

（5）电动葫芦吊装

电动葫芦安装在待吊装单元板块上方，钢结构挑梁上弦杆上，用绑带固定，绑带固定方式：将绑带与主体钢结构缠绕两圈，将电动葫芦挂钩与绑带固定。绑带采用合成纤维扁吊装带，宽度为 50mm，厚度约 6mm，额定荷载为 3t。如图 1.9.3-51 所示。

钢丝绳采用直径 8.7mm 的钢丝绳，钢丝绳破断拉力达到 4.7t。吊装单元板块最大重量为 0.7t，采用四根直径 8.7mm 的钢丝绳，满足安全要求。

（6）高空防护平台简介

钢架上高空平台防护由可上人兜底安全网、龙骨上铺设脚手板以及钢架上拉设生命线三部分组成。

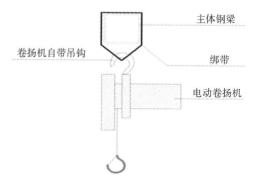

图 1.9.3-51　电动葫芦使用示意图

7. 金属屋面质量通病及控制措施

（1）主次结构檩条安装误差及措施

屋面桁架出现控制节点坐标误差的产生必须要在施工金属屋面的主次檩条时予以修正。上层主次檩条的调整必须考虑误差的吸收，因此檩条支托板的设计必须考虑多个方向均调整。

1）屋面平整度及积水

屋面檩条施工依照钢结构完成情况进行而未作一定调整，导致檩条施工后平整度达不到要求从而影响整个屋面的平整度造成积水。

2）控制措施

对按设计值进行加工制作的檩条逐点对应施工，并进行三向调整保证达到设计控制线。

按照设计区域图对建筑物的支撑面进行异形层板块加工，并对应区域实施铺设，保证其表面过渡性的衔接。

通过软件的编程程序，将关键施工控制线和支架控制点输入施工测量设备，确保工程施工有据可依。

3）施工措施

确定面板分区线，结合面板分格线转化成对应点位并微调后对支座固定，确保每个点位都控制在面板分格线之内。

在施工过程中将檩条安装作为关键工序实行自检制度，进场后对钢结构整体尺寸进行全面复核，檩条安装后未经项目部专职质量员验收签字确认不得进行下道工序施工，可有效避免了平整度及积水的现象发生。

（2）屋面板安装平整度及缝隙直线度

穿孔铝单板、屋面板等金属板因钢龙骨施工未能对钢架的水平、分格线、平整度等严格控制，导致金属板安装后接口处不平、错位、胶缝不直且宽窄不一，严重影响了观感效果。具体控制措施如下：

屋面板每安装 5~6 块后进行表面平整度及直线度检查，如有偏差及时调整，准确无误后采用电动锁边机进行第二次的板缝通长锁紧。

屋面板安装完后的锁紧非常重要，因为屋面板连接成整体可以抵抗风力，给屋面提供必要的保护，从而确保屋面系统的承载力。

（3）屋面防水防风节点控制

1）金属屋面板的防风防雨节点分析

屋面系统 – 铝合金直立锁边屋面系统，通过屋面板的两侧不同大小肋扣合在一起，再通过机械咬合的方式连接在一起，防水效果非常好，屋面板的公肋一侧设有防止雨水毛细作用的凹槽，可以起到雨水的细部的渗漏，同时该屋面系统通过此凹槽也起到了呼吸的作用。屋面板的安装方向是迎着坡度往最高点铺设，这样就能保证屋面大肋沿着顺水方向盖住小肋，即使有雨水漫过板肋也会从另一块板流走，而不会渗水到屋面板内。

2）天沟与屋面交界处的防水防风节点分析

本工程屋面天沟采用专用工具把屋面板板端向下弯便于排水；设置泡沫堵头使屋面

密封并防止雨水回流；设置滴水片起到滴水防水的作用，并且使天沟处的屋面板连成整体增强抗风能力。最外侧设置屋面收边板泛水防风及防水。

（4）渗水隐患

金属面板因自身导热系数大，当外界温度发生较大变化时，由于环境温差变化大造成屋面板收缩变形而在接口处产生较大位移，因而在金属板接口部位极易产生漏水隐患；施工时须在屋面支座与屋面板间留有一定的空隙，在温度变化下使整个屋面板系统可自动滑动和伸缩，避免因温度变化而引起屋面板扣盖咬合缝发生错位而产生渗透的现象。

1）屋面板连接方式

金屋面板与系统的连接采用直立锁边的固定方式，屋面板不采用传统的螺钉连接及打胶的方式来防水；可避免因螺钉帽与屋面板的接触面积较小，在大风的正负风压反复作用下钉孔处将产生应力集中而导致屋面板撕裂的现象，从根本上杜绝了漏水的隐患。

2）屋面板防渗水

屋面板排水是依靠板肋阻水，使其不能从两块屋面板之间的搭接边渗入室内，并顺纵向坡度流入天沟。由于本工程采用的屋面板为 S65/400 型，板肋 65mm 较高且为直立，故有更好的排水截面，雨水不会超过这个截面。经过计算，本工程天沟宽度及深度均满足排水要求；天沟按规定长度设置伸缩缝，能消除由于温度变化引起的变形。

（5）屋面变形控制

控制屋面板的变形是屋面系统防渗漏的前提和保证，具体措施如下：

1）调整纵向形变

金属屋面系统利用天沟，固定点和固定座的滑动机制调整金属屋面系统纵向位移的机制。

2）调整竖向形变

金属面板的固定座及钢底板跟随主体结构上下运动，而板面的折边可以吸收大量的形变；在沿板肋的纵向，板的挠度将可吸收其竖向形变。

3）调整水平形变

金属屋面系统利用板的折边变形和板肋空隙来制调整金属屋面横向位移的机制。对每块约 400mm 宽的金属屋面板，可调节的量可达 3~5mm，总调整量足以吸收该方向的位移。

4）调整天沟变形

天沟系统是整个屋面系统中较为重要的一个部分，处理好天沟形变的调整是保证天沟水密性的关键。本天沟系统采用构造伸缩缝的方式来调整和吸收下部钢结构的形变；天沟的挡水挡板和构造伸缩缝功能，简单有效地解决了天沟的伸缩和形变问题。

屋面隔声处理：本工程采用 50mm 厚玻璃丝绵，密度 16kg/m³，防火等级为 A 级作为降噪隔声材料，底板为 820 型穿孔压型底板，底板穿孔率为 25%、孔径为 3mm，以满足规范的隔声要求。

1.10 新型站台和雨棚施工技术

当前，伴随着工业化、装配化进程，以及新型城镇化战略推进，国内建筑业发展日新月异，创新技术不断涌现。铁路客站作为大型公共交通建筑，其使用安全性是首要考虑的关键问题。铁路站房结构形式多样，所处环境各异，其结构所承受荷载复杂多变，尤其在承受动荷载及疲劳荷载工况下，目前建筑工业化技术在这方面尚缺乏进一步的实验和实践验证，因此铁路客站建设在工业化、装配化应用方面还有很大的发展空间。

然而，建筑工业化、装配化已成为未来建筑技术发展的主要方向，铁路交通建设在这方面已开始进一步的应用探索和技术创新，尤其在站台、雨棚、排水沟、挡墙等附属构筑物方面，进行了大量的科学研究及技术探索。

1.10.1 雄安站装配式新型站台施工技术

1. 装配式站台特征

雄安站站场总规模为 13 台 23 线，其中京港台场为 7 台 12 线，津雄场为 4 台 7 线，轨道交通 R1 和 R1 机场支线共为 2 台 4 线。9~11 站台采用装配式站台。

站台下部空腔为机电综合管廊，内部有消火栓系统、洒水栓系统、通风系统、垃圾自动清运系统及强弱电综合管线等，站台面上有较多的楼扶梯通道、电梯井、检修井、消火栓、洒水栓、垃圾运输口等。为满足检修要求，站台下净空不小于 1.8m，人员能够在管廊内通行。此外按照国铁集团对客站减震降噪的要求，站台墙采用吸声墙板。

站台位于承轨层（标高 13.85m）上，站台层原设计为现浇钢筋混凝土框架结构（柱距 3 ~ 5m），抗震设防烈度 8 度（0.3g），抗震等级二级，混凝土强度为 C40。站台层框架柱生根于承轨层框架梁，截面尺寸为：350mm×350mm，配筋均为 12Φ18/Φ8@100；框架梁主要截面尺寸为 250mm×450mm，顶板厚度 130mm，帽檐长 380mm、330mm（11 站台外侧）。站台设计活载 3.5kN/m²。

2. 装配式站台体系分析

通过对传统现浇站台结构形式进行分析，借鉴工业与民用装配式建筑的成熟经验，根据站台结构特点对站台进行装配式拆分设计及方案优化，形成全预制简支结构、装配整体式框架结构、装配式钢筋混凝土墙 + 预应力双 T 板 / SPD 预应力空心叠合板、装配整体式框架结构 +SPD 预应力空心叠合板等五种方案，通过合理选型、建模分析、数据计算、现场实践，进行方案比选，最终确定装配式混凝土站台的结构形式和构件类型。

（1）全预制简支结构方案

采用全预制简支结构方案，框架布置同原设计，构件之间采用干式连接，将现浇结构的梁、板、柱拆分成单体预制构件，工厂加工预制，现场拼装完成，最后进行接缝处理。运用 BIM 技术对该方案进行模拟，全预制简支结构装配式站台方案示意如图 1.10.1-1 所示。

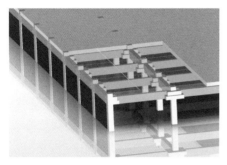
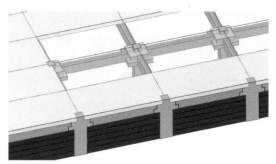

图 1.10.1-1　全预制简支结构装配式站台方案示意图

（2）装配整体式框架结构方案

采用装配整体式框架结构方案，框架布置同原设计，构件之间采用湿式连接，将现浇结构的梁、板、柱拆分成单体预制构件，预制构件运抵现场后，进行装配化施工，浇筑叠合层和节点混凝土。运用 BIM 技术对该方案进行模拟，装配整体式框架结构方案示意如图 1.10.1-2 所示。

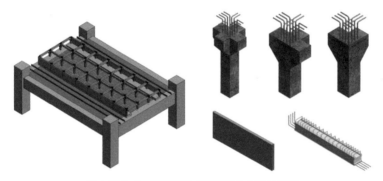

图 1.10.1-2　装配整体式框架结构方案示意图

（3）装配式钢筋混凝土墙 + 预应力双 T 板 / SPD 预应力空心叠合板方案（图 1.10.1-3）

参照《预应力混凝土双 T 板》09SG432-2 及《SP 预应力空心板》05SG408 图集进行深化设计，用预制预应力双 T 板 / 预制 SPD 板代替现浇方案中的梁、板现浇结构，用预制承重站台墙代替现浇柱和站台墙。

图 1.10.1-3　装配式钢筋混凝土墙 + 预应力双 T 板 /SPD 预应力空心叠合板方案示意图

（4）装配整体式框架结构 +SPD 预应力空心叠合板方案（图 1.10.1-4）

参照《SP 预应力空心板》05SG408 图集进行深化设计，依据等同现浇设计原则，采用装配整体式框架结构，用预制 SPD 板 / 钢筋桁架叠合板 + 叠合梁代替现浇方案中的梁、板现浇结构，同时优化框架布置，将梁、板、柱拆分成单体预制构件，进行工厂加工预制，现场拼装完成，最后进行接缝处理。

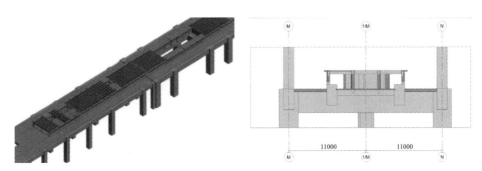

图 1.10.1-4　装配式整体式框架结构 +SPD 预应力空心叠合板方案示意图

方案（1）和（2）分析：

方案涉及的主要构件：①干连接伞形柱、预制梁、预制板、预制吸声复合墙板等；②湿连接牛腿柱、叠合梁、叠合板、预制吸声复合墙板等。主要优点为框架布置同原设计，对设计改动较小，单构件规格小、质量轻、方便安装。缺点为框架抗震能力不足，在高烈度区不适宜采用；框架跨度小，构件数量多，现场安装工期长。

方案（3）分析：

方案优点：①外墙采用三明治混凝土墙，具备承重、围护、吸声 3 种功能；②预应力双 T 板 /SPD 预应力空心叠合板可实现大跨度无梁楼盖。

方案缺点：①预应力双 T 板 /SPD 预应力空心叠合板上无法开检修井等洞口，开洞部位需采用钢筋桁架叠合板；②结构体系不明确，不适宜雄安站站台面标高 16.400m、抗震设防烈度 8 度（0.3g）的要求。

方案（4）分析：

方案优点：采用装配整体式框架结构，站台长度方向柱网保持不变，优化站台宽度方向柱网；无洞口部位采用 SPD 空心叠合板，去掉中间柱子；有洞口部位采用钢筋桁架叠合板，适当减少柱子。

方案缺点：针对不同跨度，采用了 SPD 预应力空心叠合板和钢筋桁架叠合板两种楼板，使结构形式更复杂，设计优化工作量大，现场施工组织难度加大。

经综合比较，并经专家论证，最终选定装配整体式框架结构 +SPD 预应力空心叠合板方案为实施方案，并利用 BIM 技术进行深化设计及结构计算。

3. 关键技术

（1）装配式站台节点设计

预制柱连接：

预制柱钢筋连接方式一般有套筒灌浆连接、浆锚搭接、波纹管浆锚（柱预留全高波纹管洞，插入钢筋后浆锚，适用于短柱），鉴于本工程柱主筋直径 ≥ 20mm，且柱顶钢筋直锚长度不足，不满足《装配式混凝土结构技术规程》JGJ 1—2014 第 7.3.8 条要求，柱钢筋采用套筒灌浆连接。

由于站台柱位于承轨层框架梁上，承轨层框架梁为钢骨混凝土梁，钢筋非常密，难以保证预制构件预留筋位置准确，再加上 14.800m 以下站台墙兼挡砟墙，有挡砟和防水要求，因此 14.800m 以下站台墙柱采用现浇，满足挡砟和防水要求，并可通过这段微调柱筋，保证预留筋位置准确。

典型连接构造节点：

因边柱较短（预制柱高为 1.515m、1.485m），梁跨度较小（2.4～4.3m），可将顺轨方向梁柱拆分为梁柱一体化构件，较小跨度拆分为 Ⅱ 形梁柱一体化构件，较大跨度拆分为 T 形梁柱一体化构件，梁间留后浇段。站台中间柱单独预制，梁柱节点后浇。梁柱节点构造如图 1.10.1-5 所示。

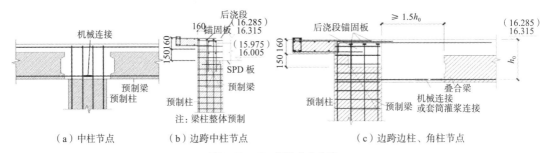

（a）中柱节点　　（b）边跨中柱节点　　　　（c）边跨边柱、角柱节点

图 1.10.1-5　梁柱节点构造

站台复合吸声墙板作为围护、装饰、吸声一体化构件，与结构柔性连接，采用左右企口插接方式，插接节点构造如图 1.10.1-6 所示

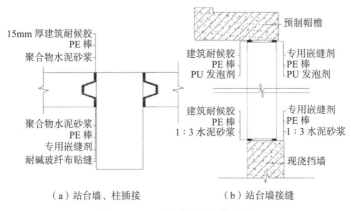

（a）站台墙、柱插接　　　　（b）站台墙接缝

图 1.10.1-6　站台墙板连接构造

SPD 预应力空心叠合板连接构造参考《SP 预应力空心板》05SG408。由于市场上 SPD 板的标称宽度只有 1200mm 和 600mm（1200mm 板中间切开）两种，板布置时宜根

据实际情况拉开 50～200mm 板缝，缝内增加配筋，并与叠合层钢筋拉结，增加整体受力，防止叠合层由于振动与 SP 板脱层（图 1.10.1-7）。

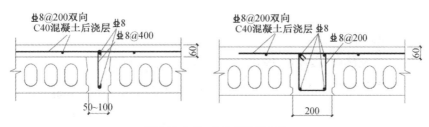

图 1.10.1-7 SPD 板接缝构造

（2）预制构件洞口留置、帽檐、变形缝等细部构造

洞口构造：进一步对电梯口、楼梯口、进出通道口等部位节点形式进行深化设计，板跨小于 4.5m 及开较大洞口部位采用钢筋桁架叠合板，洞口截断桁架筋时，应参照原设计进行钢筋补强。开洞部位优化框架布置，保证站台整体稳定性。

站台帽檐设计：对预制站台的站台帽部分进一步细化，尤其是混凝土站台帽与装修面层帽石轨道侧接缝的表观处理，使其完工后，缝隙整体划一、协调美观。同时，对站台侧混凝土帽石阳角部位做小圆角，阴角部位做 45° 斜角，使其协调、美观、实用。

变形缝构造：站台墙采用插接式建筑结构装饰一体化变形，柱预制时直接留出，现场直接拼装即可（1.10.1-8）。

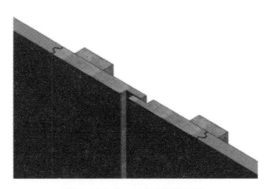

图 1.10.1-8 站台变形缝示意

（3）装配式站台功能优化

站台防水性能优化：站台面依照原设计采用 4mm 厚 SBS 防水层 +200g/m² 聚酯无纺土工布隔离层，将原 30、60mm 厚 C20 细石混凝土找 0.5% 坡优化为板叠合层结构找坡，减小装修层荷载，降低成本并加快施工进度。

站台吸声降噪板设计应用：为满足对客站减振降噪的要求，站台墙采用复合吸声墙板，经过详细调研，站台墙吸声多采用预制膨胀聚苯板块，水泥砂浆粘接，膨胀螺栓固定，这种做法存在耐冻融差、易脱落等缺陷，需研究设计一种新型的结构复合吸声墙板。

借鉴铁路声屏障吸声板，设计采用 40mm 厚细石钢筋混凝土 +80mm 厚 LC7.5 陶

粒混凝土 +40mm 厚细石钢筋混凝土板，板宽 1340mm，板长根据柱间距调整，最长 3960mm，面板开 45mm×45mm 方孔，间距 55mm，开孔率约 25%，满足《铁路声屏障声学构件》TB/T 3122—2019 及有关要求（图 1.10.1-9）。

图 1.10.1-9　装配式吸声降噪站台墙实体图

站台综合管廊系统设计与应用：站台下部空腔设计为机电综合管廊，多系统的综合管线布置在站台下空腔内，同时保证人能行走检修，在扶梯洞口两侧排布异常困难。首先需保证结构位置及尺寸与原设计尽量保持一致，然后运用 BIM 技术进行优化排布和碰撞检查，确定管线排布、支吊架位置及预埋件，优先采用综合支架，支撑在承轨层楼板或预制柱上，确需在 SPD 板上设置吊架时，应在构配件预制时预留，禁止在底部打孔，以免损伤预应力筋，可提前预埋或在浇筑叠合层前在板缝内设置丁字形吊筋、孔内设置悬挂螺栓（图 1.10.1-10）。

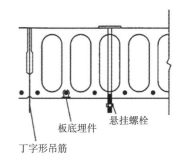

图 1.10.1-10　SPD 板下吊点设置

1.10.2　汉寿站装配式钢结构雨棚施工技术

钢结构建筑遵循建筑全寿命期的可持续性原则，实行标准化设计、工厂化生产、装配化施工、一体化装修、信息化管理和智能化应用。将结构系统、外围护系统、设备与管线系统、内装系统集成，实现建筑功能完整、性能优良。全装配式雨棚将实现站台梁、梁柱构件、天沟、屋面板、信息桥架全装配式，做到整体"零焊接""零涂装"，从而提高施工速度和质量观感。

1. 装配式钢结构雨棚特征

汉寿站位于湖南省常德市汉寿县，为桥下站房，总建筑面积 1 万 m²。候车厅为一层，北面局部有两层夹层。站台设 Y 形钢结构雨棚，雨棚柱距 10.9m，在桥梁伸缩缝处采用滑动连接，释放桥梁的伸缩变形。雨棚柱为焊接 H 型钢，柱脚尺寸 H500（横桥）×360（顺桥）×12×20，柱脚埋入站台结构的横隔梁内，埋入深度 1.5m，露出桥面高度应为 20cm，埋入段设栓钉和加劲板，柱脚以上部分采用装配式钢结构雨棚（图 1.10.2-1）。

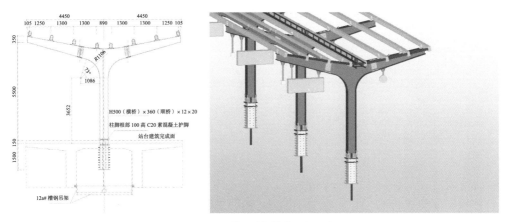

图 1.10.2-1 装配式钢结构雨棚示意图

2.技术创新性分析

钢结构雨棚与钢筋混凝土结构雨棚相比，具有强度高、自重轻、结构形式灵活的特点。通过合理的钢结构体系运用和分段及节点设计，可以实现大空间覆盖、大开间布局，钢结构柔性节点连接体系，能更好地适应列车振动和地震荷载。

钢结构建筑是绿色建筑的发展方向之一，施工中钢结构雨棚的质量容易控制，雨棚结构以工厂预制为主，现场装配化程度高，维护与装拆便捷。

3.关键技术

（1）装配式雨棚拆分

各拆分单元单独制作，安装顺序为 Y 形柱、雨棚悬臂梁、天沟托架、屋面檩条、屋面板等。设备管线槽工厂预制于檩条上，动静态标识预留孔洞在结构制作过程中预留（图 1.10.2-2）。

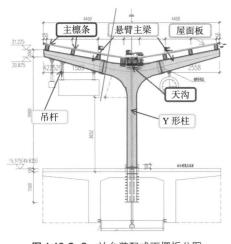

图 1.10.2-2 站台装配式雨棚拆分图

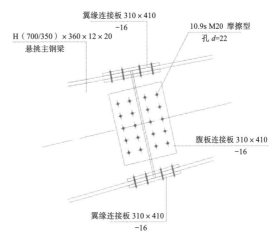

图 1.10.2-3 连接节点

1）Y形柱、悬臂主梁作为独立单元，整体制作发运，采用螺栓进行连接（图1.10.2-3）。

2）动静态标识吊杆通过悬臂梁上预留螺栓孔进行连接（图1.10.2-4）。

3）主檩条与檩拖采用对拉螺栓连接，檩拖与悬臂钢梁采用高强螺栓连接（图1.10.2-5、图1.10.2-6）。

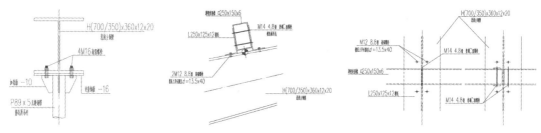

图1.10.2-4　吊杆节点　　　图1.10.2-5　檩条连接节点　　　图1.10.2-6　开孔示意图

4）每个柱距为一个天沟单元，天沟与天沟之间采用连通管，天沟架与檩条采用一体化，天沟架横杆采用紧固件装配（图1.10.2-7）。

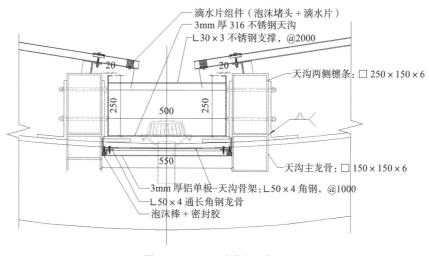

图1.10.2-7　天沟节点示意图

（2）装配式结构误差消除

构件加工：通过三维软件进行精确放样，对于每一道曲线，每一个曲面由点到线再到面进行曲率控制，通过软件对栓接节点处构件钢板展开放样。在加工制作过程中通过数控切割机精准切割，然后组装成型。

梁柱工厂制作，节点采用手工焊，减小焊接变形，采用临时措施，确保对接口尺寸符合设计图纸尺寸）。

摩擦型高强螺栓与梁顶相连，开垂轨向的椭圆孔调节垂轨误差，固定端采用圆孔+普通螺栓，滑动端采用长圆孔+普通螺栓。简支檩条采用一端圆孔一端短椭圆孔来消顺轨误差（图1.10.2-8）。

图 1.10.2-8　连接节点

（3）装配式雨棚安装

在现场搭设拼装平台，平台底部铺设软绵物，防止对构件面漆造成破坏。装配式结构运输至现场后，在拼装平台拼装完成整体吊装，吊装采用吊带，雨棚结构上不设置吊耳。

汉寿站针对装配式结构的型式特点，将钢结构雨棚结构拆分，实现工厂全过程预制，实现了现场"零涂装、零焊接、全装配、快速化"的目标。

1.11　新型复杂异形混凝土结构雨棚施工技术

在国铁集团铁路精品客站建设十六字方针引导下，新时代铁路客站雨棚的设计形式正在发生变化，造型新颖和经济艺术成为考虑的主要因素。考虑到雨棚的使用耐久性和维护便捷性，目前多数雨棚采用混凝土现浇结构。在铁路客站"一站一景"建设目标指引下，造型各异的新型混凝土结构雨棚不断涌现。

1.11.1　普洱站门拱式结构雨棚施工技术

1. 门拱式结构雨棚特征

中老铁路玉磨段普洱站为线侧下式站房，站房建筑面积为 1.2 万 m^2。站台雨棚为双柱双侧悬挑钢筋混凝土框架结构。雨棚柱为异形截面，呈倒梯形，柱底外轮廓截面尺寸为 700mm×800mm，柱顶外轮廓截面尺寸为 800mm×1000mm。柱身垂直轨道面通长留置凹槽，尺寸为 226mm×150mm，上端留有一条横向分格。垂直轨道方向为弧形梁，中间跨截面尺寸为 450mm×600mm，边跨为悬挑弧形梁，通过 R1200、R900、R800 三种弧度组合的方式，形如当地普洱茶的茶叶，与站房整体设计的理念"茶马古道、云滇驿站"相呼应（图 1.11.1-1、图 1.11.1-2）。

图 1.11.1-1　普洱站

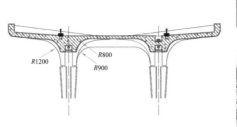

图 1.11.1-2　普洱站站台雨棚特征

2. 技术难点与特点

普洱站雨棚型式为门拱式。柱身呈倒梯形，上端与梁板构件弧线过渡，圆弧角嵌合交织，曲面流畅、顺滑。新型复杂异形混凝土结构雨棚的技术难点主要是模板体系的选择、节点优化和加固安装。

3. 关键技术

（1）模板体系选型

异形柱采用定制钢模板，梁板采用定制木模板（铝模），支撑架体采用盘扣架，模板体系选型详见表 1.11.1-1。

模板体系选型表　　　　　　　　表 1.11.1-1

部位	模板体系	备注
柱	定制钢模板（非变截面异形构造采用木模板）	自带非穿洞螺杆加固
梁	异形梁采用定制异形木模板	可调支撑，盘扣架支撑体系
顶板	底模采用普通模板并且与檐口的定制异形模板结合	可调支撑，盘扣架支撑体系

（2）模板深化设计

定型钢模板面板厚度为 4mm，边板长度 10mm×80mm，横肋设置 8# 槽钢，背肋设置 10# 槽钢，采用柱角螺栓箍加固，避免对穿的孔洞影响观感效果，连接孔距离面板边缘 45mm，底部采用套箍与基础柱钢筋焊接牢固（图 1.11.1-3）。

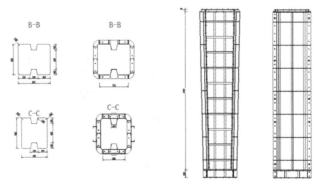

图 1.11.1-3　异形雨棚柱定制钢模板设计图

雨棚梁板模板选用 15mm 厚优质覆膜木模板，运用 BIM 技术建立雨棚异形梁板的模型（图 1.11.1-4），通过模型策划模板的选型与分缝，重点关注弧形梁造型效果、弧形梁与顶板相交处的接缝处理以及顶板檐口的顺直度处理。

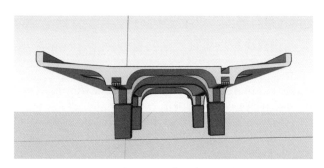

图 1.11.1-4　异形雨棚梁板 BIM 模型

为保证弧形梁线型流畅，必须保证弧形梁与板底接缝严密，在模板设计选型阶段研究弧形梁模板与板模接缝处理方式，经过反复试验调整，将沿着弧形梁弧线切线方向的直线段延伸至板底模板处，保证模板接缝处严丝合缝。沿弧面梁弧形切线方向延伸的模板采用直线段模板（图 1.11.1-5）。

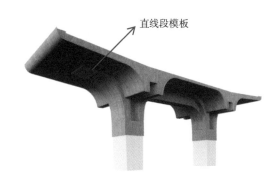

直线段模板

图 1.11.1-5　梁板模板模型图

梁板模板均采用 15mm 厚优质覆膜木模板，次龙骨采用 50mm×100mm 方木。常规的钢管或木方主龙骨无法与异形模板严密贴合，影响整体加固，故主龙骨采用定制异形 40mm×60mm 钢方管，与模板及次龙骨紧密贴合。因异形梁与雨棚柱分段浇筑，异形梁模板与柱结构交接位置造型凹槽较多，不易加固，在此位置增加双钢管对拉螺栓组成的抱箍进行加固，保证模板安装牢固，接缝严密（图 1.11.1-6）。

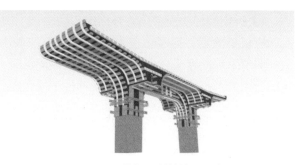

图 1.11.1-6　站台异形模板加固示意图

混凝土结构雨棚支撑架体系采用满堂盘扣式脚手架体系，架体的排布依据雨棚结构尺寸进行专项设计，并且经过验算符合要求，确保施工过程中架体安全。

（3）施工工艺

1）模板的定位。现场放线以顺轨主梁中轴线为控制轴线，按照高精度建模所形成的尺寸数据，沿弧面支撑板进行弹线。以主梁中间的连梁位置确定方向弹线。

2）柱模板的安装。钢模涂刷拆模剂→钢模板组合→板面清理→起重机吊装→微调就位→固定螺栓。

3）梁板模板的安装。弹出梁轴线及水平线并进行复核→搭设梁板模板支架→按照梁板模板排版图依次吊装安装模板→复核模板尺寸、位置→与相邻模板连接牢固→预检、验收。

（4）混凝土施工技术要点

1）混凝土原材料要求

混凝土的原材料各项技术指标均要满足耐久性混凝土的要求即《混凝土结构耐久性设计标准》GB 50476—2008中要求，且满足混凝土配合比试验后方可投入施工。

2）混凝土浇筑要求

在混凝土生产过程中，严格控制搅拌时间、水胶比和坍落度，且要根据气候变化及时调整含水率。混凝土拌合物宜在搅拌完成后60min内运抵混凝土浇筑地点，且应在1/2初凝时间前入泵，全部混凝土应在初凝前浇筑完毕。

3）混凝土浇筑

①浇筑混凝土前，须先清理模板内垃圾，保持模内清洁无积水。并在底部均匀浇筑5cm厚与雨棚结构混凝土成分相同的水泥砂浆。

②混凝土自吊斗口下落的自由倾落高度不得超过2m，浇筑高度如超过3m时必须采取措施，用串桶或溜管等且浇筑混凝土应连续进行。

③掌握好混凝土振捣时间，以混凝土表面呈现均匀的水泥浆、不再有显著下沉和大量气泡已上冒时为止。为减少混凝土表面气泡，宜采用二次振捣工艺且振捣棒移动间距应小于50cm，插入下层混凝土5cm。

④浇筑混凝土时应经常观察模板、钢筋、预留孔洞、预埋件等有无移动、变形或堵塞情况，发现问题应立即处理，并应在已浇筑的混凝土凝结前修正完好。

⑤为避免或减少混凝土表面色差，混凝土浇筑完毕后，自混凝土初凝起就开始覆膜养护。

4）拆模后的表面缺陷修补措施

模板拆除后，混凝土表面局部会产生一些小气泡、孔眼、小裂缝等缺陷。拆模后，应立即清除表面浮浆和松动的砂子，采用同品种、同强度、同颜色的水泥修复缺陷部位，凝固后用砂纸打磨光洁，并用清水冲洗干净，确保表面无色差。

1.11.2 霸州北站异形结构雨棚施工技术

1. 异形结构雨棚特征

京雄城际铁路霸州北站车站规模为2台4线，设侧式站台2座，设12m宽旅客进出站地道 1 座，站房为线侧下站型，总建筑面积 9996m²，建筑高度 21m，结构形式为悬挑混凝土结构（图 1.11.2-1）。

图 1.11.2-1 霸州北站整体效果

站台雨棚采用 Y 形、W 形混凝土雨棚，雨棚异形柱底截面尺寸 800mm×800mm，柱截面尺寸随标高提高逐渐加大，最大截面尺寸 800mm×1300mm，柱中留置 400mm×300mm 凹槽。垂直轨道方向异形梁尺寸为 400mm×600~700mm，梁采用变截面外挑，形成蜿蜒曲折、遒劲有力的造型，与站房整体风格相呼应（图 1.11.2-2）。

图 1.11.2-2 霸州北站雨棚效果

2. 技术难点与特点

霸州北站雨棚为单柱式清水混凝土柱雨棚，呈折线型，需认真考虑异形结构体系下模板的合理拆分和节点处理。

霸州北站为高填方站台，四周空旷，雨棚长时间受各种方向风荷载作用，需对伸缩缝装置从材质、固定方式、抗风、抗震等方面进行论证，研究可行一体化伸缩缝施工技术。

3. 关键技术

（1）模板体系选型与深化

霸州北站雨棚柱模板采用定制钢模板，为保证雨棚柱整体清水效果，钢模板竖向为整体板块，四块组拼，高度方向不存在接缝；成套柱模板由 2 块带圆弧平模板和 2 块带造型的凸模板组成，固定形式采用栓接，柱子全高一次浇筑，螺栓进行加密设置。考虑到柱子四角为圆弧构造，模板制作时使用专用钢板弯弧机对钢板进行定弧处理（图 1.11.2-3）。

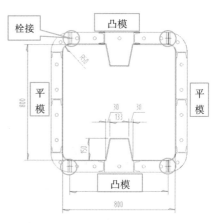

图 1.11.2-3　模板横截面

雨棚柱模板使用前将内部全部清理一遍，粗糙处打磨修整，内部涂刷高效混凝土隔离剂，每使用 6～7 次后再涂刷一遍；模板安装时拼缝之间采用泡沫胶条密封，螺栓加固后挤紧泡沫胶条，防止拼缝位置漏浆。

模板拆除时松全部螺栓，先拆除平模，再拆除凸模，拆除后的模板要进行清理后及时使用，不急于使用的模板应下垫上盖存放得当，避免生锈（图 1.11.2-4、图 1.11.2-5）。

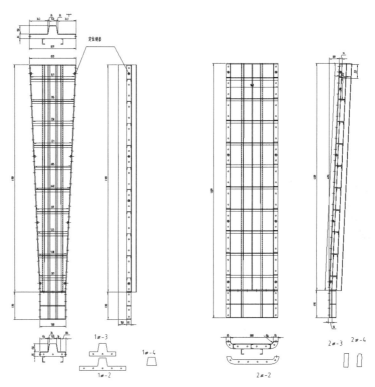

图 1.11.2-4　带造型凸模　　　　　　　图 1.11.2-5　带圆弧平模

（2）雨棚伸缩缝优化技术

霸州北站站台雨棚长度 450m，为克服超长结构使用过程中的变形、开裂，雨棚结构每隔 40m 左右设置一道伸缩缝，缝宽 200mm。传统伸缩缝面板采用不锈钢板装饰，固定方式多采用膨胀螺栓、塑料膨胀管螺钉、自攻螺钉，使用过程中温度变形、振动荷载均会导致紧固件松动脱落，产生渗水隐患，影响行车安全。

伸缩缝优化思路：从伸缩缝原始功能出发，考虑防水及装饰效果，决定摒弃以往

"堵""封"的方案，采用"简约""去繁"的思想优化设计伸缩缝节点，减少固定措施，加强防水节点构造。

在需设伸缩缝的位置，随混凝土屋面板结构一次成型互压式盖板，盖板覆盖伸缩缝位置。此种新型伸缩缝方案既起到伸缩缝变形的功能，又与整体结构合为一体。如图 1.11.2-6 所示。

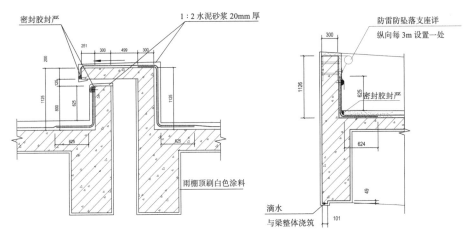

图 1.11.2-6　伸缩缝屋面板优化

新型伸缩缝两侧的屋面板相对独立，不会因热胀冷缩开裂或产生渗漏水隐患。既满足了结构功能需求，又便于后期的维护修缮，也起到了良好的装饰效果（图 1.11.2-7）。

图 1.11.2-7　伸缩缝实际效果

1.12　新型幕墙体系技术

新时代，铁路站房建筑形态丰富，地域文化气息浓厚，每座站房都独具特色。站房幕墙体系都进行了大量设计和施工技术上的创新；如雄安站的通透索幕墙、丰台站的框式幕墙、清河站的大面积通透幕墙、随州南站的开花膜幕墙、江门站的发散柱幕墙、西双版纳站的孔雀开屏、益阳南站的竹编幕墙、杭州西站的云谷幕墙等，都具有强烈的文化艺术和功能特色。新型幕墙体系在节点设计、体系构造和实施优化方面存在诸多创新之处。

1.12.1 清河站大倾角反装式玻璃幕墙体系技术

1. 大倾角反装幕墙特征

新建京张高铁清河站主站房采用"A"形巨柱作为建筑结构承重柱，"A"形柱西侧支腿倾斜角度与建筑倾斜角度吻合，结构构件融合于建筑立面，为结构体系提供有效抗侧力支撑及竖向支撑，实现建筑、结构高度统一。站房西立面玻璃幕墙玻璃为室内安装法，面积 7430m²，幕墙安装工程最大安装高度 43.66m，斜面玻璃倾斜角度为 67°，采用单元式明框玻璃幕墙反向安装。

幕墙体系玻璃为 10Low-E+12Ar+6+1.52pvb+6mm 双银超白玻璃、横向龙骨 100mm×150mm×5mm 热镀锌钢方管，表面中灰深氟碳喷涂，通过 8mm 厚弯折钢板与主体钢结构相连，玻璃底座通过十字连接钢板与幕墙横梁相连。为确保幕墙的安全性，玻璃采用钢化中空夹层超白玻璃，减少玻璃自爆率，玻璃四周增加铝合金防脱落卡扣，扣座通长设计。为有效防止幕墙渗漏，铝合金型材采用三角形，型材与抗风结构通过十字形连接钢板进行螺栓连接，多重结构自防水措施，防止斜向幕墙的雨水渗漏（图 1.12.1-1）。

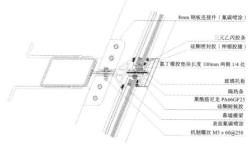

图 1.12.1-1　反装式幕墙体系示意

单元式明框玻璃幕墙反向安装，龙骨及抗风结构兼用于固定幕墙及遮光百叶，室内效果纯净平滑，室外结构简洁。遮阳百叶传力给幕墙结构，幕墙结构再传力给主站房结构，提高斜装玻璃幕墙抗变形能力。

西立面反装式玻璃幕墙与智能遮阳百叶一体化设计施工，幕墙抗风结构及杆件在室外侧与主钢结构固定，玻璃形成完整平滑面朝向室内，可调活动式外遮阳系统可根据阳光照射角度自动调节，实现遮阳效果；百叶叶片为冲孔铝合金翼帘形叶片，可有效控制光线，遮阳效果均匀，建筑遮阳构件有规律地变化和重复，呈现出渐变效果的韵律美。通过色彩、材质、构图等形成的节奏感，使建筑产生动中有静、静中有动的韵律感（图 1.12.1-2）。

 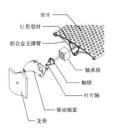 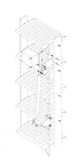

帘片
U形型材
铝合金支撑臂
轴承块
轴锁
叶片轴
驱动端盖
龙骨

图 1.12.1-2　遮阳百叶体系示意

西立面遮阳体系采用翼帘型 ASNH450 型智控遮阳系统，包含翼帘百叶片、固定系统配件、驱动杆系统、电机组件、智能控制系统等。翼帘百叶片宽度 450mm，叶片厚度 1.5mm，穿孔率 20%，表面 PVDF 涂层处理。智能控制具有自动控制、定时控制功能，可实现系统状态监测、遮阳分析、区域联动、消防联动及人为干预功能。遮阳百叶自动运行取决于建筑地理位置、立面朝向、太阳实时高度角和方位角，读取阳光感测器所提供的数值，经过电脑软件分析后、自动调节百叶的角度，特殊情况具备人为干预和定时功能。

2. 技术难点

站房西立面玻璃幕墙倾斜角度 67°，单元式明框玻璃幕墙反向安装，玻璃安装高度大、安全风险高，常规施工方法无法满足施工要求。

智能遮阳系统与幕墙体系一体化施工，需统筹考虑施工组织安排，连接节点可靠性及防水标准要求高。

3. 关键技术

（1）斜行电动吊篮辅助安装技术

大倾角斜向幕墙采用"电动吊篮＋牵引卷扬机"组合辅助安装技术，通过调整电动吊篮安装、作业方式，利用定滑轮组及卷扬机牵引动力，实现电动吊篮斜向爬行，幕墙安装方式灵活，室内外两向同时施工，提高施工效率。

采用 ZLP-800 系列高处作业吊篮，电动吊篮安装工作钢丝绳及安全钢丝绳，用钢丝绳穿过鸡心环并缠绕结构梁固定牢固。为防止吊点钢丝绳移动，选择有交叉梁位置固定，用钢丝绳拉紧。工作钢丝绳和安全钢丝绳另一端相应穿入电机和安全锁，由于工作面有 22° 倾斜，在吊篮升起时，为使吊篮顺利到达工作面，每台吊篮之间安装两根同向钢丝绳作为导向绳，在吊篮内侧栏体上安装导向三脚架，导向三脚架上安装导向滑轮，避免吊篮运行过程中对钢丝绳的磨损。导向绳的安装，首先把一端固定在结构梁上，用钢丝绳专用绳卡固定牢固，导向绳另一端安装在地面，固定在预埋件上，固定过程中用捯链将导向钢丝绳拉紧后，用钢丝绳专用绳卡固定牢固。

施工过程中，吊篮在 30m 以上导向绳受力最大，导向绳有相应的伸缩性，若距离工作面太远，可用绳索将吊篮辅助拉向工作面方向并拉紧。

为防止钢丝绳被刃面割伤并与钢结构绝缘，在钢丝绳上套设橡胶圆管，并在个别部位增设硬质橡胶垫。安全大绳顶端固定于结构梁并做安全防护措施（图 1.12.1-3、图 1.12.1-4）。

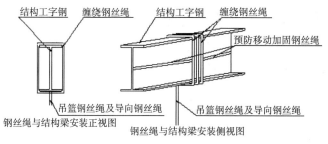

图 1.12.1-3 钢丝绳防割伤措施

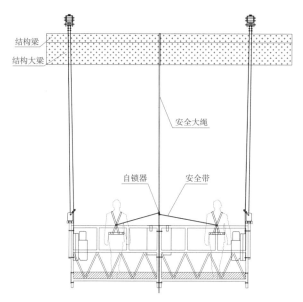

图 1.12.1-4 安全大绳固定示意图

（2）倾斜玻璃幕墙施工技术

幕墙玻璃吊装采用三个吊装点，第一个吊点固定于玻璃幕墙最上口，标高 37m 位置工字钢梁上，第二个吊点为 -3m 位置，第三个吊点为移动吊点，采用电动卷扬机进行吊装（图 1.12.1-5、图 1.12.1-6）。

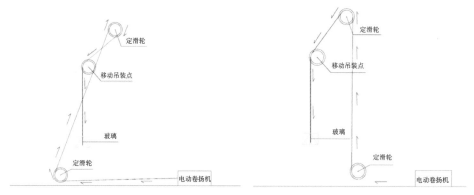

图 1.12.1-5 吊装钢丝绳走向图（工况一）   图 1.12.1-6 吊装钢丝绳走向图（工况二）

吊装玻璃时玻璃垂直上升，此处玻璃幕墙为斜面，室内采用悬挑移动吊装点，悬挑吊点主体为 50mm×50mm×4mm 钢方管，悬挑距离保证钢丝绳垂直吊装玻璃时能直接到达安装位置。

移动吊装点一端采用焊接方式固定滑轮，一端采用焊接方式与钢板固定。钢板采用螺栓与玻璃幕墙横龙骨固定（图 1.12.1-7、图 1.12.1-8）。

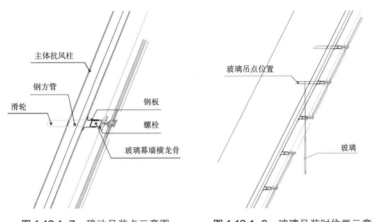

图 1.12.1-7　移动吊装点示意图　　　　图 1.12.1-8　玻璃吊装时位置示意图

玻璃安装自下而上，当安装完第一块玻璃时安装第二块玻璃，需要移动吊点，保证吊装玻璃能到达安装位置。

当玻璃到达安装位置时，玻璃还是垂直状态，此时需要对玻璃进行调整。安排 2 名工人站于铺设在百叶龙骨的脚手板上，将捯链固定于上方横龙骨上，使用玻璃吸盘将玻璃缓慢拉入安装位置，由 2 名工人在吊篮上安装玻璃托板及玻璃压板（图 1.12.1-9、图 1.12.1-10）。

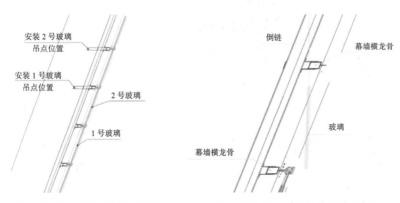

图 1.12.1-9　吊点移动后位置示意图　　　图 1.12.1-10　玻璃就位安装示意图

（3）遮阳百叶系统安装技术

电动遮阳百叶位于玻璃幕墙外侧，传动轴为系统的主受力构件，其强度须满足当地风压、静载荷或其他可能的载荷，通过连接片与抗风桁架固定。应避免铝材与碳钢之间的接触，防止电解腐蚀。智能电动遮阳百叶智控、消控系统接入到综控室，合理控制室内光照，减少建筑空调能耗和照明用电，起到夏日隔热遮阳，冬日保温采暖的效果。

1.12.2 杭州西站外云谷大曲率拱形幕墙施工技术

1. 大曲率拱形幕墙特征

杭州西站由湖杭场和杭临绩场组成，在两者之间为云谷空间，云谷从东西方向贯通，跨度 501m，高度 51.7m。

外云谷幕墙为竖明横拉杆的拱形玻璃幕墙和树权形双曲铝单板幕墙构成，玻璃幕墙竖向为明框，竖向龙骨通过定制 V 形支撑钢件与云谷主体钢结构连接，横梁拉杆采用 $\phi 8$ 不锈钢，隐藏在玻璃胶缝之间。云谷主体钢结构有很密集的圆管，整个外云谷玻璃幕墙没有横向龙骨，只有一层纵向龙骨，效果简洁、美观（图 1.12.2-1、图 1.12.2-2）。

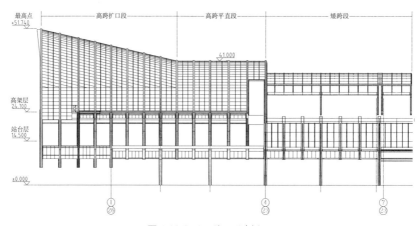

图 1.12.2-1 外云谷侧立面

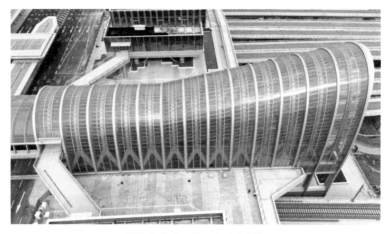

图 1.12.2-2 外云谷玻璃幕墙

2. 技术难点

外云谷拱高跨段由拱形铝板和曲面玻璃幕组成，装饰面由外向内共有 4 个层级关系，依次是:主拱封盖完成面、拱顶玻璃完成面、次拱上表完成面、拱底板完成面;图 1.12.2-3 所示是外云谷铝板、玻璃幕墙构造层次关系。

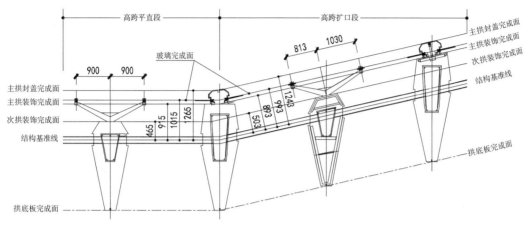

图 1.12.2-3 外云谷铝板、玻璃幕墙构造层次关系

外云谷高跨区最高点 51.74m,室内侧铝板安装和室外玻璃幕墙均为高空作业,且为曲面结构形式,作业条件难度大、危险性高。

外云谷拱高跨区主次拱连接处树权部位铝板线条较复杂、安装精度要求高、作业难度大。

高跨区渐变曲面玻璃幕墙安装难度大、高空作业安全风险大。外云谷高跨度区域均按照玻璃面积不超过 2.5m² 设计,为达到幕墙整体尺度适宜的效果,在分格和龙骨的布置上做了优化。外云谷玻璃幕墙玻璃由两侧拱形钢龙骨双短边固定,横向钢龙骨取消,玻璃短边承受几乎所有的各种载荷,对玻璃的挠度控制要求更高。单块玻璃 2.5m²,采用了 10+1.92PVB+10mm 超白镀膜钢化夹胶玻璃,以此减小玻璃因为自重、风压、雪压等荷载而产生的挠度。

3. 关键技术

(1)拱形铝板分格研究

铝板面材分格划分,面材划块过大,对铝板加工、运输及安装都有很大影响,可能超出加工能力,增加运输及安装的费用;若面材划块过小,则可能拼缝过多顺滑度不够、影响整体视觉效果;因此面材划分应大小适中,本项目拱体铝板段原定 5 等分、7 等分、9 等分之间做施工合理性分析和效果分析。结合钢结构圆管的位置最终选择 9 等分铝板的效果。因铝板呈现拱形,分格呈现放射状,铝板宽度多数在 1m 左右,局部铝板弧长最长达到 8.2m,最短的弧长达到 3m。

铝板分缝逻辑:拱体铝板的分缝按照以下步骤和逻辑进行:

1)扩口段最低跨拱底板 9 等分;然后将拱体作径向分格。

2)扩口段最高跨拱底板 9 等分;然后将供体作径向分格。

3)将最低跨和最高跨的 9 等分线依次连接,建立 8 个空间剖切面。

4)模型剖切;模型剖切后会得到一个任意视角都视觉连续的铝板分缝效果

（图 1.12.2-4、图 1.12.2-5）。

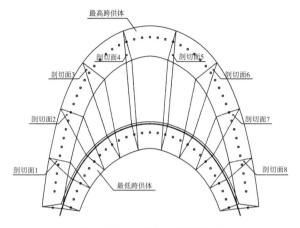

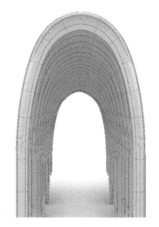

图 1.12.2-4　铝板分缝逻辑示意　　　　图 1.12.2-5　铝板分缝模型效果

（2）结构拱外包铝板结构设计和细节处理

1）基于对视觉效果、施工周期以及施工措施等方面的综合考虑，铝板的拼装结构设计成小单元形式，以方便加工和吊装（图 1.12.2-6、图 1.12.2-7）。

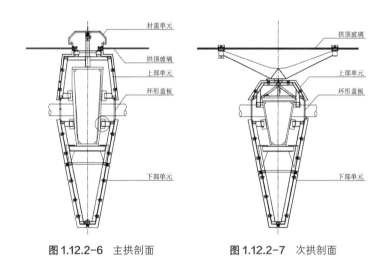

图 1.12.2-6　主拱剖面　　　　图 1.12.2-7　次拱剖面

2）铝板的折边和构造缝：本工程铝板零件多为大尺寸面板，将折边尺寸适度加大会提高铝板的折边刚度，有利于获得更加顺滑的板面效果，本工程的铝板折边根据设计需要设计控制在 50～75mm 之间；同时考虑到外观的整洁，在防水胶缝的外部加设了一道三元乙丙胶条。

（3）典型树杈造型铝板构造和分解

1）云谷铝板的造型主要分为三个部分，以树杈造型作为一个界线，树杈造型以下为平直段铝板，树杈造型以上为拱形铝板，树杈造型为连接部位。单侧 12 个树杈形铝板造型依次渐变，每块铝板的长宽尺寸及扭曲方向均不相同（图 1.12.2-8、图 1.12.2-9）。

图 1.12.2-8 单侧 12 树杈造型三视图

每个树杈形铝板都由 12 块铝板和 4 个焊接的钢架组合而成。因铝板设计为单元板块，同时铝板采用侧向固定，钢龙骨骨架焊接好后，再将铝板及单元内的三元乙丙胶条安装到位，所有的工序流程均在地面操作，减少了高空作业的工序数量和难度。铝板采用侧向固定，铝板的角码与龙骨之间距离可以有一定的偏差，故在调节范围内的弧形钢龙骨优化为直龙骨，优化拉弯钢材的数量，降低工序数量和难度，缩短龙骨钢架加工和制作周期（图 1.12.2-10、图 1.12.2-11）。

图 1.12.2-9 单个树杈造型

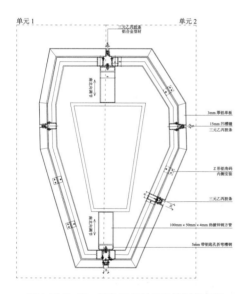

图 1.12.2-10 室外云谷树杈段横剖节点图

图 1.12.2-11 铝板单元三维工程图

2）铝板安装整体设计

因为整个云谷的铝板呈现拱形，因此铝板单元采用侧面平推的方式调整东西向的位置，按照模型中的位置调整钢制底座的长度以调节南北向的位置，在钢制底座上设置竖向钥匙孔微调单元板块上下的位置，以确保铝板单元能够具备一定的微调功能。铝板的定位则通过犀牛（Rhino）模型生成四个定位角点的三维坐标，结合现场全站仪的三维测量定位能力，将铝板单元安装到对应位置。只有将每个单元都安装完才能得到流畅的整体弧形造型和均匀一致的拼缝（图 1.12.2-12、图 1.12.2-13）。

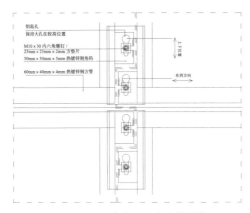

图 1.12.2-12　铝板单元的安装调节图　　　　图 1.12.2-13　单元安装定位点

（4）玻璃幕墙龙骨与钢结构外露杆件效果优化

在样板阶段，在玻璃幕墙方面，按照原施工图的横、竖向均为明框的玻璃幕墙做了一部分，现场看样发现效果不理想。幕墙横向龙骨与钢结构 $\phi180\times12$ 圆管形成了一个错乱效果，因为幕墙横龙骨贴近玻璃面、钢结构圆管远离玻璃面 1m 左右，因此从不同角度看到的疏密效果不同而产生错乱（图 1.12.2-14、图 1.12.2-15）。

图 1.12.2-14　钢结构圆管（紫色）圆管与幕墙龙骨（绿色）原方案

图 1.12.2-15　钢结构圆管（紫色）圆管与幕墙龙骨（绿色）优化后

样板之后考虑减少横向杆件，因钢结构圆管是主体钢结构重要的受力构件，所以只能减少幕墙横向龙骨。在整个玻璃幕墙的受力体系中，横向钢龙骨也作为最主要的受力杆件，因此去掉横龙骨的方案也是相当困难。最终采取以下措施，最终这个组合的使用达到了隐藏横梁的效果。

1）玻璃加厚

从 6+2.28PVB+6mm 钢化夹胶超白玻璃改为 10mm 超白 +1.90PVB+10mm 超白镀膜钢化夹胶玻璃。玻璃最大尺寸为 2.2m×1m，取消了横向龙骨，玻璃由四边固定变成了双短边固定、玻璃挠度过大，加厚玻璃减少玻璃受到风、雪等荷载后产生的变形。

2）V 形撑的优化

拱形玻璃幕墙中间两道拱形龙骨由次拱顶部设置的 V 形撑结构支撑。由于外云谷拱为渐变体系 V 形撑的构件尺寸是不断变化的渐变尺寸构件，为了降低加工难度和模具费用，将 V 形撑由铸钢构件优化为组合焊接构件。用 5 块 5mm 钢板拼焊出一个完整的 V 形撑构件，经过打磨和喷漆工序，安装后构件的效果令人满意（图 1.12.2-16）。

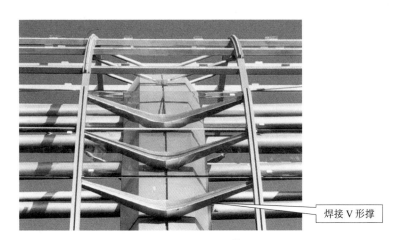

焊接 V 形撑

图 1.12.2-16　V 形撑图片

3）增加预应力拉杆，局部增加铝合金夹具

在 15mm 宽的玻璃板缝中嵌入 M8 不锈钢拉杆，用于平衡固定竖向龙骨的 V 形撑，将玻璃传导到 V 形撑上的扭矩转化为不锈钢拉杆的轴向力。因此在玻璃处于立面时，每隔 3m 左右增加一根不锈钢拉杆（图 1.12.2-17）。

而在玻璃处于顶部区域时，由于玻璃自重也加剧了玻璃中间下挠的程度，因此此区域每块玻璃胶缝中均设有不锈钢拉杆，并且每根不锈钢拉杆中位置均增加铝合金夹具。这样的设计是解决在载荷作用下，施加了预应力的拉杆刚度能对玻璃的挠度进行补偿，有限元分析结果表明，在玻

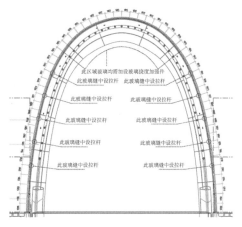

图 1.12.2-17　隐藏式横向拉杆设置位置

璃的初期变形阶段，拉杆的作用不甚明显，但随着玻璃变形的加大，预应力拉杆的抗挠作用将越来越显著；幕墙立面拱形玻璃自重由竖向龙骨处的钢托块承担，玻璃自重对挠度影响很小；拱顶玻璃长边无支撑龙骨，受自重影响特别大，故在顶部玻璃中间位置增加 50mm 长的铝合金夹具，通过 $\phi 8$ 不锈钢拉杆连接。玻璃的竖向型材装饰条跟随整个扭曲造型，将压板和装饰扣盖做成一个整体，然后在打钉位置用胶条做最后的填缝处理（图 1.12.2-18）。

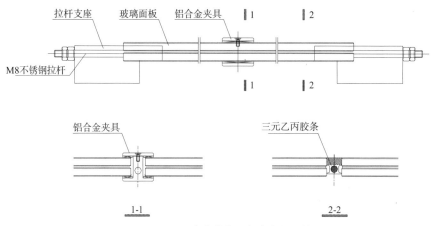

图 1.12.2-18　不锈钢拉杆及铝合金夹具详图

（5）铝板幕墙与钢结构外露构件交接处理优化

样板过程中，同时发现钢结构斜拉索太多及耳板尺寸太大，整个外露钢结构杆件的体量也偏大，影响了整个玻璃穹顶的主次关系，进而对钢结构的外露拉索和耳板进行了一些优化。

1）减少斜拉索数量

通过增加参与整体受力计算的圆钢管数量，弱化对部分原有拉索的受力需求，经结构专业验算，优化核减的拉索情况如图 1.12.2-19 所示。

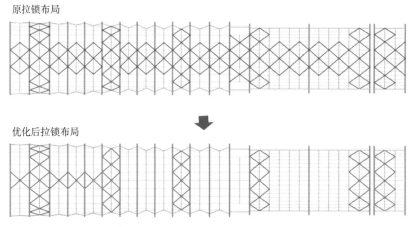

图 1.12.2-19　钢拉索布局优化前后对比

2）减小结构拉索耳板尺寸和位置

拉索索头与主体钢结构拱无干涉的前提下，尽量减少拉索耳板的尺寸（图1.12.2-20）。

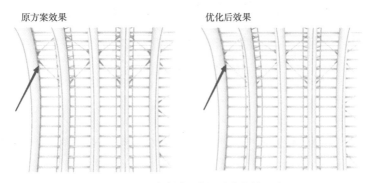

原方案效果　　　　　　优化后效果

图1.12.2-20 钢拉索耳板尺寸优化前后对比

调整斜拉索位置。主结构的稳定拉索有M30和M40两种型号，交叉布置的拉索和铝板装饰面产生大量的不规则的贯穿洞口，将斜拉索从圆管以外500mm改到靠近圆管内侧，将铝板与钢结构杆件的交接位置集中到圆管范围，采用预留安装缝隙的做法，通过建模将各拉索的最小需求洞口尺寸求出并考虑一定的施工误差，最终将洞口尺寸统一协调为265mm×90mm，用一条内凹的铝板收口，使钢结构和幕墙体系达到更协调、美观的效果（图1.12.2-21）。

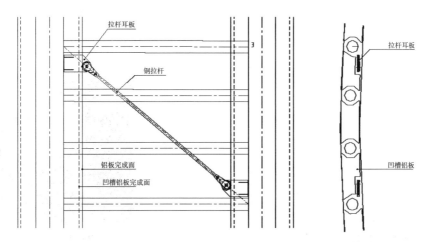

图1.12.2-21 钢拉索与钢结构圆管收口优化

（6）外云谷拱装配式安装技术

1）施工工序

测量、数据对比、模型修正→下料加工→铝板龙骨地面拼接→铝板地面拼装（验收）→下部铝板单元板块安装→外侧铝板单元安装→拱形玻璃幕墙安装→装饰扣盖铝板安装→打胶封闭。

外云谷拱铝板、玻璃幕墙构造体系如图1.12.2-22所示。

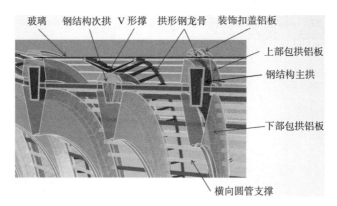

图 1.12.2-22　外云谷拱铝板、玻璃幕墙构造体系示意图

2）钢结构主拱三维扫描数据提取比对、模型修正

钢结构拱卸载之后，组织测绘人员对外云谷拱钢结构进行三维扫描，得出结果后，与 BIM 模型进行数据对比，无偏差可开展下步工序，如有偏差调整 BIM 模型数据，根据修正后的数据提交下料单（玻璃下料、钢龙骨制作安装等）。

3）铝板钢龙骨地面拼装

①地面清扫干净，制作面积 10m×10m，高度 800mm 的胎架一个。胎架要求上平面使用水准仪抄好水平，必须保证同一个平面；

②根据龙骨拉弯图，寻找对应半径的钢方管，并做好对应编号，随后根据下料图，切割对应长度的方管；

③根据龙骨拼接图及空间定位尺寸图，将下料好的拉弯龙骨进行拼接。随后复核拼接完成的空间尺寸，随后满焊（图 1.12.2-23、图 1.12.2-24）。

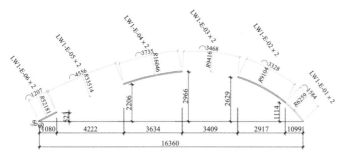

图 1.12.2-23　铝板拉弯龙骨拼接示意图

图 1.12.2-24　铝板龙骨单元地面拼装

4）铝板地面拼装

①根据铝板编号图找出铝板，找出对应拼接好的铝板龙骨；

②安装铝板，并用自攻螺钉固定于钢龙骨上（图 1.12.2-25）；

③验收。

5）铝板拼装单元板块整体吊装、固定

①利用卷扬机将整体铝板拼装单元板块提升至对应位置，电动（手工）葫芦调节到

图1.12.2-25 铝板地面拼装单元

标记点位置，利用钢方管临时将单元板块固定在钢结构杆件上，通过全站仪复核标记点、中部随机铝板面皮点；

②复核调节完成后，安装正式钢连接件，并焊接完成、做好防腐；

③依次根据上述步骤做好其他单元铝板板块的安装工作（图1.12.2-26）。

图1.12.2-26 铝板拼装单元吊装

（7）拱形玻璃幕墙安装技术

工艺流程：犀牛（Rhino）模型数据提取→下料加工（拉弯钢方管龙骨、曲面玻璃与拉弯铝合金底座）→V形撑安装→拱形钢龙骨地面拼接→拱形龙骨安装→横向拉索安装→拱形玻璃幕墙安装→横缝注胶封闭→铝板扣盖安装。

1）龙骨、玻璃下料加工：

在犀牛（Rhino）模型中对龙骨、V形撑、玻璃等材料拆分、提取的相关数据，根据相关数据形成下料单，提报相关工厂分别进行钢龙骨、V形撑、玻璃及铝合金底座的加工玻璃与拉弯铝合金底座的粘合工作必须在加工厂完成。

2）V形撑安装：

在钢结构次拱上定位放线，临时点焊固定V形撑，对V形撑安装表皮线型进行复测，调整定位后将 V 形撑满焊固定。

3）钢龙骨安装：

将拼接好的玻璃龙骨安装于预先做好的标记点处，并使用全站仪中段随机定位复核空间尺寸复核好空间定位后，使用方通转接件将竖向玻璃弯弧主龙骨连接于钢结构或 V 形撑上，并加焊（图 1.12.2-27）。

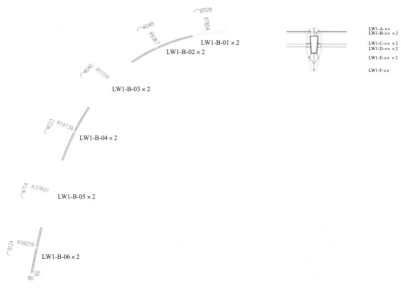

图 1.12.2-27　铝合金底座拉弯编号图

4）安装横向拉杆、铝合金托板：

根据施工图在竖向弯弧主龙骨上标记好分格尺寸焊接拉杆底座，安装 $\phi 8$ 不锈钢拉杆，并使用工具将丝杆拧紧。顶部区域在玻璃跨中需安装抗下挠铝合金托板（图 1.12.2-28）。

图 1.12.2-28　拉杆底座图

5）玻璃安装、玻璃缝打结构胶。

6）安装装饰扣盖，打密封胶。

外云谷室内实拍照片如图 1.12.2-29 所示。

图 1.12.2-29　外云谷室内实拍照片

1.12.3　随州南站索膜结构体系施工技术

1. 膜结构特征

随州南站为线侧平式站房，站房建筑面积 28928m²，建筑设计结合"千年银杏谷"地域文化特色，采用钢桁架"伞状单元体"单层双曲面 ETFE 索膜结构，展示出银杏叶的优美；索膜结构总面积 10800m²，单片膜最大尺寸达 13m×11.5m。现阶段国内膜结构领域普遍采用 PVC 膜结构，充气式膜结构，随州南站伞状大曲率负高斯 ETFE 索膜结构在站房大面积应用尚属国内首例，索膜柔性体系受力复杂，且要保证单元体的优美曲面形态和 24 个单元体的一致性（图 1.12.3-1、图 1.12.3-2）。

图 1.12.3-1　随州南站实景图

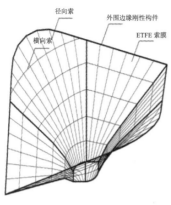

图 1.12.3-2　索膜体系及近景图

2. 技术难点

随州南站伞状钢结构、索膜结构复杂，ETFE 膜材物理力学性能复杂，结构体系设计难度大；须对复杂形体 ETFE 钢-索膜结构的结构设计手段及施工工艺进行革新，解决复杂形体 ETFE 钢-索膜结构设计及施工的技术瓶颈。结构体系设计和施工存在以下技术难点：

（1）大曲率负高斯单层双曲 ETFE 索膜结构为国内首例，ETFE 索膜结构徐变控制是行业难题，需研究一种经济适用的索膜协同受力体系，并对应力进行精确控制，保证膜材不发生明显徐变的情况下，达到设计大曲率膜面形态。

（2）针对国内首例大曲率负高斯单层双曲 ETFE 单层索膜结构体系，需要研究一种适用于此类结构体系的施工工艺及复杂张力体系的应力控制方法，在确保施工精度的同时提高施工效率。

（3）膜片边缘采用白色双曲铝板收边装饰，因铝板曲度须与膜面形态高度一致，加工精度要求极高，且檐口悬挑部分与线路基本重合，施工难度大。

（4）随州南站屋盖钢结构采用独具特色的伞状单元体结构形式，结构形体复杂、施工精度要求高、高空焊接量大、安装难度大。施工现场紧邻线路及市政广场施工场地，场地狭小，不利于钢结构现场拼装及吊装作业的开展。

3. 关键技术

（1）索膜结构形态受力分析及选择

1）深化设计数据分析

本工程使用膜材强度标准值为 23MPa，根据相应的折减系数，强度设计值为 2.8 ~ 5.6MPa，满足规程要求。在找形过程中，应控制索力及膜面应力均匀，膜面第一主应力控制在 5MPa 左右即满足设计要求。计算索、膜的内力和位移时，应考虑风荷载的动力效应，对骨架支撑膜结构风振系数取 1.2 ~ 1.5，本工程取 1.2。受荷载情况下索力应小于 67kN（应力 718MPa），膜面应力应小于 12.84MPa。结构选用钢拉索规格见表 1.12.3-1，布索形式为 2 种，ETFE 膜材初步选用 0.25mm、0.30mm 2 种。钢拉索弹性模量取 1.6×10^{11}Pa，膜材弹性模量取 6.5×10^{9}Pa。恒荷载认为是对结构有利的荷载，与风荷载的组合为 1.0× 恒 +1.0× 活 +1.4×0.6× 风荷载。计算主要受力结构的风荷载，其中，风荷载体型系数取 1.4；风压高度变化系数取 1.39；当地 50 年一遇的基本风压取 0.4kN/m²。

表 1.12.3-1

钢拉索规格

钢拉索公称直径 /mm	钢拉索结构	钢拉索有效截面积 /mm²	钢拉索最小破断力 /kN
12	1×19	93.3	134

2）膜形态找形分析

根据索膜结构受力方式，结合膜面形态要求，进行 2 种布索形式的研究（图 1.12.3-3）。

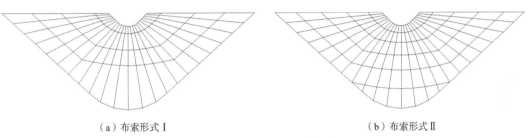

（a）布索形式 I   （b）布索形式 II

图 1.12.3-3 索膜结构布索形式

布索形式 I：

布置三道环索，分别选用 0.25mm、0.3mm 的 ETFE 膜材对该结构进行找形，找形结束后得到的索力及膜面应力见图 1.12.3-4。找形膜面应力均匀（最大相差 0.3MPa）且最大膜面应力为 5.03MPa，索力均匀（最大相差小于 1kN），满足成形态要求。

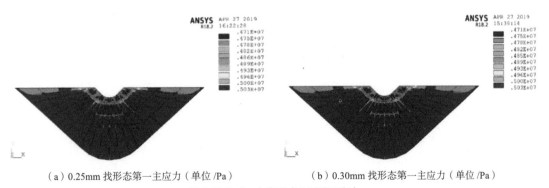

（a）0.25mm 找形态第一主应力（单位 /Pa）   （b）0.30mm 找形态第一主应力（单位 /Pa）

图 1.12.3-4 布索形式 I 时膜面应力

布索形式 II：

布置五道环索，分别选用 0.25mm、0.3mm 的 ETFE 膜材对该结构进行找形，找形结束后得到的索力及膜面应力见图 1.12.3-5。找形膜面应力均匀（最大相差 0.64MPa）且最大膜面应力为 5.63MPa，索力均匀（最大相差小于 3.1kN），满足成形态要求。

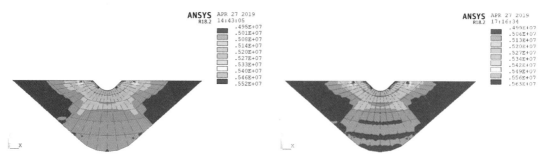

（a）0.25mm 找形态第一主应力（单位 /Pa）　　　　（b）0.30mm 找形态第一主应力（单位 /Pa）

图 1.12.3-5　布索形式Ⅱ时膜面应力

3）荷载态分析

对索膜结构进行荷载分析时考虑风压力荷载作用和风吸力荷载作用。

布索形式Ⅰ：

布索形式为Ⅰ时，当风荷载对结构的作用为压力时，结构的最大膜面应力见图 1.12.3-6，其中 0.30mm 厚度的 ETFE 膜材最大膜面应力为 8.59MPa，0.25mm 厚度的 ETFE 膜材的最大膜面应力为 10.20MPa，均满足膜结构设计要求。

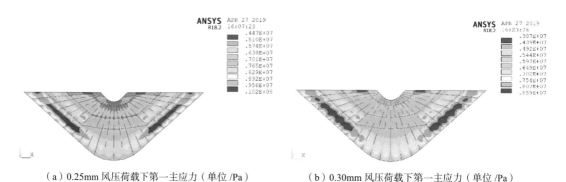

（a）0.25mm 风压荷载下第一主应力（单位 /Pa）　　　（b）0.30mm 风压荷载下第一主应力（单位 /Pa）

图 1.12.3-6　布索形式Ⅰ时膜面应力

如图 1.12.3-7，风压荷载下最大索轴力为 56.87kN，满足承载力设计要求；布索形式Ⅰ时，膜厚度变化对风压荷载下索结构的影响不明显。

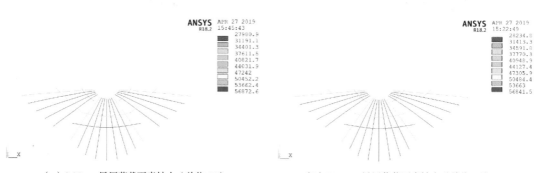

（a）0.25mm 风压荷载下索轴力（单位 /N）　　　（b）0.30mm 风压荷载下索轴力（单位 /N）

图 1.12.3-7　布索形式Ⅰ时索轴力

如图 1.12.3-8 所示，在风压荷载作用下对应 0.30mm 厚度的 ETFE 膜材，最大位移为 107.26mm，对应 0.25mm 厚度的 ETFE 膜材，最大膜面位移为 113.40mm（表 1.12.3-2）。

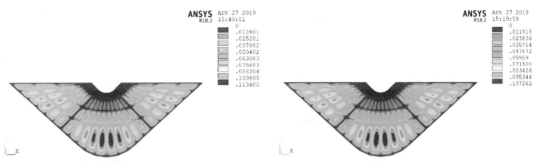

（a）0.25mm 风压荷载下结构位移（单位 /m）　　（b）0.30mm 风压荷载下结构位移（单位 /m）

图 1.12.3-8　布索形式 I 时结构位移

布索形式 I 在风压荷载下膜厚度对结构内力及位移的影响　　　表 1.12.3-2

ETFE 膜厚度 /mm	膜面应力 /MPa		索力 / kN		膜面位移 /mm	
	最大值	差值	最大值	差值	最大值	差值
0.3	8.59	1.61	56.84	0.03	107.26	6
0.25	10.20		56.87		113.40	

布索形式 II：

布索形式为 II 时，当风荷载对结构的作用为压力时，结构的最大膜面应力见图 1.12.3-9，其中 0.30mm 厚 ETFE 膜材，最大膜面应力为 8.89MPa，0.25mm 厚 ETFE 膜材的最大膜面应力为 9.76MPa，均满足膜结构设计要求。

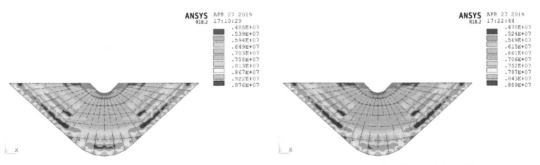

（a）0.25mm 风压荷载下第一主应力（单位 /Pa）　　（b）0.30mm 风压荷载下第一主应力（单位 /Pa）

图 1.12.3-9　布索形式 II 时膜面应力

如图 1.12.3-10 所示，不同膜材厚度间最大索力为 56.72kN，最小索力为 56.68kN，故膜材厚度对风压荷载下的索力影响较小，且每种都满足索承载力设计要求。

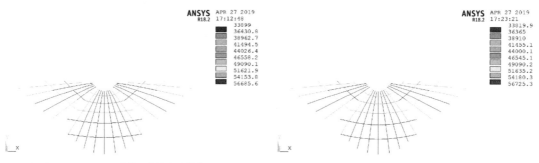

（a）0.25mm 风压荷载下索轴力（单位 /N）　　　　　（b）0.30mm 风压荷载下索轴力（单位 /N）

图 1.12.3-10 布索形式 II 时索轴力

如图 1.12.3-11 所示，在风压荷载作用下对应 0.30mm 厚 ETFE 膜材，最大膜面位移为 83.83mm，对应 0.25mm 厚 ETFE 膜材，最大膜面位移为 88.45mm，所以膜厚度的增加可以减小膜面位移（表 1.12.3-3）。

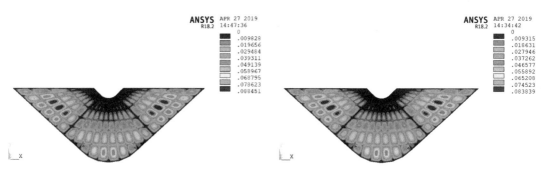

（a）0.25mm 风压荷载下结构位移（单位 /m）　　　　　（b）0.30mm 风压荷载下结构位移（单位 /m）

图 1.12.3-11 布索形式 II 时结构位移

布索形式 II 在风压荷载下膜厚度对结构内力及位移的影响　　　表 1.12.3-3

ETFE 膜厚度 /mm	膜面应力 /MPa		索力 / kN		膜面位移 /mm	
	最大值	差值	最大值	差值	最大值	差值
0.30	8.89	0.87	56.72	0.04	83.83	4.62
0.25	9.76		56.68		88.45	

4）热应力对 ETFE 索膜影响

根据既有资料 ETFE 膜的热膨胀系数为 $9.4 \times 10^{-5}/℃$，弹性模量 650MPa；钢拉索的热膨胀系数为 $1.2 \times 10^{-5}/℃$，弹性模量 1.3×10^{5}MPa。成形态时，膜面应力控制为 4MPa 左右，经过计算所得由温度引起的 ETFE 膜面应力变化，当温度升高 40℃时膜面应力大幅度降低最低至 0.076MPa，接近松弛；而当温度降低 40℃时膜面应力明显升高，最高可达 8.31MPa。

按照设计膜面应力张拉，可保证受温度影响既不至于松弛，又降低了膜面因应力过大而产生徐变的不利影响。

5）数据对比分析

选取 0.3mm 膜厚及布索形Ⅱ的 ANSYS 和 3D3S 结构模型，对比两者在风荷载作用下膜面应力、膜面位移及拉索索力的区别，具体数值见表 1.12.3-4。从表中可以看出，两种找形方法索力相差较小，均在 5% 以内；由于两种模型找形态膜面应力存在差别，两种模型膜面应力和膜面位移差距相对较大，但仍在 15% 范围以内。

两种找形方法结果对比   表 1.12.3-4

荷载形式	最大膜面应力 / MPa			最大膜面位移 / mm			最大拉索索力 / kN		
	ANSYS	3D3S	差值	ANSYS	3D3S	差值	ANSYS	3D3S	差值
风压荷载	8.89	10.24	13.2%	83.83	99.20	15.5%	56.72	59.33	4.4%
风吸荷载	9.49	10.03	5.3%	86.97	96.63	10.0%	68.76	71.46	3.8%

根据分析结果最终确定布索形式Ⅱ，索直径为 12mm，膜厚为 0.30mm 的方案。

（2）索膜结构安装及张拉形态控制

1）龙骨构件安装

采用卷扬提升方法安装龙骨构件，先在主结构上焊接钢龙骨连接件，通过电动葫芦将工厂预制好的钢构件提升至指定位置安装（图 1.12.3-12）。

施工人员在保证安全的前提下，先在主结构上焊接二次结构连接件，通过电动葫芦将工厂预支好的钢结构构件吊装至指定位置，再由操作人员安装二次构件（螺栓连接）。

图 1.12.3-12 龙骨构件安装示意

2）穿索及万向锁夹具应用

ETFE 膜材不可 90° 折叠，需在安装位置正下方留有足够的平面用于展开膜面、做穿钢索、固定夹具等工作。

竖向索穿膜之前，必须先把万向锁夹的位置标定好，竖向索一端固定，通过工具将钢索拉直，使用 50m 钢尺，根据设计下料图的数据，将万向锁夹的位置标定于竖向索上，见图 1.12.3-13。竖向索

图 1.12.3-13 穿索及万向锁应用

完全穿过索箍后，再固定另一端的锚头。

竖向索安装完成，即可安装横向索和万向锁夹，形成索网体系。形成索网时，万向锁夹必须对准拉索上的定位线，避免索长或者索短。

3）索膜高空安装

索膜采用卷扬提升的方式安装，膜片在地面整体穿索后，用小钢管固定，随后用电动葫芦缓慢提升至指定位置。提升前注意检查万向锁与ETFE膜接触面胶垫是否脱落，以防万向锁与膜面硬接触，损坏膜面（图1.12.3-14）。

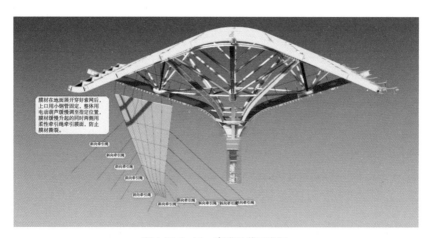

图1.12.3-14　索膜吊装示意图

4）索膜张拉

索膜张拉需要控制索力与膜面应力，索力、膜面应力均可通过伸长量控制。索膜结构需要逐级张拉，首先应将径向索索力张拉到设计值的10%后张拉横向索，且将横向索索力也张拉到设计值的10%。此时径向索应力重新分布，达到设计值的25%，继续将横向索索力张拉到设计值的80%，调节径向索锚具使径向索索力也达到设计值的80%。最后整体微调索网，使索力整体达到设计值的90%。

膜面的张拉通过拧紧与钢龙骨相连的螺栓实现，螺栓头的一端穿过定型铝夹具的卡槽，另一端通过螺母与二次钢结构相连。先将膜面应力张拉至设计应力的70%，然后调节膜面四周高强螺栓以及锚具，将膜面应力以及索力调节至设计值的100%（图1.12.3-15）。

索力通过测试仪可以直接测得，将索力测试仪的导轨卡到张拉好的钢索上，拧紧螺栓，即可显示此时钢索的拉力值。膜面应力的检测，采用膜面粘贴应变片法，现场监测。可选择典型的、关键的、具有代表性的几个"中间叶片""边缘叶片"对应力检测，若出现局部指标数值偏差，可通过电脑调试应变系统进行调整，调试正常后方可进行膜的固定及张拉。

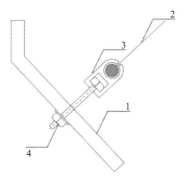

图1.12.3-15　膜边张拉示意

1—固定边界钢构件；2—膜面；3—膜面定型铝夹具；4—螺母

通过对ETFE膜材物理力学性能进行分析，围绕索膜结构体系的应力及徐变控制、形态表现及保持，对索膜结构体系的索网、各种五金件进行专门设计，施工中建立1∶1实体模型并开展现场应力监测，对大曲率负高斯单层ETFE索膜结构索网及膜面的张拉步骤、张拉数值进行研究及验证，总结形成索膜结构的张拉施工工艺和控制张拉变形量替代应力监测的膜面应力精确控制方法，引入三维扫描技术，利用数字化逆向建模技术复现索膜结构单体的形态，将模型数据膜结构BIM模型进行比对，以便于现场纠偏，形成一套经济适用的伞状单元单层双曲ETFE索膜结构受力体系及施工方法，实现了设计意图和完美的"银杏叶"建筑艺术效果。

1.12.4　江门站反向支撑弧形菱形幕墙技术

1. 菱形幕墙特征

江门站建筑面积4万 m^2，建筑高度31.7m，包括编织筒及支承网架组合结构，编织筒钢结构呈圆形，上大下小，上部为48片网壳形成的内嵌式网格，下部为主管及支管各24根组成的编织筒骨架。围护结构为玻璃幕墙，与编织筒钢结构分离嵌合，幕墙系统以编织筒钢结构作为主承力支承点，沿编织筒主钢管杆件内侧点支反向连接（图1）。玻璃幕墙总面积550m^2，8+12A+6+1.52PVB+6钢化中空夹胶Low-E玻璃，空间造型为双曲面，玻璃最大扭曲距离24mm，弧度最大15mm/m（图1.12.4-1）。

图 1.12.4-1　编织筒与弧形幕墙结构体系

依据编织筒状钢结构的圆弧形及三向曲面特点，幕墙结构突破传统平直平面的特性，衔接主体结构贴合设计成反向支撑菱形结构。此结构利于展现主体结构"编织筒"的效果，幕墙结构与主体钢结构相辅相成，较好地展现了仿生设计特点，兼顾较好的视觉观感。

外立面采用菱形作为基本单元，通过重复的排列，创造持续变化的立面系统，形成良好的视觉效果。为增加与编织筒钢结构的协调性，菱形幕墙相交处顺从编织筒钢管件弧度，形成协调性强的幕墙线条。

幕墙系统设计以编织筒结构作为主要的受力支撑点，借助主钢管结构依附于编织筒内侧，幕墙玻璃采用反向支撑设计，将玻璃体系设计于受力的主钢管结构和幕墙自身龙骨杆件中间，巧妙地将幕墙自身龙骨隐匿于室内和视野盲点范围内，如图1.12.4-2所示。

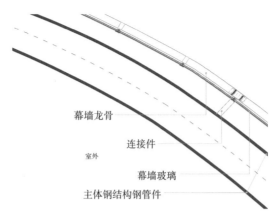

图 1.12.4-2　幕墙结构构造设计节点

2. 技术难点

（1）完美地实现弧形幕墙的曲面系统是一大技术难点。弧形玻璃最大扭曲距离 24mm，弯弧达 15mm/m，圆弧顺滑度误差小于 1mm。在曲面材料加工、龙骨弧形弯曲、节点连接等诸多方面予以技术研究。

（2）根据主体结构图纸理论尺寸、结合 BIM 模型进行幕墙深化设计，深化过程中综合考虑了幕墙线形、分割等外观美学因素，将玻璃主板块分割为 1575mm×1575mm 的标准尺寸，使固定玻璃板块的点支座与主体结构支撑杆件正交对接，实现幕墙与主体结构弧面造型的贴合。由于幕墙点支座是焊接在双向斜交形成的主体编织筒钢结构上，主体编织筒钢结构的施工误差将会对点支座的安装产生直接影响，点支座安装过程中必须进行重新定位调整，点支座的定位变化又将对幕墙线形、板块分割及后续玻璃板块下料尺寸产生直接影响。因此，点支座的精确定位是本幕墙系统的最大施工难点。

（3）菱形弧面幕墙板块固定驳接支座是本幕墙体系的又一大特点及难点。一般点式玻璃幕墙承支爪件是平面的，难以贴合弧形玻璃板块，势必产生附加应力，出现安全隐患，如图图 1.12.4-3 所示。另外，有部分玻璃贯穿结构杆件，该处玻璃的精准下料存在比较大的难度。

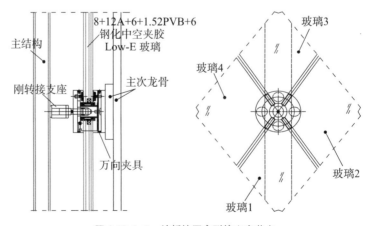

图 1.12.4-3　墙板块固定驳接支座节点

（4）技术要素与实现途径

曲面幕墙体系玻璃处理方法有以下几种：玻璃热弯法、折线拟合法、玻璃冷弯法等。玻璃热弯法和玻璃冷弯法是通过改变玻璃的平面特性来实现曲面或弧形的成形；折线拟合法是通过化弧面为平面，最终通过若干细小平面拟合为曲面或弧面，此方式不改变空间形状，通过化繁为简、化整为零的方式来实现。

1）玻璃热弯法，龙骨、玻璃在工厂热弯，现场安装。其主要方法为：深化主次龙骨并将深化加工图交予加工厂进行热弯加工，使用特制模具将玻璃热加工成设计形状，运输至施工现场安装。

2）折线拟合法，采用菱形玻璃折线拟合，其主要方法为：在主体结构上预埋幕墙埋件，焊接连接耳板；深化玻璃尺寸，以折代曲实现幕墙的曲面形态。

3）玻璃冷弯法，玻璃现场冷弯，直接安装，其主要方法为：深化主次龙骨并交予加工厂热弯加工；制作冷弯工装，安装玻璃。

对比分析上述方法的优缺点，玻璃冷弯法具备折线拟合的经济性，又具备热弯法较好的外观效果，可操作性强。

3. 关键技术

（1）点支座优化安装

点支座优化调整原则：为保证幕墙结构安全，点支座与主体结构杆件需有可靠的接触面，底座要确保能与圆管正交焊接，偏差不得超过 ±3mm，若偏差超过3mm需对支座在x、y方向上平移，并对支座连接进行加固处理；若严重偏离原结构杆件，则需对原结构杆件纠偏。支座在x、y方向调整规则为：首先保证圆管上同一水平方向点位标高一致，再确保斜面弧向的点位在圆管上连线为顺滑曲线，能保证在误差存在的前提下达到较好的视觉效果，如图 1.12.4-4 所示。

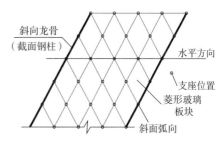

图 1.12.4-4　支座调整示意

依照以上方案在底座点焊安装完成后，在平台及各楼层进行多角度视觉观察，保证底座在玻璃分格上是顺畅弧线。如发现有明显偏离，要及时进行分析。如因结构误差引起，要及时调整结构；如因自身焊接原因引起，要尽快对底座进行调整。底座安装完成，确认无误后满焊，完成防锈处理后才能进行玻璃尺寸反馈。

（2）玻璃板块制作

菱形玻璃板块加工措施：菱形玻璃板块为四边形，且支撑点为4个角部，为解决尖角部应力集中现象，加工时对玻璃板块的4个角部进行反倒角处理，也便于更好地与万向支座更加贴合，有效解决了应力集中及不稳定的情况，如图1.12.4-5 所示。

（3）点式万向驳接支座应用

根据菱形玻璃幕墙的特点，采用万向驳接支座，主要由钢转接支座、球铰结构、圆筒芯、隔压板及装饰板构成，解决了与菱形玻璃板块的可靠连接问题。

图 1.12.4-5　反倒角处理

1）球铰结构的球缺平面部分贴合玻璃，由非金属材料（如尼龙）或软金属（如纯铝、铜等）制成，与玻璃为平面接触，有利于玻璃受力。该结构与夹具的前后压盖为球面接触，球铰靠专用球面螺栓连接在前后压盖上，即保证球铰灵活转动，又将铰接结构与夹具连接为整体，方便施工。

2）玻璃内外 2 个球缺连同中间夹持部分的玻璃厚度正好形成球体，球心接近玻璃厚度中心，玻璃可发生自由变形。该结构既有利于玻璃的转动，又保证玻璃与夹具有合理的接触面积。

3）夹具中每对玻璃球缺两侧的隔板也为非金属材料（如尼龙）制成，与夹具中间的圆筒芯一起对菱形玻璃幕墙板块形成三面合围，菱形玻璃板块下料时进行了反倒角处理（图 1.12.4-6），玻璃板块的每个角部可和夹具中间的圆筒芯保持很好的契合。

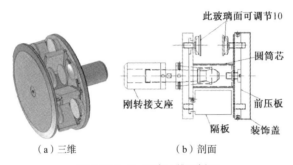

（a）三维　　　　　　（b）剖面

图 1.12.4-6 支座三维及剖面

（4）连接件贯穿玻璃处接驳处理

根据现场实际情况，钢结构连接件（25 圆管）贯穿玻璃幕墙，接驳主要有 A 、B 两种类型。类型 A 为贯穿 4 块玻璃，即连接杆件中心与玻璃板块点支座中心基本重合；类型 B 贯穿 2 块玻璃，即连接件杆件中心与玻璃板块点支座中心偏离，如图 1.12.4-7 所示。针对这 2 种贯穿类型，玻璃板块下料处理规则为：

1）A 型玻璃缺口形状为圆弧形，B 型玻璃缺口的形状为椭圆形；

2）对于开缺玻璃的测量数据，必须是玻璃放置到安装位置时的尺寸。

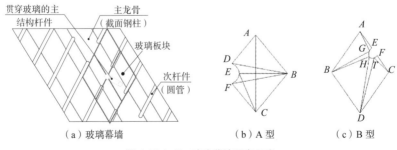

（a）玻璃幕墙　　　（b）A 型　　　（c）B 型

图 1.12.4-7 玻璃幕墙贯穿示意

江门火车站编织筒结构与配套的围护幕墙体系复杂，设计新颖，幕墙施工中解决了幕墙曲面弧度线型的实现、材料加工制作、点位误差控制、连接构造等诸多方面的问题，整体质量优异，较好地实现了设计效果。

1.12.5　西双版纳站倾斜双曲飞檐幕墙施工技术

1. 倾斜大弧形飞檐幕墙特征

中老铁路西双版纳站站房以"雀舞彩云，灵动版纳"为设计理念。屋顶采用中国红铝板，形态取自传统建筑重檐造型并加以抽象简化，端部起翘层叠挑出。中间弧形悬挑檐口由两侧向中间高高耸起，大角度扭曲的外立面造型形成了一种新的幕墙体系。这种新型体系不仅包含传统的幕墙功能，同时兼具传统屋面的功能。耸入云巅的外立面大尺度双曲"八字"造型是西双版纳站最具特点的部位，施工技术上极具挑战性（图 1.12.5-1）。

图 1.12.5-1　西双版纳站

2. 技术特征

西双版纳站中央大尺寸双曲"八字"造型幕墙，由两侧向中间高高耸起的悬挑钢桁架及装饰铝板组成，形成舒展大气的空间效果。"八字"造型最大悬挑长度 23m、纵向投影长度 63m、高差 18m。超大弦高双向八字造型钢桁架、大尺寸双曲面铝板的加工及安装，是影响外立面装饰效果的关键。为保证造型的精巧灵动，设计时尽可能地压缩了钢结构与铝板间的空间，尤其顶部区域更是没有可调节的尺度。

3. 关键施工技术

（1）设计优化

外檐"八字"造型原设计为铝单板饰面、同色胶缝，平滑曲面难以保证，同时由于铝单板分格较小、拼缝密集，影响整体效果。经过深化后将双曲铝单板改为加工精度高、刚度大的蜂窝铝板，胶缝由同色改为黑色。通过提高材质刚度，加大板幅尺寸及优化铝板胶缝颜色，保证外檐"八字"造型顺滑平整、层次分明、舒展大气的视觉美感（图 1.12.5-2、图 1.12.5-3）。

另外，倾斜幕墙较传统幕墙兼具了屋面功能，其构造做法融合了屋面系统的设计，增加了保温层、TPO 防水层等。西双版纳地区属于热带季风气候，雨期时间长达 6 个月，年降水量大，对倾斜幕墙的防渗漏要求较高，故在原 TPO 卷材防水层上面优化增加镀铝锌板防水附加层，并采用无穿孔机械固定方法施工 TPO 卷材，减少渗漏隐患（图 1.12.5-4）。

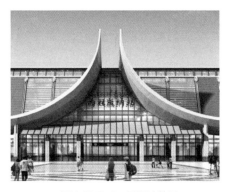

图 1.12.5-2　原设计效果

图 1.12.5-3　优化后效果

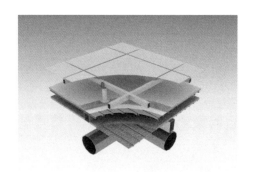

图 1.12.5-4　幕墙构造示意

（2）超大弦高双向"八字"造型钢桁架安装技术

西双版纳站钢结构为桁架体系，受建筑形态及受力体系影响，在设计时悬挑飞檐、多重翘角及内外"八字"等造型均为大尺度复杂曲面，标高定位复杂、焊接工作量大，精度标准要求高。提高钢桁架的安装精度是"八字"造型幕墙能够完美呈现设计意图的基础。为了高标准完成钢结构的安装，利用 Tekla 软件模拟钢结构实际工况，进行结构整体、细部节点高精度建模与出图（图 1.12.5-5）。

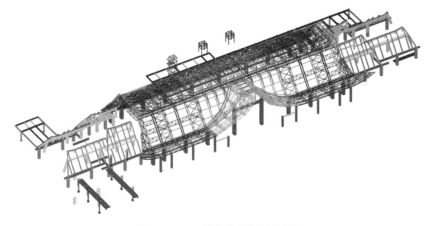

图 1.12.5-5　深化模型整体轴侧图

利用深化图进行表达，确定合理的分段与工厂组拼划分。采用 Midas 计算分析软件进行施工过程仿真分析，支撑体系验算，确保八字造型安装精度。通过多种安装方案的比选优化，最终采用地面分块拼装、单元吊装、空中组拼的综合技术，攻克了复杂屋面钢桁架体系安装的技术难题（图 1.12.5-6）。

图 1.12.5-6　钢结构安装三维模拟图

（3）三维建模及三维点云扫描技术

采用犀牛（Rhino）三维建模软件对幕墙整体建模，建立理论模型。由于"八字"造型钢结构与铝板间的空间较小，尤其顶部区域厚度极薄，蜂窝板到结构之间的空间被压缩到了极限，为避免钢桁架安装偏差导致铝板无法安装的情况，现场应用了三维点云扫描技术，对钢桁架安装精度进行复核。将测量数据导入理论模型，进行分析比对。在偏差大的位置，对比理论剖面和实际龙骨扫描剖面，调整幕墙龙骨长度以控制蜂窝铝板的完成面。按照扫描数据处理好局部偏差后植入龙骨模型，然后再放入蜂窝板模型合模，形成最终三维模型后，利用犀牛（Rhino）软件进行排版、下料（图 1.12.5-7、图 1.12.5-8）。

图 1.12.5-7　三维扫描数据点云图

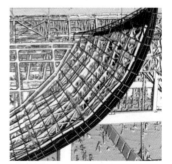

图 1.12.5-8　龙骨铝板合模图

（4）空间精准定位技术

在犀牛（Rhino）软件中以地面为基准面向每一块双曲铝板投射空间坐标点位，并在三维模型上标注翘起角度及空间定位高度，用于现场双曲铝板吊装定位，保证板块不同角度均能保持顺直和平滑。现场实施控制，对每一板块的空间坐标进行测量，通过施测近 9000 个定位控制点，保证了幕墙龙骨偏差控制在 5mm 之内，安装完成后整体效果刚劲有力、宏伟大气（图 1.12.5-9）。

图 1.12.5-9　八字造型幕墙侧视实景图

（5）TPO 卷材无穿孔机械固定技术

为达到更高的抗风揭等级，原设计需将卷材裁剪成 1000mm 宽幅铺设，卷材拼接缝增多，漏水隐患随之增大，且 TPO 卷材宽幅优势难以体现。施工中采用无穿孔机械固定技术，不用考虑卷材幅宽问题，仅需在风荷载大的区域增加紧固件数量，既能达到抗风揭的设计要求，也减少了渗漏隐患。无穿孔焊接是一种热熔措施，当焊接设备感应面接触到带有涂层的垫片时，会瞬间产生强力热能，将 TPO 防水卷材背面与垫片热熔焊接在一起，起到固定作用（图 1.12.5-10）。

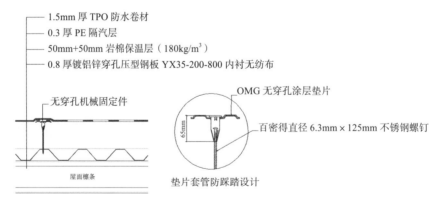

图 1.12.5-10　无穿孔机械固定示意

（6）镀铝锌板防水附加层技术

西双版纳属亚热带季风气候，降水量大，防渗漏要求严格，为解决站房漏水隐患，经过反复试验，在原有的 TPO 防水层上方铝单板的龙骨上方再铺设一道 1.0mm 厚的镀铝锌板防水层，通过不锈钢自攻钉固定在铝单板龙骨上，螺钉处安装 2mm 丁基胶带防水，镀铝锌板上下搭接 20mm，在接缝处用耐候密封胶处理。镀铝锌板不仅增加了一层防水保障，更在施工过程中有效保护了 TPO 防水卷材的成品，增强了其耐久性。因镀铝锌板表面非常光滑，为方便面层铝板施工，镀铝锌板与面层铝板的铺设交替进行，即先铺设一段镀铝锌板后随即开始铝板面层安装，铝板安装完成后再铺设下一段镀铝锌板，依次交替进行（图1.12.5-11、图1.12.5-12）。

图1.12.5-11　镀铝锌板构造层模型图

图1.12.5-12　镀铝锌板构造层模型图

1.12.6　平潭站"石头厝"幕墙技术

1."石头厝"幕墙特征

平潭站外形设计形式新颖、恢宏，外墙借鉴平潭传统民居——"石头厝"形式饰面，辅以独具海洋特色的灯塔造型旗楼，整体造型独具浓厚的海岛特色（图1.12.6-1、图1.12.6-2）。

图1.12.6-1　平潭站

图1.12.6-2　"石头厝"民居

2. 技术难点

平潭站总体造型以"海坛千礁 丝路扬帆"为设计主题定位，站房立面突出"石头厝"这一平潭独特的旅游景观与文化品牌，结合国际旅游岛要求，采用平潭骑楼的人文景观和文化内涵，设两座塔楼，象征着两岸同胞互通航路上的灯塔，与车站广场以"石头厝"为主题的街区设计相互辉映，充分响应了国铁集团畅通融合的指导方针。

传统的"石头厝"墙面采用不规则片石堆砌、砂浆勾勒而成，浑然天成，具有强烈的自然肌理，对于站房这样一个大体量公共建筑而言，完全模仿矮小的传统民居，用片石堆砌显然难以实现，因此，在深刻理解站房建筑立意的基础上，实现好建筑立面表现成为深化设计和施工的难题。

"石头厝"墙面的难点在于板块厚度、大小、重量、色彩、肌理较传统幕墙有非常大的区别，为实现建筑效果，更彻底地模拟"石头厝"的原始肌理，需深入调研考察国内各类型厂家，比较了人工水泥预制墙板系统、蒸压陶瓷预制系统等现代技术，并需综合考虑到耐久性和色彩的实现度，仍然是石材幕墙能够更好表现出"石头厝"的原始效果。

3. 关键技术

（1）外墙总体布局进行两次排版优化

原设计外墙"石头厝"造型是一个概念化的实现方案，意图采用标准化的组合排版方式实现无规则建筑饰面，石板大小、缝隙宽度均待现场实施时进行优化和处理，在实施过程中，根据样板来确定"石头厝"墙面的实现形式，选择合适的板块大小和缝宽，进行全立面无规则排版设计，既体现"石头厝"的原始风貌，又要根据建筑体量表现出其大型公共建筑的气势和气度，施工过程中，对墙面所有板块逐一排版编号，确保整体艺术造型的实现（图 1.12.6-3 ~图 1.12.6-6）。

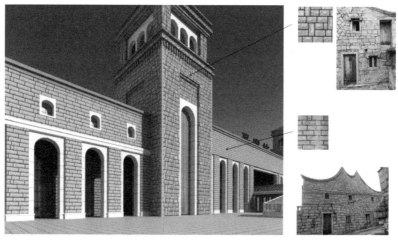

图 1.12.6-3 原设计及当地"石头厝"文化提取

（2）对"石头厝"实现方式进行优化

"石头厝"墙面的难点在于：一是龙骨系统较传统干挂墙面更粗大，二是龙骨系统需充分考虑海洋环境防腐防风性能，三是板块厚度、大小、重量、色彩、肌理较传统幕墙

混色系排版比较　　暖色系和冷色系排版比较　　窄缝排版比较

图 1.12.6-4　第一次样板施工对比

图 1.12.6-5　第二次样板施工对比（排版及版块大小对比）

侧立面实景图

立面实景图

图 1.12.6-6　"石头厝"幕墙整体效果

有非常大的区别，为实现建筑效果，更彻底地模拟"石头厝"的原始肌理，深化和施工中针对上述三个问题进行重点研究：

1）石材幕墙龙骨系统：考虑到平潭岛处于地震影响区且石材板块最重达 235kg，需进行专项抗震、抗风设计和计算，竖向主龙骨采用 160mm×80mm×4mm 热镀锌方管；横龙骨采用 63mm×63mm×5mm 热镀锌角钢；板块干挂采用不锈钢背栓系统。

2）龙骨防风防腐研究：龙骨全部采用 100μm 热镀锌处理；焊接节点均需逐一敲除焊渣满涂无机富锌环氧防腐漆；板面缝密封处理，防止进水进风。

3）石材板块工艺处理：工程石材板块最大 1900mm×1200mm；石材厚度最大 10cm，最重达 235kg；整个幕墙石材板块约 21000 块，板块表面选用蘑菇面、火烧面、荔枝面、人工劈裂处理等多种工艺组合，意图在传统自然肌理的基础上予以优化提升，人工现场剔凿石材达 7500 块；板块颜色采用白麻、深虾红、浅虾红、灰麻、青石等多种色彩组合而成，延续传统无规则"石头厝"墙面石材肌理。

（3）"石头厝"勾缝处理艺术

深入研究传统民居"石头厝"的特征，其最大的特点有三个，一是石头的无规则，二是勾缝的无规则，三是缝宽较大；现代幕墙体系要实现无规则的大宽缝系统，在工期有限的情况下基本不可能实现，勾缝的处理则成了该幕墙系统重要的技术难点。

平潭站幕墙系统缝宽 4cm 以上，传统民居采用石材堆砌砂浆自然勾缝，很好实现，幕墙的宽缝系统则要考虑三个因素，一是自然肌理、二是防风防水性能、三是安全性，施工中研究了若干种处理方法，一是水泥勾缝、该处理方法自然肌理感最强，但存在脱落、收缩、渗水等难以解决的缺陷；二是石材嵌缝，模拟自然堆砌模式，但是改变了勾缝的肌理特征，也存在地震脱落的风险；三是采用灰色肌理金属条嵌缝，该类型轻薄、缝隙打胶处理、防风防水抗震，比较好地解决了勾缝处理难题（图 1.12.6-7～图 1.12.6-10）。

图 1.12.6-7　砂浆勾缝

图 1.12.6-8　石材条嵌缝

图 1.12.6-9　金属条嵌缝

图 1.12.6-10　缝隙曲折调整

（4）石材与玻璃幕墙组合结构形式下的复杂节点技术

门窗框与玻璃幕墙交界位置做内退处理，整体立面效果更强。石材伸入玻璃幕墙立挺侧面，采用与石材、铝型材均能粘结的密封耐候胶，确保石材幕墙与玻璃幕墙交接严密（图 1.12.6-11）。

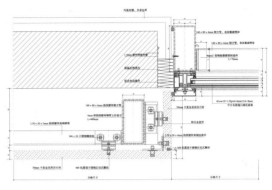

图 1.12.6-11　石材幕墙与玻璃幕墙交接节点

平潭站外幕墙门窗洞口造型借鉴传统"石头厝"墙面的暗窗洞处理手法，于高大形体上应用具有一定的简欧风格，窗洞口的收边石材我们力图还原传统民居墙洞特征，在施工优化过程中，采用灰白色石材大板密拼处理，弧形洞口采用放射型构造，完美实现了设计效果。石材排版科学美观，分缝均匀。按石材形状不同、重心不同，分别设计背栓点位、点数，确保牢固可靠。

门洞倒挂位置用高仿真仿石铝板，保证了安全的同时，使造型更加圆顺。门洞立面。柱子高耸挺拔，叠级丰富，与藻井顶棚结合，突出迎宾感和仪式感，庄重气派（图 1.12.6-12、图 1.12.6-13）。

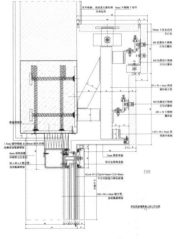

图 1.12.6-12　反吊方式铝板效果

为完美实现平潭站这种全国独一无二的建筑形式，在无传统经验可以借鉴的情况下，针对"石头厝"外墙的实现和建筑艺术提升开展了深入的创新研究，完美地实现了建筑设计所需要的效果。

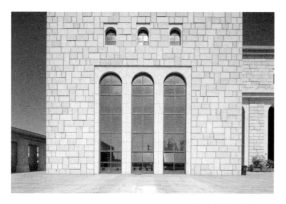
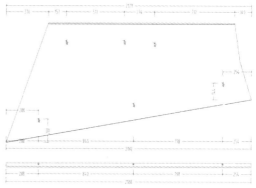

图 1.12.6-13　大尺寸异形石材排版

1.12.7　嘉兴站高透幕墙施工技术

1. 幕墙特征

嘉兴站新车站的站体设计为地面一层、地下多层，是中国首个半下沉式火车站，由 MAD 建筑事务所主持设计，焕然一新的嘉兴站也被称为"森林中的火车站"（图 1.12.7-1）。

嘉兴站新车站是国内首个立面全部采用通透设计的站房项目，总面积约 4000m²。全玻璃幕墙的高度为 4.6m，并且玻璃采用的是 10+2.28PVB+10Low-E+16Ar+10+2.28PVB+10mm 超白钢化夹胶中空玻璃，玻璃厚度大于 15mm（图 1.12.7-2）。

图 1.12.7-1　嘉兴站

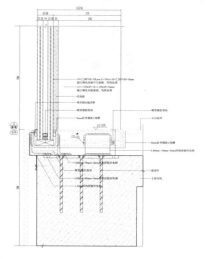

图 1.12.7-2　全玻幕墙

2. 技术特征

全玻璃幕墙是立面玻璃与支承结构均为玻璃的幕墙，支承结构为玻璃肋。根据玻璃肋与玻璃面板的位置关系，全玻璃幕墙有后置式、骑缝式、平齐式、突出式等4种（图1.12.7-3）。

后置式：玻璃肋置于面玻璃的后部，用密封胶与面玻璃粘接成一个整体。

骑缝式：玻璃肋位于面玻璃后部两块面玻璃接缝处，用密封胶将三块玻璃连接在一起，并将两块面玻璃之间的缝隙密封。

平齐式：玻璃肋位于两块面玻璃之间，玻璃肋的一边与面玻璃表面平齐，玻璃肋与两块面玻璃间用密封胶粘接并密封。这种形式由于面玻璃与玻璃肋侧面透光厚度不一样，会在视觉上产生色差。

突出式：玻璃肋位于两块面玻璃之间，两侧均突出大片玻璃表面，玻璃肋与面玻璃间用密封胶粘接并密封。

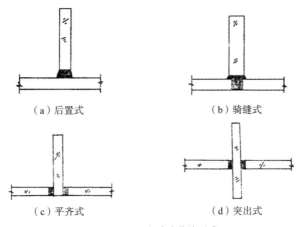

（a）后置式　　　　　　　　　　（b）骑缝式

（c）平齐式　　　　　　　　　　（d）突出式

图1.12.7-3　全玻璃幕墙形式

嘉兴站新站房采用骑缝式，玻璃肋位于两块面玻璃接缝的后部，两片面玻承受的水平荷载通过结构胶传递到玻璃上，玻璃肋相当于传统框架幕墙的立柱，玻璃肋上下两端铰接连接，玻璃肋上的荷载通过转接件传递到主体结构上（图1.12.7-4）。

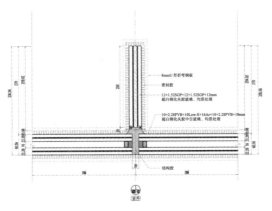

图1.12.7-4　骑缝式全玻幕墙

根据全玻璃幕墙高度的不同，玻璃的固定方式分为下坐式与吊挂式，当玻璃高度达到表 1.12.7-1 的高度时，全玻璃幕墙应该采用吊挂式。

玻璃采用吊挂式的高度			表 1.12.7-1
玻璃厚度（mm）	10，12	15	19
最大高度（m）	4.0	5.0	6.0

3. 关键技术

（1）嘉兴站的屋顶结构全部为钢结构，结构变形较大，全玻璃幕墙施工时，考虑主体钢结构的变形及施工误差，全玻璃幕墙与主体钢结构连接的转接件，采用横竖双向的长圆孔，用以吸收结构变形及施工误差，避免屋顶钢结构在屋面长期荷载作用及热胀冷缩的变形下，玻璃面板及玻璃肋受到挤压，导致玻璃破坏。

（2）全玻璃幕墙玻璃板块宽为 2.1m，高为 4.6m，面板为 4 片 10mm 厚的双夹胶玻璃，单块玻璃重约 1t，因为玻璃较重，传统的下坐式全玻璃幕墙，玻璃上下入槽的安装方法无法实施，深化设计中，优化上端 U 形槽，Z 形钢板先与固定玻璃肋的钢连接件焊接固定，当玻璃肋及相应的转接件均与主体结构固定好后，将玻璃面板从室外侧安装，工人通过玻璃吸盘将玻璃调整就位后，再在玻璃上部通过不锈钢螺栓把玻璃外侧钢板固定在 Z 形钢横梁上，将玻璃固定在 Z 形钢横梁与室外平钢板形成的 U 形槽内，后期玻璃破损后亦容易维护，只需将螺栓及室外钢板卸下来更换玻璃即可（图 1.12.7-5、图 1.12.7-6）。

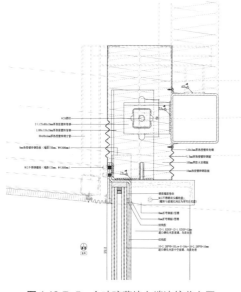

图 1.12.7-5　全玻璃幕墙上端连接节点图

图 1.12.7-6　全玻璃幕墙大面实景图

（3）下沉式新站房为地下一层，地上一层，并且与地下广场相连，复古站房与新建下沉式站房基础不同，之间设有沉降缝，在复古站房与北侧下沉式站房之间设有玻璃采光顶，采光顶钢龙骨在复古站房一侧设铰支座，在北侧下沉式站房一侧设滑动铰支座，有效地解决了两个不同基础的建筑变形问题。但是在北侧下沉式站房与复古站房相接处的展廊，即玻璃采光顶下方有一面全玻璃隔断，采光顶下部玻璃隔断底部连接在北侧下沉式站房的结构上，顶部连接在采光顶的钢梁上，采光顶钢梁本身就是跨变形缝的结构，玻璃隔断又要与之连接，所以玻璃隔断上端与采光顶的连接尤为重要。采光顶钢梁受两个结构的变形及热胀冷缩影响，会沿龙骨轴向变形及扭转，采光顶自重方向在风荷载作用下会产生竖向变形，所以玻璃隔断上端与采光顶的连接，既要吸收玻璃平面外方向的变形及扭转，又要考虑采光顶竖向的变形（图 1.12.7-7）。

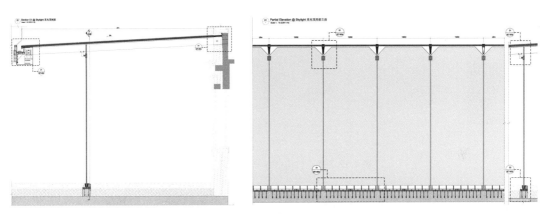

图 1.12.7-7　采光顶剖面立面示意图

　　因玻璃隔断上端要吸收多方变形，玻璃隔断下端也不能采用固接，我们在深化设计时，在玻璃的底部增加弧形钢支撑件，用以吸收玻璃隔断平面内位移，在玻璃的两侧同样增加了弧形钢支撑件，用以吸收玻璃隔断下端平面外位移（图 1.12.7-8）。

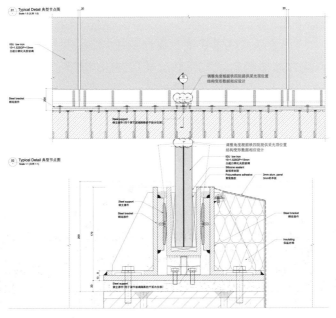

图 1.12.7-8　玻璃隔断下端固定方式

玻璃隔断上端与采光顶连接，距离需根据设计单位提供的采光顶位置结构变形数据确定。固定玻璃隔断上端的不锈钢玻璃夹，夹具上下移动尺寸亦需根据采光顶位置结构变形数据设计，驳接头旋转角度也需根据采光顶结构变形确定（图1.12.7-9）。

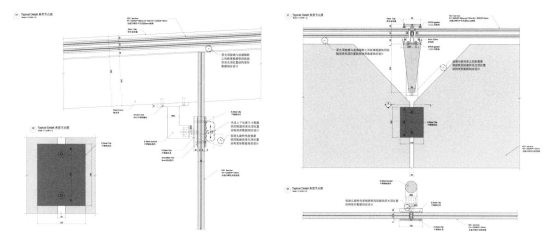

图1.12.7-9　玻璃隔断上端固定方式示意

1.12.8　自贡站可渐变六边形盐晶体玻璃幕墙技术

1. 车站建筑概况和幕墙特征

自贡站是大型高铁站房，站场规模4台8线，站房建筑面积34997.73m²，地下6854.69m²，地上28143.04m²；有柱雨棚建筑面积12401.6m²，无柱雨棚建筑面积8425m²。由高架站房、侧式站房、站台雨棚三部分组成。其中高架站房地上二层（局部设置夹层），地下一层，主体采用钢筋混凝土框架结构，屋盖采用钢桁架结构；侧式站房，地上六层，地下一层，主体采用钢筋混凝土框架剪力墙结构，屋盖采用钢网架结构；站台雨棚为单层异形混凝土结构。

车站外立面为六边形盐晶体幕墙系统，设计从盐的制作过程汲取灵感，整体造型简洁完整，以菱形体块寓意盐体结晶，"结晶体"从两侧向中间渐变，透明的部分逐渐变大，呈现出透明"盐田"的效果，幕墙效果由虚变实，颜色渐变过渡平均，寓意盐从卤水逐渐沉淀为晶体的过程（图1.12.8-1）。

图1.12.8-1　自贡站

2. 技术特征

（1）六边形盐晶体玻璃幕墙，要体现出渐变效果，从不同角度呈现出不同的色彩，随阳光、月色、灯光的变化给人以动态的美，展现建筑独特的视觉效果。

（2）盐晶体幕墙拼装快捷且精度高，玻璃单元和龙骨单元在工厂内完成，现场可实现装配式施工。

（3）采用 8mmLow-E+12Ar+8mm 中空钢化玻璃，盐晶体的渐变通过 Low-E 镀膜涂层来达到，制作玻璃时对表面着色的金属、金属氧化物调节有极高的要求（图 1.12.8-2）。

图 1.12.8-2　六边形盐晶体幕墙

3. 关键技术

玻璃通过调节 Low-E 金属膜系数、透光率及组合技术以达到幕墙的渐变效果，玻璃制作时表面着色，在玻璃表面涂敷金属或金属氧化物，形成透明、半透明或不透明的颜色涂层，从而实现玻璃反射的效果，达到幕墙渐变效果。

（1）玻璃的排版及膜系优化

根据颜色渐变的特征，对玻璃的排版进行优化，以斜向六边形贯通线为界线，分段分区排版，每一分区固定一色调，相邻区块衔接上一分区色调。每一分区幕墙通过改变该区玻璃的 Low-E 金属膜系数、透光率的技术指标实现不同的色调（图 1.12.8-3、图 1.12.8-4）。

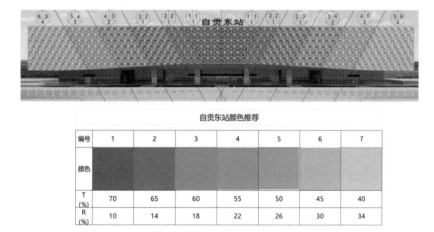

图 1.12.8-3　膜系调整

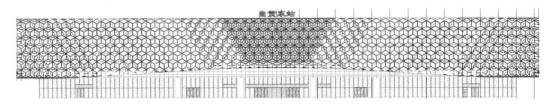

图1.12.8-4　玻璃排版

（2）龙骨安装调节与连接

菱形钢龙骨制作安装，钢龙骨及铝型材均在工厂切割加工，运输至现场焊接组装，组装完成后整体吊装，在上固定连接件处增加限位措施，并使用手动葫芦进行精确微调（图1.12.8-5）。

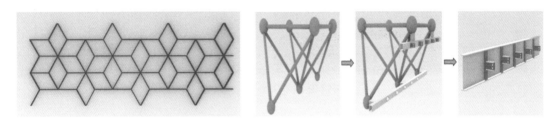

图1.12.8-5　龙骨整体拼装示意及龙骨与钢结构的连接示意图

钢龙骨立柱在地面焊接组装成型后整体吊装，将钢龙骨立柱与连接件螺栓相连。将钢龙骨立柱放在槽内，后再将螺栓拧到6分紧，进行上下、前后的调节。钢龙骨的安装依据竖向钢直线以及横向鱼丝线进行调节（图1.12.8-6）。

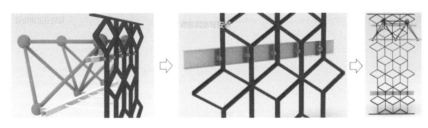

图1.12.8-6　龙骨安装示意图

（3）渐变玻璃技术特征

渐变玻璃采用8mmLow-E+12Ar+8mm中空钢化玻璃。主要工艺主要是用磁控溅射工艺生产。玻璃由上片设备送上传动系统，经过洗片系统对玻璃原片进行清洗后进入三个缓冲腔室。镀膜系统是一个连续的过程，即基片必须进入并离开高真空工艺区，同时对镀膜环境产生很小或没有影响。为了保持与大气环境的隔离，镀膜系统一般具有多个锁室，即进端锁室和缓冲室、出端锁室和缓冲室。所有室都利用一个机械密封门与相邻的室隔离开来，并保持压力差。进入高真空溅射镀膜区内，利用磁控溅射在玻璃上沉积十几种不同物质的膜层，并精准控制每层膜层厚度（纳米级别）。完成溅射镀膜后，再经过三个缓冲室，玻璃到达正常大气压状态后由收片系统收纳玻璃并包装。

针对达到渐变效果，共设计 9 款膜系玻璃达到渐变效果。每款玻璃严格控制数据梯度达到渐变效果。并且这 9 款膜系都是低辐射玻璃，可以限制太阳热辐射透过，达到夏季节省制冷空调费用的目的；还可以降低室内外温差传热，即限制冬期室内热量损失，达到降低冬期供暖费用的目的（表 1.12.8-1）。达到节能减排的效果，为"碳中和""碳达峰"做贡献。

玻璃性能数据表　　　　　　　　　　　　　　　表 1.12.8-1

玻璃品名	可见光（%）			太阳热能					美国 NFRC			中国 JGJ/T 151		备注
	透过率	反射率		反射率（%）	吸收率（%）	直接透过率（%）	总透过率（%）	总热能透过量 W/m²	U值冬 W/m²·k	U值夏 W/m²·k	遮阳系数	K值 W/m²·k	遮阳系数	
		室外	室内											
SCL-TSE41A-8+12A 氩 +SCL-8	38.65	10.59	36.91	17.34	53.33	29.33	34.50	262	1.59	1.59	0.40	1.60	0.41	自贡高铁特调 S1
SCL-TSE40B-8+12A 氩 +SCL-8	37.10	16.75	42.64	24.17	48.21	27.62	31.90	243	1.51	1.48	0.37	1.52	0.38	自贡高铁特调 S2
SCL-TSE40C02-8+12A 氩 +SCL-8	37.91	18.59	42.77	24.89	46.51	28.61	32.90	250	1.53	1.51	0.39	1.54	0.39	自贡高铁特调 S3
SCL-TSE38D-8+12A 氩 +SCL-8	31.61	21.45	37.41	27.70	49.42	22.88	27.10	208	1.48	1.44	0.31	1.49	0.33	自贡高铁特调 S4
SCL-TSE41E-8+12A 氩 +SCL-8	36.75	30.14	14.35	35.43	40.89	23.68	27.00	207	1.43	1.36	0.31	1.44	0.33	自贡高铁特调 S5
SCL-TRE41F-8+12A 氩 +SCL-8	36.73	33.25	17.46	39.43	37.64	22.93	25.90	198	1.40	1.33	0.30	1.42	0.32	自贡高铁特调 S6
SCL-TRE39F-8+12A 氩 +SCL-8	34.5	39.28	20.34	46.23	33.32	20.45	23.00	177	1.38	1.29	0.26	1.39	0.28	自贡高铁特调 S7
SCL-TRE36F-8+12A 氩 +SCL-8	29.08	50.94	35.77	55.54	27.56	16.90	19.00	147	1.36	1.26	0.22	1.37	0.23	自贡高铁特调 S8
SCL-TRE20F-8+12A 氩 +SCL-8	25.79	58.17	39.20	60.39	24.85	14.77	16.60	130	1.35	1.25	0.19	1.36	0.20	自贡高铁特调 S9

说明：以上参数计算采用劳伦斯·伯克利 LBNL 实验室计算软件 Win6.3。

（4）渐变玻璃板块安装（图 1.12.8-7）

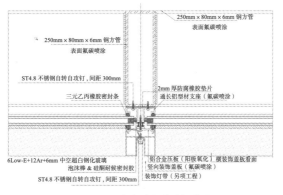

图 1.12.8-7　渐变玻璃幕墙标准节点图

1）横梁橡胶垫块的安装

在安装玻璃板片之前在横梁上先放上长度不小于 100mm 的氯丁橡胶垫块，垫块放置位置距边 1/4L 处，垫块长度不小于 100mm，厚度不小于 5mm。每块玻璃的垫块不得少于 2 块。

2）压板的安装

①在未装板块之前，先将压板固定在横梁、立柱上，拧到 50% 紧固值，压板以不落下为准。待玻璃板块安装后，左右、上下调整，调整完后再将螺栓拧紧。

②压板的安装应符合设计要求，连接压板与主体部分的螺栓间距不应大于 300mm，螺栓距压板端部的距离不应大于 50mm。隔热垫块根据螺栓数量进行布置。

3）玻璃的安装

①压板安装后，进行玻璃板块的安装，将玻璃板块轻轻地搁在横梁上向左右移动，推入到压板内。

②玻璃板块依据垂直分格钢丝线进行调节，调整好后拧紧螺栓。相邻二单元板高低差控制在 < 1mm，缝宽控制在 ±1mm。

③玻璃板块依据板片编号图进行安装，施工过程中不得将不同编号的板块进行互换。同时注意内外片的关系，防止玻璃安装后产生颜色变异（图 1.12.8-8）。

图 1.12.8-8　幕墙玻璃实景图

1.12.9　益阳南站空间交叉双曲网格幕墙技术

1. 双曲网格幕墙特征

益阳南站总建筑面积 35974m²，建筑总高度 26.845m，站房主体为 3 层，局部 4 层。主立面为空间双曲复杂交叉网格大悬挑编织体结构，建构一体化设计，由两根拱形箱形柱和 4 根双曲变截面大悬挑箱形柱及 2957 根 H 形杆件编织而成的网格弧面。编织体高度 26m，跨度 152.4m，自正负零楼板向 X、Y、Z 三个方向分别延伸 47.5m、15m、25m（图 1.12.9-1）。

主立面编织体幕墙系统采用拉索玻璃幕墙 + 明框玻璃幕墙。拉索幕墙系统采用 10Low-E+12A+10mm 中空超白钢化玻璃，ϕ36 不锈钢竖向拉索及 ϕ10 不锈钢横向拉索，拉索上端固定于主体钢结构，下端固定于门斗钢龙骨或主体混凝土梁上。明框玻璃幕墙

图 1.12.9-1　站房主立面图

龙骨固定于内层编织结构上，幕墙主次龙骨采用 80mm×80mm×4mm 钢方管，材质为 Q235B，玻璃采用 10Low-E+12A+10mm 中空超白钢化玻璃，玻璃分隔与编织体分隔一致（图 1.12.9-2、图 1.12.9-3）。

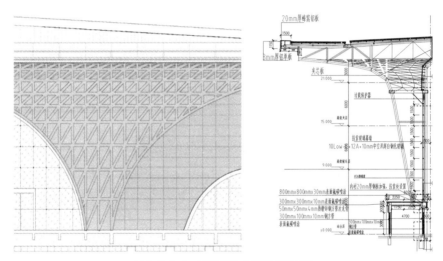

图 1.12.9-2　双曲网格内明框幕墙系统

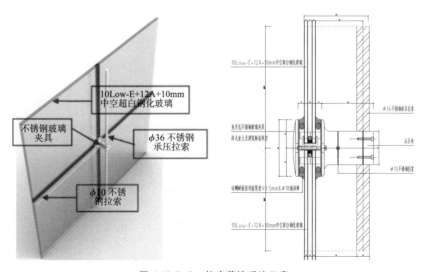

图 1.12.9-3　拉索幕墙系统示意

2. 技术难点

立面编织体高度 26m，跨度 152.4m，向前悬挑 19m，向两侧悬挑 49m，最大弯扭 90°。正立面 4 根无规则弯扭箱形柱 30mm，由 800mm×400mm 的箱形逐渐弯扭为近似三角形，双曲变形箱形体构件的加工精度及现场安装偏差的控制是难点。

编织结构由 2957 根 H 形杆件编织而成的网格，H 形杆件多向交错，其中最多处有 6 根 H 形杆件与箱形柱交错，交接处拼装精度要求、焊缝质量控制是难点。

立面编织体结构，建构一体化设计，钢结构焊缝高度的控制，加工拼装的精度、涂装质量的控制是重点。

3. 关键技术

（1）建构一体化

全明框幕墙系统，编织体间幕墙系统采用全明框幕墙系统，幕墙龙骨固定于内层编织结构上，幕墙主次龙骨采用 80mm×80mm×4mm 钢方管。幕墙分隔与编织网格分隔一致，从而将龙骨隐藏在编织网背面，实现建构一体化（图 1.12.9-4）。

图 1.12.9-4　编织体内明框幕墙效果

（2）拉索体系

索幕墙结构体系，利用不锈钢钢绞线初始预应力获得玻璃幕墙的基本面刚度，玻璃面板的自重及风荷载通过不锈钢夹具传递到拉索上，幕墙体系的平面内稳定由横向拉索提供。

正立面两个拱形箱形柱间幕墙系统为拉索幕墙，竖向 φ36 拉索主要承担幕墙自重，两端分为固定端和调节端，横向 φ10 拉索起到幕墙横向稳定作用，两端均为调节端，拉索两端与主体钢结构横梁通过耳板支座连接（图 1.12.9-5）。

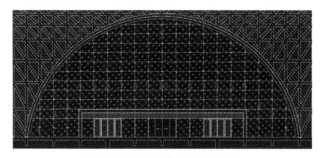

图 1.12.9-5　拉索幕墙布置图

1.13　营业线施工技术

营业线施工是铁路客站建设的重要内容，自我国进入高铁时代，由于速度的提升、流量的加大、车型的变化，既有的很多旅客车站难以满足现代高速的运行要求，致使大量老旧车站面临改造需求。

与新建站场设施不同，营业线车站的建设，最重要的特征是要绝对确保安全，所有的施工技术均建立在保证列车运营安全和旅客安全的基础上。第二个重要特征是保证线路的正常运营，将因施工给线路运营的影响降到最低。基于上述两个特征，营业线施工技术相比新站建设，具有更高的难度、更严格的工期要求、更安全的技术措施。

1.13.1　跨线上盖混凝土结构施工技术

1. 营业线工况特征

既有株洲火车站位于城市中心，为线侧平式站房，旅客流线上进下出，旅客通过天桥进站，地道出站。站场规模6台15线，涉及长株潭城际及沪昆铁路、京广铁路等干线，15-12股道为城际铁路线，11道为京广客货共线，10-9道为沪昆双层集装箱通道线路，8-1道为京广铁路线。其中9-10股道铁路线为客货列车大动脉，完全不能停运，在其上方新建车站高架候车厅，难度很大。

株洲火车站改扩建工程主要施工内容为拆除和新建两大部分，即拆除既有站房结构、跨越站场的进站天桥和站台雨棚；新建跨越站场150m长的地下出站地道和社会车辆通行地道，跨越站场高架候车厅，以及新建东、西两侧站房。其中高架候车厅跨越整个铁路站场。

由于9-10股道铁路线不能停运，需在列车运营的工况下施工其上的高架候车厅，受其影响区域平面尺寸为12.4m×90m。高架候车厅为钢筋混凝土结构，楼板厚度为150mm，主梁最大截面尺寸为1000mm×2000mm，梁最大跨度为20.42m。如图1.13.1-1所示。

图 1.13.1-1　株洲站营业线工况

2. 技术条件分析

（1）工况条件

9-10 股道铁路区间工况条件较为复杂，股道上方有 10kV 高压接触网；平均每 20min 有一辆列车通行，24h 不间断。在此条件下，一是要保证列车行车安全，二是要保证接触网安全，三是要保证施工安全。

（2）工法分析

由于站场列车正常运营，传统的满堂模架体系不适用于营业线工程。站场上部结构施工的模架体系需架空横跨运营区间，可在接触网区域设计模板支撑平台进行转换，接触网防护棚与支撑平台相结合，一方面保护接触网和行车安全，另一方面可充当高架候车厅混凝土结构的施工平台。一般实现快速搭设转换体系的主要构件是贝雷架平台，即在不停运的 9-10 股道区间上空搭设贝雷架平台做为模板支撑体系的基础和接触网防护棚，如图 1.13.1-2 所示。搭设贝雷架平台主要面临两个问题，一是搭设和拆除工程量大，需要的时间长，需要在列车通行的间隙（即天窗点）实施，安装效率不高，容易产生较大安全风险。二是拆除贝雷架平台时，下方列车不停运，上部混凝土结构楼板已经完成，不具备贝雷架的拆除条件（图 1.13.1-2）。

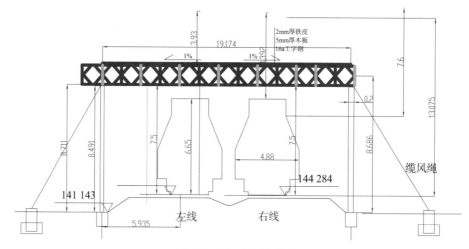

图 1.13.1-2　贝雷架平台

3. 关键技术

（1）钢支撑平台转换法

在贝雷架平台方法的基础上，需研究采用更为安全、工效更高的施工方法。既要克服模板支撑体系基础平台搭设工效问题，也要解决拆除模板支撑体系基础平台的安全性问题。

通过研究，在贝雷架方案的基础上予以改进，采用在股道和接触网上方架设钢结构临时支撑平台，作为候车厅楼板结构模板支撑架的主要受力平台，首先钢平台可在他处整体拼装，吊运至股道上空，工效高；其次，钢支撑平台具备整体滑移拆除的条件，安全性好。如图 1.13.1-3、图 1.13.1-4 所示。

图 1.13.1-3 钢支撑平台图

图 1.13.1-4 钢支撑平台转换支撑图

钢支撑平台主要由钢立柱、主次钢梁、滑移轨道梁、斜撑及钢板构成,分为承力平台、拆卸平台两大部分,如图 1.13.1-5 所示。平台各构件在邻近已完成的高架候车厅混凝土楼面上吊装。平台完成后,在支撑平台上搭设满堂支撑架施工上部结构。结构施工完成后,通过平台的滑移轨道梁及滑移槽道将支撑平台钢架顶推滑移至两侧的拆卸平台,最后于拆卸平台上将支撑平台整体拆除吊走。

图 1.13.1-5 钢支撑平台图

(2)钢支撑平台安装及拆除

钢支撑平台安装:钢支撑平台各构件均为钢构件,各构件均可采用汽车吊等起重设备施工。起重设备架设于邻近的已完成的结构楼板上，需对楼板结构进行计算并做补强处理。其中钢柱构件需逐根逐条进行吊装和安装；待钢柱安装完成后，依次安装柱间支撑和滑移轨道梁；主次钢梁可在地面或者邻近楼板结构面先行拼装分块，而后整体吊装，以提高吊装工效。

采用两台 80t 汽车吊站位于邻近已施工完成的候车厅结构楼板上，安装临时钢梁钢柱结构（图 1.13.1-6）。汽车吊支腿下方均需设置转换梁，将支腿反力转换至混凝土梁上。钢柱和轨道梁依次分段吊装，分段最大重量 7.8t，最大吊装半径 15m；主次钢梁拼装分块 21 块，最重钢分块尺寸 12.2m×3.3m，重量 7.1t，最大吊装半径 16m，根据汽车吊起重能力分析均能满足吊装要求。

图 1.13.1-6　支撑平台各构件安装示意

钢支撑平台滑移拆除：拆除平台采用同步顶推滑移技术，将承力平台结构分解为分块的主次钢梁，并分别向两侧顶推滑移至拆除平台区域。如图 1.13.1-7 所示。汽车吊等起重设备站位上侧已施工完成的结构楼板上，吊运拆除平台上分块的主次钢梁。每次顶推滑移出一段，拆除吊运一段，循环往复，直至吊运拆完，拆除分块与安装分块基本一致。

本工程共设置 8 个顶推点，每个顶推点设置 1 台液压顶推器，为承力平台结构提供滑移动力。采用两台 80t 汽车吊吊运滑移至拆除平台上的承力平台结构。轨道梁及钢管立柱采用 50t 汽车吊进入到候车厅结构楼板下方拆除。如图 1.13.1-8、图 1.13.1-9 所示。

图 1.13.1-7　支撑平台拆卸示意

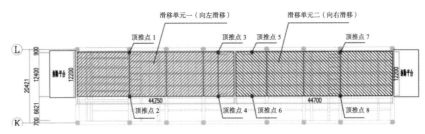

图 1.13.1-8　顶推点设计

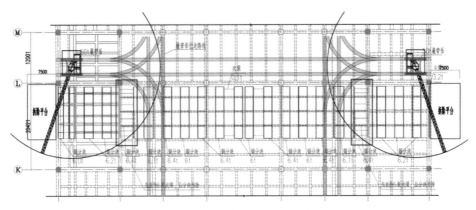

图 1.13.1-9　拆卸机械站位示意

滑移轨道设置：滑移轨道搁置在滑移梁上翼缘中部，中心线与滑移梁中心线重合。采用型号为 16a 的槽钢，材质为 Q235B，槽钢底面通过侧挡板与滑移梁焊接，以固定滑移轨道，防止滑移时晃动，如图 1.13.1-10 所示。

钢滑块设计：滑块采用规格为 70mm×100mm×500mm 的钢垫块，与主梁焊接，钢滑块尺寸如图 1.13.1-11 所示。

钢滑块搁置于滑道槽钢内，通过液压顶推器及相应的泵源系统、同步控制系统即可进行承力平台结构整体滑移，如图 1.13.1-12 所示。

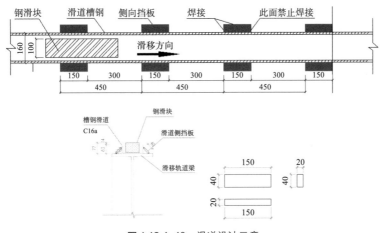

图 1.13.1-10　滑道设计示意

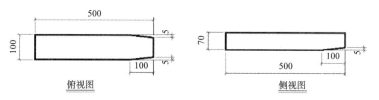

图 1.13.1-11　滑块设计示意

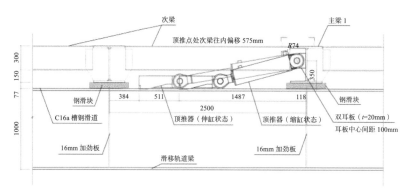

图 1.13.1-12　顶推设计示意

钢结构液压同步顶推滑移技术采用行程及位移传感监测和计算机控制，通过数据反馈和控制指令传递，实现全自动同步动作、负载均衡、姿态矫正、应力控制、操作闭锁、过程显示和故障报警等多种功能。操作人员可在中央控制室通过液压同步计算机控制系统的界面，进行液压顶推及相关数据的观察和（或）控制指令的发布。

1.13.2　跨线钢结构天桥拖拉施工技术

1. 营业线工况特征

京沪铁路镇江站改造工程新建天桥，桥宽为 12m，直行段跨度 79.3m，天桥中心里程 SK1214+604.9，呈 L 形，其中一端接既有沪宁城际铁路天桥，一端接新建站房。整个天桥共跨既有车站三台七线，铁路跨上部结构从 QA 轴至既 A 轴为三跨一联（26.4+20.45+13.65）m 连续钢箱梁，既有 A 轴与既有 B 轴为一悬挑跨箱梁（10.7m），与既有天桥北端相接（图 1.13.2-1）。

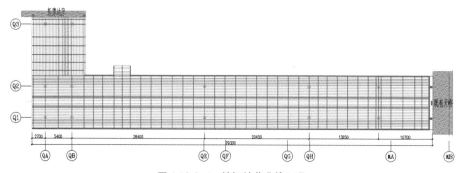

图 1.13.2-1　镇江站营业线工况

2. 技术条件分析

京沪铁路镇江站改造工程作为全国最繁忙铁路干线上的营业线施工项目，因考虑到顶推至既有城际场区域后，导梁无拆除作业面，且必须在城际场与普速场同时封锁停电的条件下作业，需要封锁停电点次数多，成本高，并在一定程度上影响线路运营；而钢箱梁液压滑移同步拖拉方案由电脑控制液压，行程及速度均能有效控制，加速度极小，出现故障概率低，且与城际场既有天桥对接简单，辅助设备拆装方便。

目前国内桥梁拖拉施工工艺一般采用多点（单点）连续拖拉法（简称拖拉法），拖拉法通过千斤顶牵拉钢绞线，拖动梁段在临时支墩顶设置的滑道上滑移，牵引梁体安装就位。本工程由于中间段拖拉区域有电气化线路，因此采用单点拖拉法施工。

3. 关键技术

液压同步拖拉原理：拖拉过程流程图如图 1.13.2-2 所示，一个流程拖拉距离为液压拉锚器一个行程。当液压拉锚器周期重复动作时，钢箱梁一步步向前移动。

步序动作示意如图 1.13.2-3 所示。

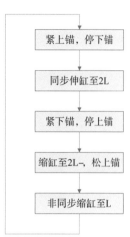

图 1.13.2-2　拖拉过程流程图

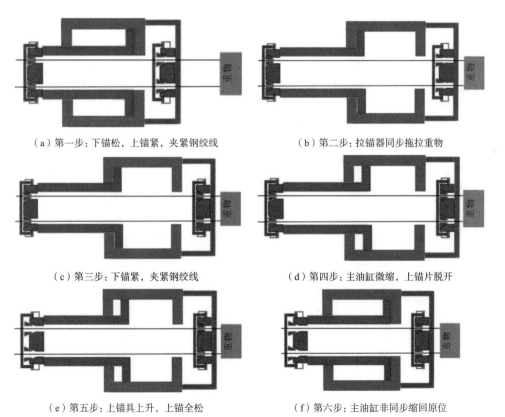

（a）第一步：下锚松，上锚紧，夹紧钢绞线　　　（b）第二步：拉锚器同步拖拉重物

（c）第三步：下锚紧，夹紧钢绞线　　　（d）第四步：主油缸微缩，上锚片脱开

（e）第五步：上锚具上升，上锚全松　　　（f）第六步：主油缸非同步缩回原位

图 1.13.2-3　步序动作示意图

拖拉工艺：根据结构的布置特点和现场条件，拟在既有线的北侧搭设拼装平台，在拼装平台上设置 3 组共 6 台重物移运器，同时在反力架、一、二站台临时支撑上各设置一组共 6 台重物移运器，用于箱梁的拖拉滑移。

天桥结构拖拉施工的具体流程如图 1.13.2-4 所示。

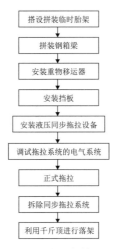

图 1.13.2-4 天桥结构拖拉施工的具体流程图

1）搭设拼装临时胎架

临时支撑架均采用现场焊接式刚架结构，平面尺寸为 1.6m × 12.6m，基础节采用焊接栓钉的形式埋入扩大后的基础承台中，柱底距站台面 −2.0m，埋入混凝土承台 0.82m。本工程在 2/3、4/5 站台上各布置一组临时支撑，在基本站台上用三组临时支撑相连组成拖拉反力架（图 1.13.2-5）。

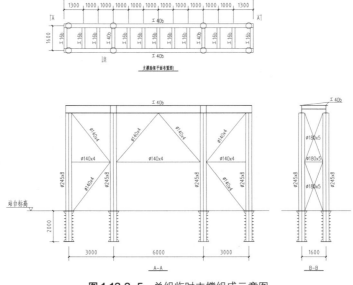

图 1.13.2-5 单组临时支撑组成示意图

2）安装重物移运器

由于钢绞线不能穿越既有线，采用钢箱梁底板在重物移运器上滚动的方案，采用 12 台规格为 CRM-120t 的重物移运器，每组临时支撑、反力架均安装 2 台，共 6 台，另外在拼装胎架上布置 3 组 6 台。每台重物移运器均安装在摆动支架上，摆动幅度为 2cm，摆动支架与钢柱电焊连接，连接时保证摆动支架的焊接牢固以及顶面的水平度和标高，使钢箱梁在重物移运器上滚动时平均受力。在摆动支架上焊接挡块卡住盖梁，增强摆动支架的稳定性。重物移运器如图 1.13.2-6 所示。

图 1.13.2-6 履带式重物移运器

3）拼装钢箱梁

在临时拼装胎架上拼装钢箱梁及上部结构，本次拼装长度 40m（图 1.13.2-7）。

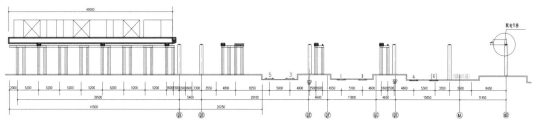

图 1.13.2-7 拼装钢箱梁

按照拖拉方案首先进行最大悬臂试验。用水平仪测出此时箱梁最前端顶面相对标高，后将箱梁由拼装区拖拉至反力架边缘位置，拖拉速度按 20m/h 计算，本次拖拉距离 13m，用时 39min。待悬停 12h 后，水平仪测出此时箱梁最前端顶面相对标高，由此得出挠度值（图 1.13.2-8）。

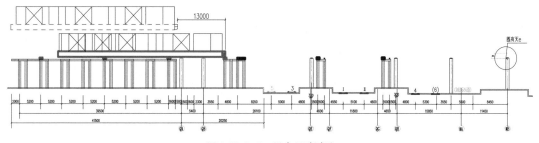

图 1.13.2-8 最大悬臂试验

待确认安全性可行后，继续由反力架边缘拖拉 6m 至反力架位置，用时 20.4min（该步骤为试拖拉及悬臂试验段，用以检测悬臂挠度、拖拉方向及速度）。

4）正式拖拉施工

第一步：拼装第二段钢箱梁以及上部结构，本次拼装长度为 20m，同时拖拉耳板向后移至箱梁后端，并重新放置钢绞线（图 1.13.2-9、图 1.13.2-10）。

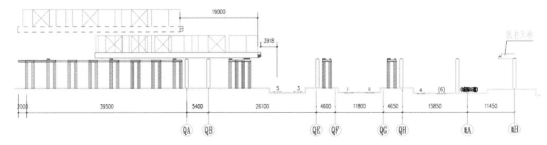

图 1.13.2-9　继续拖拉至反力架位置

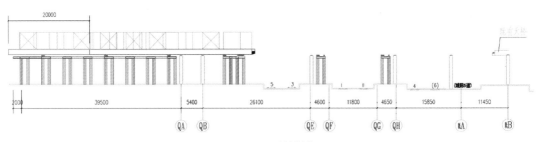

图 1.13.2-10　继续拼装 20m

第二步：向前拖拉 18m 至二站台 QF 轴处，用时 54min（图 1.13.2-11）。

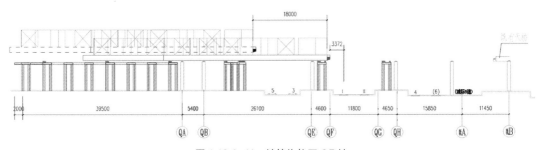

图 1.13.2-11　继续拖拉至 QF 轴

第三步：拼装第三段钢箱梁以及上部结构，本次拼装长度为 19.3m，同时拖拉耳板向后移至箱梁后端，并重新放置钢绞线（图 1.13.2-12）。

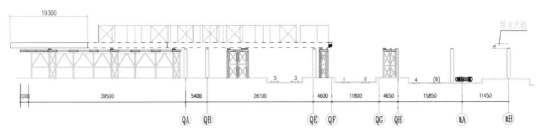

图 1.13.2-12　继续拼装 19.3m

第四步：向前拖拉 4.5m 至 I 道上方悬停，用时 15min（图 1.13.2-13）。

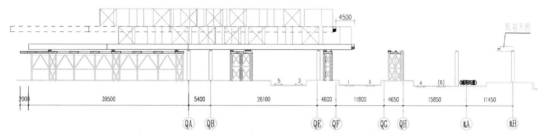

图 1.13.2-13　继续拖拉至正线 I 道上方

第五步：向前拖拉 13m 至 4/5 站台 QH 轴处，用时 40min（图 1.13.2-14）。

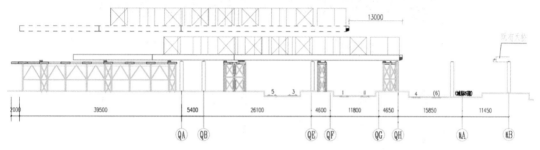

图 1.13.2-14　继续拖拉至 QH 轴

第六步：向前拖拉 14m 至 A 轴处混凝土柱上部，在混凝土柱上用钢垫块临时支撑箱梁，防止位移，用时 42min（图 1.13.2-15）。

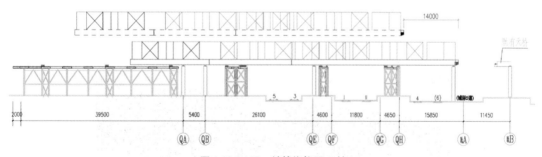

图 1.13.2-15　继续拖拉至 A 轴

第七步：拆除钢垫块，向前拖拉约 9m 就位，用时 26min，完成拖拉施工。

施工过程中遇到平面位置偏移的情况时，采用纠偏油缸与纠偏导轮组合方式纠偏。导轮布置在钢梁横向两侧，起到限位作用。当中线偏差超过 1cm 时，利用纠偏油缸主动顶紧，在拖拉过程中纠偏，降低水平力。

5）落梁

拆除拼装用支撑平台后，在每座临时刚架对应位置布置 200 吨位千斤顶 8 台，型号为

YS-DS-200。落梁前将混凝土柱顶永久橡胶支座安装好，然后通过液压装置，6台千斤顶同时将箱梁抬高5mm，拆除所有重物移运器及纠偏装置，随后落梁至梁垫上层后，再拆除最上层梁垫，以此类推，直至降至混凝土柱顶橡胶支座高度，保证箱梁整体落梁的稳定。

落梁步骤示意图：

第一步：在重物移运器另一侧安装同步液压千斤顶，共8台，将箱梁同步提升至高于重物移运器顶面10mm，同时安装钢筋混凝土永久橡胶支座（图1.13.2-16）。

图1.13.2-16　安装液千斤顶及橡胶支座

第二步：拆除重物移运器及纠偏器，千斤顶下落至最上层梁垫（图1.13.2-17）。

图1.13.2-17　拆除重物移运器及纠偏器

第三步：依次从上往下拆除钢垫块，直至钢箱梁落在永久支座上，落梁完成（图1.13.2-18）。

图1.13.2-18　落梁完成

第四步：拆除临时支撑：

天桥箱梁全部安全落位后，人工拆除临时支撑钢管柱及钢梁，因临时支撑为螺栓分段连接，无需动火即可拆除运出车站。

本工程天桥钢箱梁共分6次拖拉完成，经过分析，本工程天桥钢箱梁整体拖拉施工均在可控范围内，无影响拖拉进度和营业线施工安全及列车正点开通的隐患存在，钢箱梁挠度值变化全部控制在允许偏差范围内，满足施工方案及设计规范规定的要求。

1.13.3　跨线钢结构天桥顶推施工技术

1. 营业线工况特征

铁路信阳站改扩建工程新建进站天桥1座，横跨京广场和宁西场，分别跨4道、Ⅱ道、Ⅰ道、Ⅲ道、5道、7道、9道、11道、ⅩⅢ道9条既有线路。天桥长度87.45m，宽度12m，天桥基础采用桩基础，桩径800mm，桩长22m，天桥柱为$\phi800$钢筋混凝土圆柱。桥面结构标高为7.83m，天桥底距轨顶8.79～9.71m，接触网距轨顶约6.72m。天桥主体采用钢桁架结构，桁架为焊接箱形梁与无缝钢管的组合结构，主梁采用$500\times400\times14\times14$焊接箱形梁，横向$H500\times300\times10\times18$型钢进行焊接（图1.13.3-1）。

图1.13.3-1　信阳站钢结构天桥

2. 技术条件分析

天桥跨既有线施工需申请天窗点作业，方案要求安全、快速、质量高。对比滑移轨道顶推方法与步履式千斤顶顶推方法的适用性，选择步履式顶推工艺。主要有以下 5 大优点：①顶推设备能通过计算机同步控制，在推进过程中能保证推进姿态平稳，精度同步可控；②顶推推进力度平稳均匀，加速度极小，不易产生不正常抖动现象；③操作灵活，牵引就位精度高；④施工作业环境安全风险大幅度降低，降低了生命及财产损失；⑤步履式千斤顶顶推为多点受力，将集中受力优化变成多点受力，降低了对设备及基础条件的依赖性。

天桥主体钢桁架在新站房一侧原位搭设临时拼装胎架及顶推架，在拼装胎架及各站台天桥柱上设置步履式千斤顶。考虑到天桥主体钢桁架在顶推到位后装饰施工对既有线的影响，在顶推架上将后续的天桥围护结构（檩条、屋面围护系统、外装骨架等）同步安装完毕，随天桥主体钢桁架一并顶推至设计位置（图 1.13.3-2）。

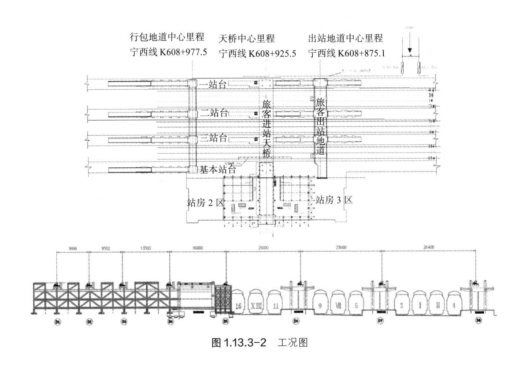

图 1.13.3-2 工况图

3. 关键技术

（1）顶推工作原理

顶推法施工是以千斤顶顶推为中心，通过电控系统数字化控制，人员统一指挥的一种先进技术。目前顶推设备主要采用三向千斤顶（竖向千斤顶、横向千斤顶、纵向千斤顶），纵向起推进作用、竖向起抬升作用、横向起纠偏作用。如 TZJ400×200 三向千斤顶，水平方向的顶推力为 600kN，行程 400mm；竖向起顶力为 4000kN，起顶行程为 200mm；侧向纠偏顶推力为 600kN，行程为 150mm。竖向、横向、纵向千斤顶部位均安装位移传感器，以测量其位移量。步履式平移顶推装置的工作原理是竖向千斤顶顶起，纵向千斤顶完成向前顶推，横向千斤顶纠偏，竖向千斤顶活塞缩缸回程落结构于垫块上，纵向千斤顶收缸回程原始状态，以此系列步骤动作循环，从而实现顶推平移就位。

（2）顶推前临时措施

1）顶推支撑架基础

根据顶推架平面布置，在顶推架下方施工承台基础，内部预埋同直径的短柱，要求地基承载力达到 100 kPa，对达不到要求的部位采用换填处理。顶推架基础采用锥形柱基（图 1.13.3-3）。

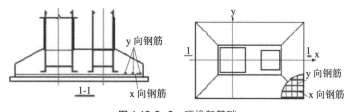

图 1.13.3-3　顶推架基础

2）顶推架设计

顶推架均由支撑单元组成，两侧各设置 2 根圆钢组合格构柱，以保证顶推过程中的整体稳定（图 1.13.3-4）。

构件	规格	材质
钢柱 GZ	$\phi 325 \times 10$	Q235B
主梁 GL	HN5000×200	Q235B
次梁 CGL	20b 工字钢	Q235B
腹杆 FG	$\phi 159 \times 6$	Q235B
注：斜撑及拉襻规格为 $\phi 325 \times 10$，为辅助构件，不列入计算数据		

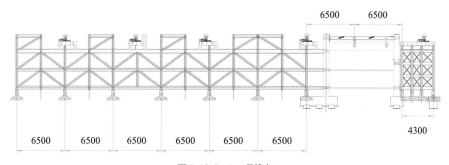

图 1.13.3-4　顶推架

3）顶推设备布置

本工程共设置 8 组顶推支座，每组 2 个点，D1～D5 安装在拼梁区，D6～D8 分别安装在 3 个站台墩之间混凝土横梁上，顶推点包含橡胶垫、400t 步履顶推设备、临时落梁支点、分配梁 1、分配梁 2（图 1.13.3-5、图 1.13.3-6）。

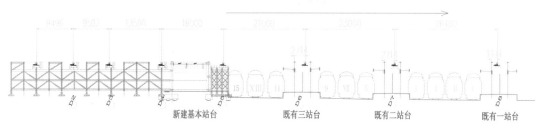

图 3.13.3-5　顶推支座平面布置

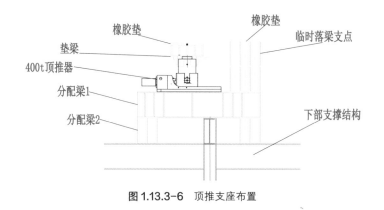

图 1.13.3-6　顶推支座布置

（3）顶推关键工艺

1）安装墩旁托架立柱、分配梁及 D1～D5 步履式顶推器；钢桁梁第一拼装部分 60m，胎架北侧悬空 4m，进行试顶推及机器调试（图 1.13.3-7）。

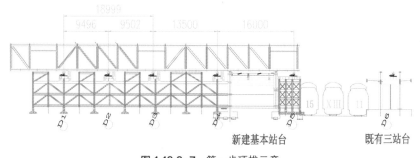

图 1.13.3-7　第一步顶推示意

2）以天桥前端为移动点要点施工，计划天窗点 2 个（120min），封锁宁西线信阳客场 11 道、ⅩⅢ道，进行第一次天桥顶推施工，将拼装好的 60m 钢桁梁顶推前移 12m。

3）以天桥前端为移动点要点施工，计划天窗点 2 个（120min），封锁宁西线信阳客场 11 道、ⅩⅢ道，进行第二次天桥顶推施工，将拼装好的 60m 钢桁梁继续顶推前移 10m，推至三站台 D6 支点处（图 1.13.3-8）。

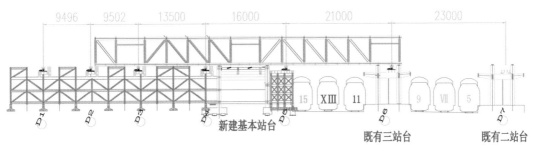

图 1.13.3-8　第三步顶推示意

4）以天桥前端为移动点要点施工，计划天窗点 1 个，封锁京广线信阳客场（3、5、Ⅶ、9 道），并停用二站台，进行天桥顶推施工；继续向前顶推 6m 后，将剩余桁架节段梁 27m 焊接拼装，总长度 87.45m，总质量 350t。

5）以天桥前端为移动点要点施工，计划天窗点 3 个（120min），封锁京广线信阳客场（3、5、Ⅶ、9 道），并停用二站台，进行天桥顶推施工；继续向前顶推 15m 后，将 D1 顶推点顶推器拆除安装在 D7 顶推点，前端移动点距离 D7 支点为 2m（图 1.13.3-9）。

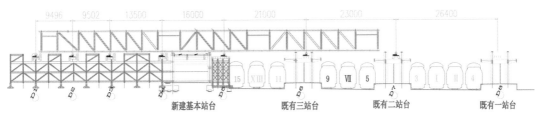

图 1.13.3-9　第五步顶推示意

6）以天桥前端为移动点要点施工，计划天窗点 2 个（120min），封锁京广线信阳客场（3、5、Ⅶ、9 道）对应京广线 K978 + 950 至 K979 + 510 处，并停用二站台，进行天桥顶推施工；继续向前顶推 10m 后到达二站台 D7 支座，将 D2 顶推点顶推器拆除安装在 D8 顶推点（图 1.13.3-10）。

7）以天桥前端为移动点要点施工，计划天窗点 2 个（120 min），封锁京广线信阳客场（4、Ⅱ、Ⅰ、3 道），并停用一站台，进行天桥顶推施工。继续向前顶推 10.5 m，前端移动点距离 D8 支点为 15.9 m（图 1.13.3-11）。

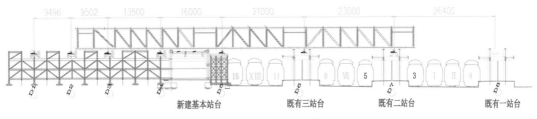

图 1.13.3-10　第六步顶推示意

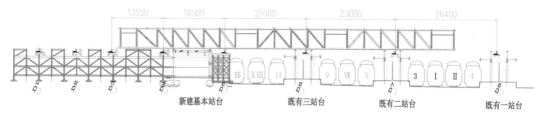

图 1.13.3-11 第七步顶推示意

8）以天桥前端为移动点要点施工，计划天窗点 3 个（180 min），封锁京广线信阳客场（4、Ⅱ、Ⅰ、3 道），并停用一站台，进行天桥顶推施工；继续向前顶推 13.18 m，到达一站台正式墩，顶推至设计位置后，直接将梁体落于支座之上，顶推结束（图 1.13.3-12）。

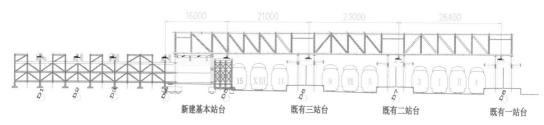

图 1.13.3-12 第八步顶推示意

（4）顶推施工控制

1）顶推不同步调节

本工程中安全不同步值取 15 mm，调节不同步值取 10 mm。即顶推点不同步值超出 10 mm 时，系统停下，检查顶推通道是否存在障碍，待情况明确后启动系统单点单动功能，直到所有顶推点不同步值在 10 mm 以内继续顶推。在实际操作中，操作人员重点关注不同步值，如果发现顶推过程中某点的不同步值有偏大趋势时，即可通过调节该顶推点对应泵站的流量来改变该点的顶推速度，使之向着有利于实现缩小不同步值的方向进行。简言之，如果不同步值小于 10 mm 且有增大趋势时，必须通过软调节泵流量改善不同步状况；如果不同步值大于 10 mm，则查明原因后采用单点动作实现控制。

2）顶推到位

整体同步顶推至距离就位点 200 mm 时，降低顶推速度，技术人员测量所有顶推点的相对距离（相对于就位位置），然后根据结构的姿态确定相应的控制参数，一般的原则是相对距离大的点顶推速度加快，相对距离小的点顶推速度减慢，在动态的过程中使整个钢结构逐渐接近就位位置。由于整个顶推过程的顶推距离相差控制在 10 mm 以内，所以各点的速度调节相差不会太大。

继续整体顶推至距离就位位置相差 15 mm 时暂停，再次测量所有顶推点的相对距离，然后根据测量结果分组调节相应顶推点的顶推速度，采取先到就位点截止的控制方式进行单独调节，直至所有顶推点达到要求值。

调整完毕后继续测量所有顶推点的顶推距离，已经达到就位要求的顶推点截止，单独调整其他点，根据测量结果微调，精度控制在 1 mm，直到所有顶推点均满足就位要求

（图 1.13.3-13）。

图 1.13.3-13 天桥顶推

1.13.4 跨线钢结构天桥凌空接长施工技术

1.营业线工况特征

既有茂名火车站总建筑面积 9000 m²。该工程需对部分铁路站场客运设施进行改造，主要包含进站天桥接长、新建地道等内容。接长天桥为钢框架结构，天桥框架及外立面幕墙龙骨共重约 163t，天桥桥面长度 33.8m，宽度 13.1m，高 7.61m，最高点结构顶标高 19.50m。接长天桥位于铁路股道接触网上空，横跨 3 条接触网，天桥一侧搁置锚固于钢柱上，另一侧与既有天桥预留的牛腿连接，接长天桥工况如图 1.13.4-1、图 1.13.4-2 所示。

图 1.13.4-1 接长天桥工况图

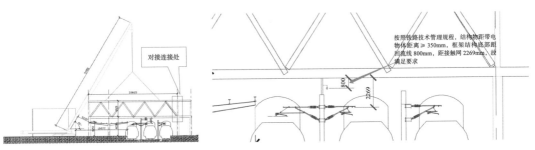

图 1.13.4-2 对接天桥位置关系

2.技术条件分析

新旧站房之间天桥接长施工中，接长的钢天桥位于既有股道线路上空，面临铁路营业线施工、跨越站场接触网等设施、接长天桥与既有天桥精确对接等施工难题。

技术组织上采用钢结构整体拼装、整体吊装＋小型机具微控的方式，解决跨营业线施工和接长天桥的初步定位、精确定位、对接焊接等问题。采用履带吊整体起吊钢结构天桥至接长位置，一端搁置于钢柱上，另一端与既有天桥预留主钢梁和牛腿处初步合拢（此端无搁置点），再利用手动葫芦精确合拢，保证接长天桥的定位精度，最后采用加劲内板及定位耳板等措施焊接新旧天桥衔接部位。

3.关键技术

（1）整体吊装凌空接长

天桥接长前，应先确定钢桁架天桥吊装行走路线及吊装工序时序。天桥原位拼装过程中应进行起拱检测，确保天桥起拱达到设计值。吊装接长前，焊缝部位先打胶封闭，防止下雨漏水影响接触网安全，防火防腐涂料在吊装前涂饰完成（图1.13.4-3）。

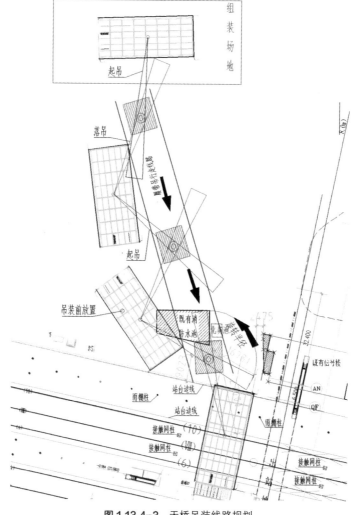

图1.13.4-3 天桥吊装线路规划

钢桁架天桥原位拼装完成后，应对钢桁架天桥进行同工况初次试吊。将试吊范围内的场地平整，杂物清理干净。作业人员在试吊现场放出吊车臂最大吊装半径和回转角度处的位置，并用红油漆做出标记。初次试吊主要是为了找准天桥吊点、复核天桥重量、复核对接点偏差及挠度误差是否与设计相符合；若偏差超过设计要求，需及时纠偏。当天桥倒运至指定吊装位置时，进行第二次试吊，该次试吊主要是检验地基承载力是否满足吊装要求。

接触网停电命令下达后，吊机起吊天桥桁架至雨棚外侧，并超过接触网带电体0.8m高的位置，天桥起吊时挂好缆风绳。

天桥桁架旋转，待接触网地线挂好后，吊机开始徐徐旋转至对接部位，过程中辅以2组人员通过缆风绳引导桁架就位方向（图1.13.4-4）。

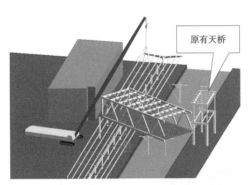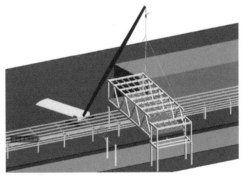

图 1.13.4-4　天桥旋转及就位工况

天桥桁架旋转就位后，吊机徐徐下放桁架至支撑点部位。过程中安排2组人员利用缆风绳、2组人员利用手拉葫芦协助就位。

吊装天桥桁架与既有天桥距离相差不足0.5m时，吊机暂停吊装，利用手拉葫芦与原天桥焊接的吊钩相连接，完成后吊机再慢慢下放。吊装到达对接口时利用连接板先行固定一侧，连接板通过单个高强螺栓连接，单侧固定好之后，再利用葫芦手拉完成另一侧的对接，最后使用高强螺栓固定好连接板，防止列车运行时的振动造成天桥对接部位左右偏位。

（2）桁架接长处连接处理

连接既有天桥处共计6条对接焊缝，既有天桥对接口1～6号。安排2组作业人员，每组2个焊工，从下→上→中顺序（即5号、6号→1号、2号→3号、4号）施焊。下部和中部焊缝（5号、6号、3号、4号对接口）在既有雨棚上搭设门式架作为焊接操作平台，上部焊缝（1号、2号对接口）利用吊篮焊接作业（图1.13.4-5）。

5号、6号对接口（下弦主钢梁处）连接：

利用前期天窗点，在原有天桥桁架下弦主钢梁内（主钢梁为箱形梁）焊接2块加劲内环，同时在主钢梁两侧各焊接1块带孔定位板；在新天桥桁架拼装时，在桁架下弦主钢梁内（主钢梁为箱形梁）亦焊接2块加劲内环板，以及主钢梁侧焊接1块带孔定位板。加劲内环板可增加天桥桁架连接质量，带孔定位板可临时固定对接桁架，防止产生微差位移。

图 1.13.4-5　既有天桥连接口

吊装对接时，利用手拉葫芦，横向拉动天桥桁架微差合拢，防止产生竖向位移；再用连接耳板及高强螺栓通过主钢梁两侧带孔定位板临时定位固定，防止产生横向水平位移；然后在每个对接口主钢梁上部利用 2 块 Q345 立面搁置板，与该处主钢梁焊接固定，防止产生纵向水平位移；最后在天桥桁架对接口焊接，调整焊缝宽度使其符合要求，保证焊缝一次合格（图 1.13.4-6）。

图 1.13.4-6　增加加劲内环板

1 号和 2 号对接口（上弦主钢梁处）连接：

利用前期天窗点在原有天桥桁架主钢梁内（主钢梁为箱形梁）焊接 2 块加劲内环板；在新天桥桁架拼装时，在桁架主钢梁内（主钢梁为箱形梁）亦焊接 2 个加劲内环板。

吊装对接时，同样先利用手拉葫芦，横向拉动天桥桁架微差合拢，防止产生竖向位移；在每个对接口处利用 2 块 Q345 搁置板对该处主钢梁焊接固定；最后在天桥桁架对接口焊接，调整焊缝宽度使其符合要求，保证焊缝一次合格。工况见图 1.13.4-7。

3 号、4 号对接口（牛腿处）连接：

利用前期天窗点原有牛腿口焊接 2 块加劲内环板，增强牛腿强度。对接时，上下弦主钢梁已基本合拢并焊接牢固，牛腿处对接口基本无合拢偏差，可直接焊接。

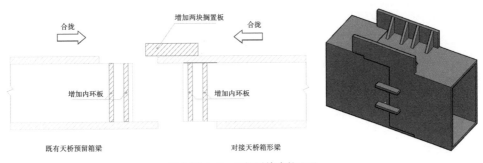

合拢　　　　　增加两块搁置板　　合拢

增加内环板　　　　　　　增加内环板

既有天桥预留箱梁　　　　　对接天桥箱形梁

图 1.13.4-7　天桥对接合拢工况

1.13.5　跨线下穿地道结构施工技术

1. 营业线工况特征

株洲火车站处于京广铁路大动脉上，新建地道下穿长株潭城际铁路及沪昆铁路、京广铁路等干线，站内日均 200 对客货列车经过，24h 不间断。工程实施时，站场保持运营状态。地道施工工作面有限、行车安全风险高、运输与施工矛盾突出。

普速场 1~8 股道下穿地道基坑采用明挖法施工，总计开挖地道 2 条，分别为出站地道及社会地道，地道总长 156m，地道主洞身横穿 1~8 股道及一~四站台，基坑深 9~13m，其中出站地道开挖范围约 25m；最大开挖深度为 12.96m；社会通道开挖范围约 27m，最大开挖深度为 12.88m；各地道洞身采用 1∶0.75 两级放坡 + 喷锚支护，站台出入口采用支护桩加内支撑支护（图 1.13.5-1）。

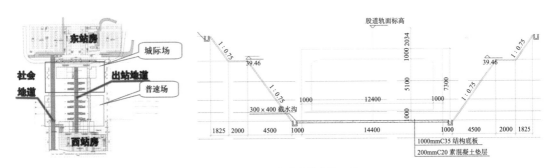

图 1.13.5-1　下穿地道营业线工况

2. 技术条件分析

铁路营业线施工中，修建地道工法的选择和设计需根据场地土体力学性质、地下水状态、周边环境、限界条件、运营情况等综合予以确定，多采用扣轨明挖、地道顶进、地道暗挖等工法。扣轨明挖法具有较广的适用性，使用机械设备较少，安全性相对可控；地道顶进法不仅对地道结构本身有较高的力学要求，同时受制于地质条件，工艺要求高、工序多，需采用专用顶进机械设备；地道暗挖对地质条件要求高，安全风险大，工效相对较低。结合地质条件和营业线的特殊情况，扣轨明挖工法具有较高的适用性、安全性。

株洲站站场改造，需要在既有路基上，开挖道砟和土方施做地道结构。施工内容主要有清渣并拆除混凝土轨枕、构筑纵梁基础、布设横梁、架设纵梁并安装横梁，然后将横梁与轨道连接，恢复轨道通车，地道开挖、浇筑地道涵洞等。营业线工况下，施工现场不具备使用汽车吊或其他大型机械的条件，工务段运维所用轨道吊设备可初步满足站场内施工作业，但吊重载重小，不能满足大荷载需求，因此需研发一套便于架设，同时能够进入站场轨道架设装备。

3. 关键技术

（1）轨道线路架空技术

出站地道、社会通道及既有人行地道跨越营业线，设计采用 D 型便梁架空后，地道主体结构明挖施工。

扣轨架空采用 D24 及 D12 两种型号的便梁，D24 型单根重量 16.03t，D12 型单根重量 4.73t。

D 型便梁架空总体施工顺序：搭设施工吊装平台，在既有京广货运线两侧分别对称布置人工挖孔桩，作为便梁加固基础，待混凝土达到强度后，对既有线路钢轨进行无缝应力放散，安装 D 型便梁架空既有线钢轨，施工地道主体结构时列车限速 45km/h，如图 1.13.5-2 所示。

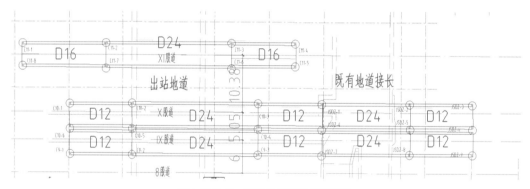

图 1.13.5-2　地道 D 型便梁架空示意

根据线路封锁条件，合理安排扣轨桩开挖顺序，在有限的时间内组织完成扣轨桩的施工。尽量减小机械设备对股道的影响。两股道间人工挖孔桩采用半埋入工法施工，先开挖形成操作平台，保证人工挖孔作业设备半埋入土中、设备高度不超过轨面（图 1.13.5-3、图 1.13.5-4）。

无缝线路应力放散主要是通过温度控制或长度控制来实现。温度控制即是在合适的轨温范围内使钢轨伸缩，抵消钢轨内部的温度力，然后再重新锁定线路；长度控制是靠外力强迫钢轨伸缩，当伸缩量达到预定数值时，立刻锁定线路。应力放散作业时，根据量测轨温判断，当轨温在设计锁定范围内时采用"滚筒放散法"，当轨温低于设计锁定轨温时采用"拉伸放散法"。

（2）新型轨道吊装技术

株洲站下穿地道施工，以 8-XI 道为例，包含人行地道接长下穿 8 至 X 道，出站地道及社会地道下穿 8 至 XI 道。主要工程量有 D24 型便梁共 8 组，D16 型便梁 9 组，D12 型便梁 5 组，其中 D 型便梁的纵梁 44 根，最大的 D24 型单根重量 16.03t，长 24.5m、高 1.30m、

图 1.13.5-3　扣轨桩下挖操作平台　　　　图 1.13.5-4　D 型便梁扣轨效果

宽 0.48m，最小的 D12 型单片重量 4.73t，长 12.4m、高 0.76m、宽 0.42m；D 型便梁横梁件 679 根，单根重量 0.298t，长度 3.98m、高度 0.212m、宽度 0.22m。

　　D 型便梁单个构件重量大，且横梁连接件多，无法采用传统汽车吊等设备于站场外吊装，同时站场内也不具备跨多股道进行吊装施工作业的条件。针对此工况，对 ZP240 型轨道吊进行设计改造，将大吨位折臂吊车机械臂与其配套底盘配置于轨道吊车上，形成可平面折臂同时起吊吨位大的架设装备（图 1.13.5-5）。

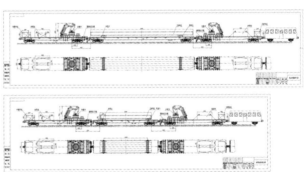

图 1.13.5-5　新型轨道吊机械

　　新型折臂轨道吊采用半折臂式，起重力矩高达 120t·m。折臂轨道吊由回转底座、支撑臂、曲臂、伸缩臂及液压系统、电控系统等组成，可在限高 4750mm 内起臂完成货物吊运。伸缩臂组件安装在 NX70 平车的中端，两套安装在平车组上的伸缩臂组可共同完成 D 型便梁等大吨位物体的吊装。折臂轨道吊也可单臂作业，完成其他物资的起重作业（表 1.13.5-1）。

30t（120tm）折臂轨道吊起重与幅度关系表　　　　表 1.13.5-1

幅度（m）	≤ 4	5	6	7	8	9	10	11	12
起重（t）	30	24	20	15	11	9	7.2	6.5	5.6

站场内 D 型便梁吊装为营业线施工，在天窗点内进行作业，结合铁路运输方案，将相应股道封锁、接触网停电配合吊装施工，分段推进 D 型便梁的架设（图 1.13.5-6）。

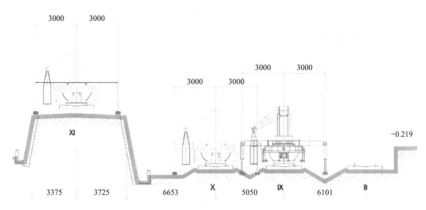

图 1.13.5-6　折臂轨道吊吊装示意

（3）地道结构施工技术

地道结构基础应根据地质情况综合判断选择基础类型，较常用的基础形式为人工挖孔桩基础和经处理的天然基础。根据地勘及设计现场实施复核，为减少施工难度和缩短扣轨明挖架空线路的时间，选择经处理的天然地基。地道基坑按照二级放坡挖至地基层时，通常采用强夯及小型打夯机对土基层进行处理，达到地道结构需求的地基承载力；或者采用持续开挖至符合地基承载力设计要求的岩层，后回填素混凝土等刚性垫层的方式，以刚性垫层转换天然地基的承载力。

地道结构降排水按照基坑降水排水方式进行，综合考虑地下水位和铁路线路路基沉降影响情况采用相应的降水排水措施。营业线降水方式常用的有集水明排或其他经论证的降水方式，轻型井点降水等主动降水方式不应使用在营业线路基施工工程中，但无论采取何种方式，都应对铁路路基沉降予以沉降观测。株洲站跨线地道地下水位较深，采用集水明排的方式降排水，过程中持续加强线路路基沉降监测。

地道结构自身防水控制点主要集中在竖向与水平施工缝处。为减少施工缝的产生，在地道结构长度方向上应尽量减少分段垂直施工缝，按照站场扣轨明挖范围分段即可；在地道结构洞身同样应减少水平施工缝，采取"底板筏板 + 导墙先行施工，侧墙与顶板同步施工"的方法减少水平施工缝的留设。对于施工缝的止水措施，通常选用内设止水钢板或钢边橡胶止水条等主要止水措施，同时辅以水泥基渗透结晶型涂料防水等加强防水（图 1.13.5-7、图 1.13.5-8）。

地道结构原材料运输组织，下穿铁路线路的地道结构施工过程中，材料运输最常用方式有：通过架空完毕后的下部基坑或已完成的地道洞身结构通道运输，以及通过既有邮包、行包地道、地道出入口运输至施工区域。通常采用带有自身起重吊装的随车吊等工具。如常规运输通道无法利用，可考虑如下方式：

（1）通过移动式起重设备进行转运。可通过汽车吊、履带吊等大型且臂长长的设备进行机具材料转运，利用站场站台空余位置作为转运场。

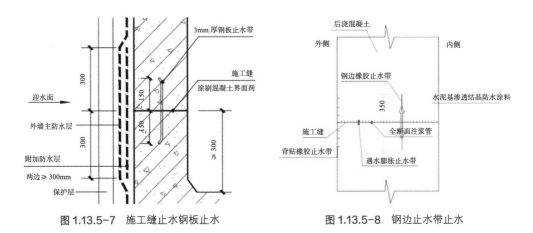

图 1.13.5-7　施工缝止水钢板止水　　　　　图 1.13.5-8　钢边止水带止水

（2）通过搭设临时过轨平台利用天窗点进行机具材料转运。在施工天窗时间内，高铁或城际天窗点均在夜间，最长封锁时间可达 6h，有充足的时间进行转运作业；普速天窗时间不固定，封锁时间也较短，需要提前做好充足的准备，尽可能提高天窗利用效率。

（3）利用铁路特种设备进行材料转运。当其他途径无法实施时，可考虑利用铁路机车进行材料的运输，但此种方式成本较高且手续繁琐、效率低下，在极为特殊的条件下方可考虑使用。

第 2 章
铁路客站装饰技术的发展

　　铁路客站装饰技术是随着时代的需求、社会的进步而不断地发展与创新。改革开放之前，国民经济非常困难，这个时期铁路客站的内外部装饰，追求的是适用、经济，室内装修以砖、石、小瓷砖、石膏、涂料、矿棉板、钢制门窗、木门等传统的材料和工艺为主，色彩以简单的黑白灰为主基调，以满足铁路最基本的候车和进出站功能；改革开放至20世纪末，随着国民经济的持续恢复，经济基础有所好转，在这期间，随着京九铁路等长大干线的开通运营，上海站、北京西站等部分大中型客站的建成，玻璃幕墙、现代涂料、大板面石材、塑钢门窗、铝合金门窗等新型装饰材料和现代工艺逐步引入客站建设，室内装饰材料选用和工艺水平有了较大的提高。

　　进入21世纪，以中国加入世贸组织为标志，国民经济开始进入了一个飞速发展的时期。国家经济的发展，适应科学发展观的要求，使铁路也进入了发展的新阶段，此期间，铁道部党组提出了"功能性、系统性、先进性、文化性、经济性"的指导方针，相继建成了南京站、拉萨站、北京南站、上海虹桥站、武汉站等一大批铁路枢纽型客站和上千座中小型客站。在"五性"原则的指导下，铁路站房广泛借鉴、吸收国际先进成果，进行功能创新、形体创新、设施创新、文化创新，铁路客站装饰在"五性"原则的指导下，坚持"以人为本""以流为主"的理念，在空间、安全、色彩、文化等方面进行了显著的创新，保证空间舒适、环境温馨、流线安全、服务方便。适应客站新装饰理念的发展，在装饰用材上，广泛引入了国际国内的先进材料与技术、工艺，如点抓式玻璃幕墙、聚碳酸酯板、铝锰镁金属屋面板、采光天幕、新型高强玻璃、节能玻璃、新型防火涂料、铝板、铝合金、大规格花岗石等，实现了铁路客站装饰质的飞跃。

　　十八大以来，我国经济建设的主要矛盾已经转变为人民日益增长的美好生活需要和不平衡不充分的发展之间的矛盾，中国特色社会主义进入新时代，适应新时代发展阶段的需要，总结前期铁路客站发展的经验，国铁集团党组针对铁路客站建设提出了"畅通融合、绿色温馨、经济艺术、智能便捷"的"十六字"建设理念作为指导方针，铁路客站进入了建设精心、精致、精美的精品站房的新时代。

　　在"十六字"建设理念的指导下，铁路客站装饰装修迎来了新的发展阶段。这一理念的变化和提升，使铁路客站装饰装修更加注重旅客感受、服务升级。客站规划上更加畅通、站房形态上更加融合、空间塑造上更加温馨、环境营造上更加绿色、文化发展上更加艺术、投资控制上更加经济、设备设施上更加智能、旅客服务上更加便捷。在装饰装修技术上，更加强调新技术的引入、新工艺的创新、新材料的使用、新设备的应用，从"精心""精细""精致"三个角度，致力于塑造精美的精品站房。

　　进入新时代，基于建设精品站房的总体要求，铁路客站装饰装修的发展，呈现出明显的新时代特征：一是促使传统的施工企业向现代综合施工企业转变，现代铁路客站装饰装修是集审美、品质、文化、艺术、技艺、材料于一体的综合性系统性工程，施工企业"泥瓦匠"的传统建筑特征已经不能满足现代铁路客站装饰装修的需要。二是施工理念的革新与发展。施工企业重结构轻装饰的观念需要转变，装饰装修不再是站房建设完成的一个附属专业，而是上升到客站建设成果最终是否满足人民群众对美好生活需要的高度，是新时代对铁路客站建设的重大理论要求。三是精品铁路客站的要求，对铁路客站施工提出了革命性的要求。粗放式的施工模式已经不能适应现代客站精细、精致、高品质的建设需要。传统的以进城务工人员为基础的施工模式已经不能适应新时代精品站房的建设需要，实现新时代精品工程，需要管理专业化、人员专业化、施工专业化、设备专业化，装饰装修全过程践行"艺术深化""技师工程""工匠精神"，精品工程才能得以实现。四是铁路客站精品工程要求对施工管理全过程的品质提升。铁路客站涉及专业多、细部构造多、综合性极强，要适应这样的一种变化，要求施工过程中应有专门、专业的团队，对全过程进行策划、对全系统进行规划、对全专业进行深化。五是施工管理和人员的素质要有根本性的变化。实现一个装饰装修层面的精品工程，从人员从业要求和人员素质能力来说，就是深刻要理解建筑创意、具备建筑审美的基本素质、具有鉴赏性的美学能力、深刻的文化艺术领悟能力，还要有创新性的深化能力和高度超强的执行能力、对工艺技艺的完美追求能力。

新时代建设精品站房，需要对技术、工艺、工法、材料、设备等进行广泛的研究与创新，传统的技术与材料要创新升级，新型技术与材料要广泛引入，细部工艺、工法要广泛提升，使建筑师的创作成果得以完美的状态呈现。现阶段站房的形态创新日益丰富，大型枢纽站房在向城市交通综合体方向转变。十八大提出的"创新、协调、绿色、开放、共享"五大发展理念，也是建筑业提质升级发展的指导方针，结合国铁集团"精品工程"建设要求，站房内外装饰装修技术和材料的发展，成为国内新型建筑业集大成之建筑作品。装饰装修技术在朝着发展新型体系、工业化、装配化方向迅猛发展。

2.1　铁路客站装饰深化设计管理

2.1.1　装饰深化设计组织

室内装饰实施处于客站建设最后一个阶段，此阶段是将所有专业闭合交圈，并与装饰面层融合，最终呈现功能齐全，装饰大气、美观的效果；此阶段的深化设计组织非常重要，因此，从组织架构的角度来看，形成总 - 分的模式，"总"即是由一名经验丰富的设计师统筹协调对接装饰施工的全面工作，具体责任分工为，对内统筹所管辖的施工图组、效果图组、方案深化设计组的协同作业，对外统筹协调对接业主单位、地方使用单位等，提出的关于站房内装功能需求，并与建筑设计院保持同步；"分"即是由施工图组、效果图组、方案深化设计组三个组的人员构成，分别负责每项具体工作，效果图组过程中配合方案深化设计组，出具满足各方要求的效果图及汇报文本，施工图组依据最终版的效果图，以及材料样品规格、色彩、质地等绘制施工深化图纸，用于下单、施工技术交底等（图 2.1.1-1）。

图 2.1.1-1　深化设计人员组织

2.1.2 装饰深化设计的内容

装修阶段主要深化设计内容：方案深化和施工图深化。方案深化阶段分为两个主要内容，分别是现场工作对接和方案深化设计。

1. 现场工作对接

现场对接是为了让工作推进得更有成效，由于铁路站房建设过程中涉及的管理与使用部门较多，同时，铁路客站的众多设备实施需要集成在装饰面层之中或者之上，并且每种设备都有具体的安装尺度和服务范围要求，因此，需要深化设计人员驻场开展与管理单位、使用单位、设备设施安装单位、装饰装修实施单位的对接工作，使工作推动得平稳有序，过程中协调各方面工作，保障使用功能与装饰美观的需求同步并行，为后续完美交付做好充分的准备。

2. 方案深化设计

经过第一步现场对接工作，为方案深化阶段提供了具体的设计依据，深化阶段则需要按照建筑设计设定的旅客进出站所途经的人流走线，来开展具体空间深化设计，如进站门厅、候车厅、售票厅、卫生间、进站通道、站台、出站通道等，这一系列空间，在遵循建筑设计院所提供过的方案原型的基础上，结合新时代铁路客站的以人为本的理念，不断贯穿、延伸在整体站房空间的设计中，在公共空间中形成绿色温馨的候车环境、营造具有地域文化氛围的文脉设计，有助于打破"百站一面"同质化的特征。因此在方案深化设计中需要将绿色温馨的精致体验感与地域特色的文脉特征，一以贯之地作为设计的主线贯穿于整个方案深化阶段。通过方案的深化设计丰富、提升空间内涵，也增加了不同类型群体特征的等候区域（四区一室）、系统化的标识指示、点缀的广告等，在近人尺度的设备设施的使用性上，增添了精细化的细部体验。这些都是纳入方案深化阶段需要考虑和完成的工作。与深化设计方案相配套的材料选样（面层装饰材料、灯具、洁具、楼扶梯的把手栏杆、五金件选型等），以及分段模数及规格都需要纳入控制导则之中。针对贵宾厅等具有复杂造型的空间部位，需要有局部大样图来表示空间层级关系以及照明设备的安装位置（图2.1.2-1～图2.1.2-4）。

深化施工图的图纸表达内容如图2.1.2-5所示，深化施工图是为了更好地指导现场实施，通常由施工总承包单位深化完成，其目的是在建筑图基础上进行合理的细化，做到施工便捷、过程管理可控，并保证最终的实施效果与确认的方案效果一致。因此，从目的和实现的方式来看，此过程也可以称作为施工工艺深化图。从管理流程来看，由施工总承包单位绘制完成的施工工艺深化图，需要报请建筑设计院进行审核，经审核签字、盖章后方可作为指导现场施工、施工材料下单以及后续工程结算的依据。施工工艺深化图由两部分构成，一部分是装饰基层的龙骨及空间转化层图纸，这部分涉及配重和力学计算，需要有严谨的计算书作为转化层图纸深化的依据与支撑，确保安全。第二部分是装饰面层的施工工艺深化图，需要有严格的材料模数关系（影响模数比例关系除了需要考虑形式美之外，还需要考虑材料运输过程中颠簸与振动的因素，选用超大规格时，加工工艺是否成熟稳定等外部客观因素）、材料单元板块划分、分缝体系、平面、立面和顶面的对应关系，做到闭合、交圈，针对大跨度和单、双曲弧造型，需要借助虚拟仿真技

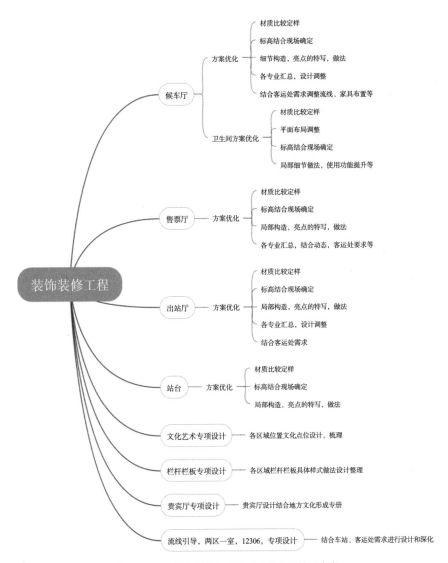

图 2.1.2-1 装饰装修工程深化 / 优化设计的内容

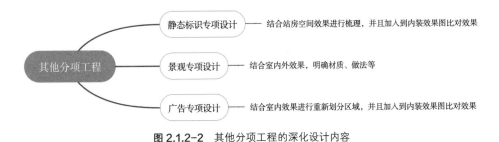

图 2.1.2-2 其他分项工程的深化设计内容

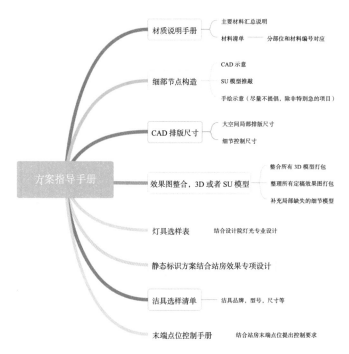

图 2.1.2-3　深化设计指导手册

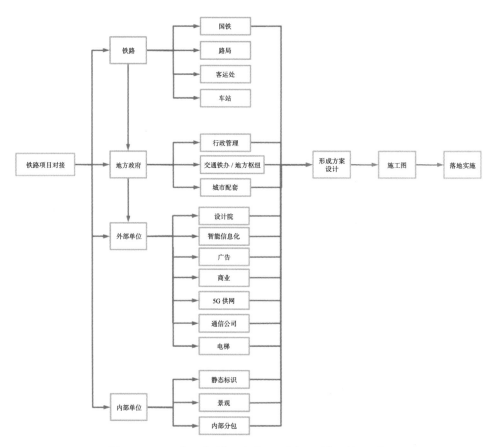

图 2.1.2-4　深化设计对接服务流程、内容及对接的管理单位

图 2.1.2-5　深化施工图的图纸表达内容

术实现板块单元的精准划分，确保单元块的加工精度及误差偏差度的控制，方能保证现场装配式安装的实现。

2.1.3　装饰深化设计管理

为进一步提升各项目装饰装修工程质量及建造后实体效果，推动深化设计在装饰装修工程中的技术引领作用，各项目应加强深化设计标准化管理工作。

按照工作流程、管理重点分别对项目装饰深化设计管理工作进行规范。

1. 深化设计工作流程

装饰深化设计可以分为三个阶段推进，分别是方案深化阶段流程、施工图深化阶段流程、现场配合阶段流程，按照三个阶段工作内容便于深化设计管理、协调，使深化设计能够按照施工总体进度开展工作。

（1）第一阶段：方案深化阶段流程

1）开展装饰装修方案提升研讨会，对该项目进行装饰方案提升工作的部署，确定方案效果提升方向，方案提升小组制定方案提升工作计划与实施目标（如进行方案提升工作，施工图深化按照原始方案同步进行）。

2）依据设计院装饰装修方案，对精装区域进行有重点的方案深化工作。

3）方案深化工作由项目部和深化设计团队共同负责，以保证效果为前提，深化各类型问题，保证施工过程有据可循。

4）经多方确认后的深化设计方案交由施工图组的深化设计师进行施工图深化（施工工艺深化图）；在此阶段，方案设计师与深化设计师需要密切配合。

（2）第二阶段：施工图深化阶段流程

1）装饰深化设计主管熟悉、梳理铁路工管中心审查认可的设计院施工蓝图、变更文件等，对精装区域进行区域划分，制定深化工作计划。

2）由各区域深化负责人以建筑图为基础将结构图纸、内装图纸及包含机电管线在内的各设备末端图纸消化融入建筑装饰深化设计图纸中，形成设备、土建、内装综合协调图。

3）依据施工图蓝图，对精装区域各专业图纸同步深化。依据结构图，核对建筑图纸层高、预留洞口等结构位置；依据建筑图，对精装区域建筑布局进行合理优化；依据内装图，对地面铺装图、综合天花平面图、立面图进行综合排版，确保各完成面交圈；借助BIM模型，对结构、强电、弱电、给排水、通风、标识等专业图纸进行内装融合，保证前置流程的预留、预埋等工作，并复查机电管线安装标高对装饰的影响；对各类明装的设备，依据内装图纸综合排布，做到末端点位布置协调、合理，达到横向成行、竖向成列、斜向成线的美观效果；对施工节点进行统一优化，在确保安全前提下，保证质量与进度，优化节点，形成项目亮点；施工图深化设计是对方案深化确认的内容进行整体把控，核心在于施作过程中的可实施性。

4）在各专业协调的基础上，形成完整装饰装修深化图纸，提交施工图主管初步审核，如有必要提交至设计院审核；根据施工图主管/设计院审核意见进行调整，确认后交由项目部施工。

（3）第三阶段：现场配合阶段流程

1）在开展现场大批量的施作之前，选定难度高和代表性的空间或者单体构件，先行进行样板制作，根据优化方案及深化图纸制作项目方案样板与工艺样板的策划，深化设计师和方案设计师需要全流程参与样板的施作，并及时总结样板施作过程中的弊端与不足，及时调整完善，整理形成样板制作指导手册，协同项目部共同修订施工组织与施工方案，保证大规模施作时，工序顺利进行。

2）施工过程中的管控，深化设计师定期进行现场巡查，及时发现深化图纸在施工过程的不合理现象，核实问题，及时开展纠错工作，保证过程管控有效。

3）工程分项验收，在每个工程分项施工完成后参与验收工作，及时发现施工质量问题，落实整改措施，直到工程结束，制作全过程中的推荐做法和不推荐做法，为后续项目提供经验。

2. 深化设计管理重点

（1）明确深化设计的目的

深化设计工作主要是保证装饰方案效果图与实体空间效果呈现完美一致，实现是深化设计的首要任务，深化设计是实现方案效果与实体空间装饰建造之间的桥梁纽带，深化设计期间应注重：

1）研究创新更为安全、便捷、增效的施工方案及安装工艺。

2）合理地运用、组织不同材料，达到装饰的最佳效果。

3）追求细节，每个分项均需充分考究，视域所达之处，皆为匠心独运之体现。

4）将施工难点转为施工亮点、将简易化转为精致化、将无序化转为有序化、将单一化转为艺术化、将简单功能化转为人性需求化。

（2）重视深化设计的协调工作

深化设计必须把协调工作放在首位，而且协调工作贯穿于深化设计与施工建造全过程，协调的畅通与否直接关系到整个项目的工程进度、质量水平及工程造价。

1）与建筑、结构专业对接，提前发现图纸偏差问题，为装修施工提供保障；

2）与幕墙专业对接，确保内外排版、风格统一；

3）与设备专业对接，对给水排水、电气、暖通、信息专业末端点位及标高进行深化，确保末端点位布置协调、合理，达到横向成行、竖向成列、斜向成线美观效果；

4）与客运部门对接静态标示专业设计，核对点位与装修空间关系，确保美观适用；

5）与客运部门对接，对卫生间、茶水间、12306服务台、无障碍设施等涉及使用功能的部位专项设计，确保便于使用和维护；

6）与商业、广告专业设计及产权单位对接，提前融入、合理布置，确保室内整体效果统一。

（3）严格要求深化设计方案及图纸深度

每个空间的深化图纸应包含平面布局图、墙体定位图、地面铺装图、综合顶棚图、立面图、剖面及节点图（表2.1.3-1）。

各类型图纸的深度要求 表2.1.3-1

序号	名称	深度要求
1	总体要求	深化设计图纸绘制的依据的国标及行业标准，材料规格说明、图例、尺寸标注的要求（总尺寸、定位尺寸、细部尺寸）、出图比例、材料做法表、工程做法、材料选样说明
2	平面布局图	指北针、轴网体系、标高、设备管线；墙体、门洞、楼扶梯灯位置的定位尺寸，平面固定装饰造型、隔断、构件、家具、洁具、照明灯具及其他设备设施的位置（实线）；移动家具布置（虚线），门的开启方向及门套装饰线条；针对卫生间需要标示出上下水管位置、结构地梁、地漏、排水方向等；平面布局内的所有实体的材料全部引出标注，包含材料名称、色彩、材料规格、层高等
3	墙体定位图	凸显出装饰设计后的空间格局，除了柱、墙、门、窗、固定隔断、地面高差变化外，其他活动家具、绿植等可不在此图显示；确定墙体挪动、开口、大小位置，进行详细标注说明并对安全性进行核验；标注出室内外墙体、管道、消防箱定位尺寸，墙体厚度与做法；对于在原建筑墙体上新开门窗洞口的加固做法，给出相应的文字说明
4	地面铺装图	标注地面装饰材料的种类，拼接图案，不同材料间的分界线及收口做法；标注地面装饰的定位尺寸（造型体块尺寸）、标准和异形材料的单位尺寸（材料分块尺寸）；标注地面装饰嵌条、抬高数量和楼梯防滑条的定位尺寸及材料种类及做法；标注造型分隔条带的宽度；地面材料的单元分板块以及地面三缝的宽度的处理；电梯、楼梯、幕墙接口部位的关联；地面插座、应急疏散指示灯的定位尺寸
5	综合顶棚图	标注灯具、风口（送风、回风、排烟）、防火卷帘、挡烟垂壁、烟感、喷淋、喇叭等设备末端点位及检修口的安装定位尺寸，空间交界面的造型过渡定位尺寸，视线处理，标注顶棚跌级/造型标高；顶棚材料的规格、色彩、标高等
6	立面图	材料的幅宽划分，阴阳角收口，与顶棚和地面分缝一致贯通；在立面上的末端点位的合理排布，以居中、水平、对称的排列方式；有凹凸造型的地方适宜使用展开立面；准确标注立面各分段部位的标高、材质、规格等；建议绘制立面图时将其对应的平面图放在一起，便于绘图和读图时的便捷性
7	剖面及节点图	绘制比例、轴号；绘制原有建筑结构、面层装饰材料、隐蔽装饰材料、支撑和连接材料及构件之间的相互关系，标注所有材料、构件、配件等的详细尺寸、产品规格型号、做法和施工工序；标注面层装饰材料的收口、封边以及详细尺寸做法

（4）深化设计的进度及安排

深化设计的进度及安排关系到整个工程能否顺利有序开展，要根据项目实际情况，科学制定实际可行的进度计划及施工组织。

1）计划制定：根据设计院提供的蓝图，按照工程项目的总进度计划以及各个专业施工节点计划、分段计划制定整个深化设计进度计划，并根据各个专业之间的相互协调衔接关系制订各个专业深化设计出图计划。

出图计划包括总计划、季度计划、月计划、周计划。

2）计划执行：经确定后的深化设计出图计划，下达给各区域深化设计师。由总负责人监督区域图纸进度。实施过程中如不能按计划进行，需书面协调报告，由负责人分析原因，及时协调解决。

（5）设计变更及图纸管理

设计变更建立严格规范的文件管理程序。如文件格式统一规范，审批会签完整，文件的收发出口一致与制度化，文件有专门的变更文档管理。对变更产生的相关文件资料，定期整理归档，建立专门设计变更档案库。

1）对项目各专业协调图、分包施工深化图与文件进行统一标签与编号，注明工程名称、图纸用途、深化设计姓名、出图日期。

2）深化施工图与文件，首先由施工图组负责人对深化施工图进行初审，如初审不合格，将退回深化设计师整改后重新送审。

3）初审合格的施工深化图与文件，将由项目部发送设计院审批，如图纸与文件正确无误，经设计院审批同意后可以实施；如图纸与文件经设计院审批认为不合理，须修改后再经初审后发送设计院审批。

4）图纸与文件经设计院审批通过后方可出图交付施工。

5）定期召开图纸专题协调会，逐条逐项地解决工程中发生的问题与难点，及时调整并报送设计院审核，不影响整个项目的进度。

2.2 虚拟仿真技术

虚拟仿真技术也称作虚拟现实技术，是一种模拟真实物体的虚拟系统，通过该系统将真实物体的相关信息进行还原，更利于进行有针对性的管理。

2.2.1 虚拟仿真技术在铁路客站中的应用

长期以来，虚拟仿真技术的快速发展与实现其表现形式的计算机硬件和专业性的软件更新密切相关，虚拟仿真技术在铁路客站站房装饰中主要有两方面的作用：其一为全媒体信息展示；其二，直接应用于指导生产工作。

全媒体信息展示，应用于方案推演、汇报以及工程系统全要素加载的深化过程中；通过虚拟仿真技术具有沉浸性、交互性等多重优势，借助计算机的各种软件对需要建构的实体进行建模、仿真和传感等，展示给建设方、工程项目部管理人员，开展技术交底时能够观察到现实环境的多维空间，给人带来一种身临其境的感受，提升了虚拟实体的感官性能。开展全媒体信息的虚拟仿真技术不仅实现了建筑单体的展示，更是一种全域空间的整体推演。

直接应用于指导生产工作，尤其对于装饰的异形造型、双曲弧度等特征，传统的表现工具难以实现其精度和效果的双重要求，最直接的表现如面层材料加工下单的尺寸误差、角度误差、弧度曲率控制等实际问题，因此，对虚拟仿真技术的模型精度提出了较高的要求。

在工业 4.0 以及中国制造 2025 的时代背景下，基于铁路站房的公共交通建筑室内装饰建造因其空间高，跨度大，装饰造型复杂等的现实情况，铁路客站室内装饰建造形成了以虚拟仿真技术为代表的装饰效果展示、装饰建造和实体建造效果过程管控的技术模式。仿真虚拟技术作为一个统称，因技术的适用性和局限性，并非某一项或者几项技术可以覆盖；针对不同的情况，实现不同的目标，选择不同的技术来解决相应的问题，以下通过案例进行研究。常用的分类模式有展示推演、全域空间中整体造型（双曲面、折弧面等）模拟、单体异形构筑物模拟（含钢结构骨架）、漫游等（表 2.2.1-1）。

常用的分类模式 表 2.2.1-1

模式	技术	目的
展示推演	Sketchup	方案优化推演与展示
全域空间中整体造型（双曲面、折弧面等）模拟	点云 + 犀牛（Rhino）+ 编程 +BIM	整体精准深化、装配化生产、现场精准安装
单体异形构筑物模拟（含钢结构骨架）	BIM+ 犀牛（Rhino）+ 编程	整体精准深化、装配化生产、现场精准安装
漫游	VR	虚拟空间中的真实感受

2.2.2 虚拟仿真技术在铁路客站中的实践

1. 成品效果展示 + 工序模拟

采用仿真技术：Sketchup、Lumion。

案例：铁路客站 - 福州南站

Sketchup 是一套直接面向设计方案创作过程的软件，它使设计师在电脑上可以进行直观的构思，是三维设计方案创作的优秀工具。方案设计和深化设计方案推演过程中，使用此工具能够对空间立体效果形成最直观的表达。方案推演确认后，Lumion 的静态、动态图片及视频处理功能非常强大。可以形成基于 Sketchup 模型的 Lumion 动静态渲染，实现仿真建造后的真实效果。

Sketchup 在方案推演过程中的应用：（1）方案准备阶段的应用；（2）在平面构思表现中的应用；（3）在色彩搭配与材料质感分析中的应用；（4）在光影及日照分析中的应用；（5）在方案分析、选择中的应用。

图 2.2.2-1 ~图 2.2.2-3 以福州南站为例，通过 Sketchup 推演客站室内外整体空间的深化设计方案及效果表达。

图 2.2.2-1　福州南站剖立面图

图 2.2.2-2　福州南站候车厅效果图

图 2.2.2-3　钢结构榕树支撑柱造型

2. 整体造型（双曲面、折弧面等）模拟

采用的仿真技术：点云＋犀牛（Rhino）＋编程＋BIM，辅以全站仪、3D 扫描等设备。

案例：西双版纳站，站房的特点呼应了"雀舞彩云，灵动版纳"的地域文化，外立面造型如孔雀翩翩起舞，如同汉字大写的"八"字，习惯称为"外八字"，与其相对应的部分在站房内侧，习惯称为"内八字"；外八字的底板为双曲弧，作为建筑的外檐口也最接近旅客的视线，从观感效果上要完美展现顺滑的弧度，故在材料选择上，此部分采用蜂窝铝板来满足观感和视觉要求，其他部位选用铝单板。

1）采用犀牛（Rhino）三维建模软件进行整体建模定位，建立理论模型。

2）站房八字造型钢结构与铝板间的空间较小，尤其顶部区域厚度极薄，蜂窝板与结构之间的空间被压缩到了极限。为避免钢桁架安装偏差导致铝板无法安装的情况发生，现场应用了三维点云扫描技术，对钢桁架安装精度进行复核（图 2.2.2-4）。

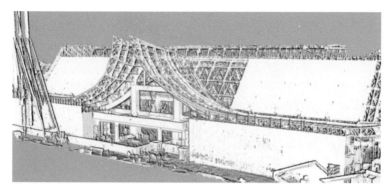

图 2.2.2-4　三维扫描数据点云图

3）测量点云数据后，测量数据和理论模型合并（图 2.2.2-5）。

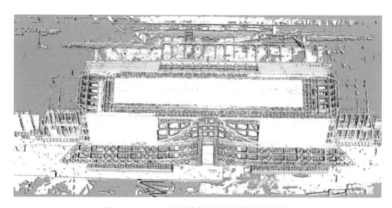

图 2.2.2-5　测量数据与理论模型合并图

4）在偏差稍大的位置，剖切出剖面，对比理论剖面和实际龙骨扫描剖面，调整幕墙龙骨长度来控制完成面蜂窝铝板位置。按照点云扫描提示，处理好局部偏差后把龙骨模型放入，然后蜂窝板模型放入合模（图 2.2.2-6、图 2.2.2-7）。

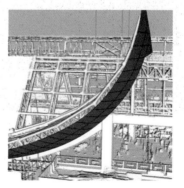

图 2.2.2-6　龙骨模型图　　　　　图 2.2.2-7　蜂窝铝板模型图

5）最终处理完成合模，形成最终模型（图 2.2.2-8）。

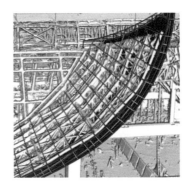

图 2.2.2-8　龙骨铝板合模图

6）最终三维模型建立后，采用犀牛（Rhino）软件排版、下料（图 2.2.2-9）。

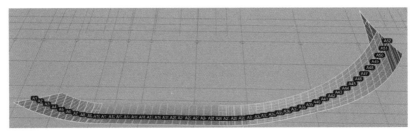

图 2.2.2-9　铝板排版图

7）空间精准定位技术

在犀牛（Rhino）软件中以地面为基准面向每一块双曲铝板投射空间坐标点位，并在三维模型上标注翘起角度及空间定位高度，用于现场吊装定位，保证板块在不同角度均能保持顺直和平滑（图 2.2.2-10）。

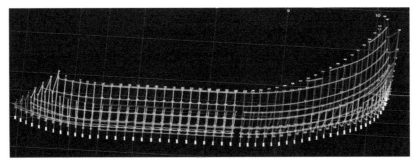

图 2.2.2-10　空间定位图

现场设置测量小组，采用全站仪，对每一板块的空间坐标进行测量，施测近 4000 个定位控制点，保证龙骨偏差控制在 5mm 之内，安装完成后整体效果刚劲有力、宏伟大气。

3. 单体异形构筑物模拟（含钢结构骨架、杭州西大吊顶）

采用仿真技术：犀牛（Rhino）、Grasshopper。

案例：杭州西站站房 24m 层候车厅的进站罩棚、内云谷、外云谷，三种构件的共同特点都是双曲弧度，尤其是进站罩棚、内云谷两种构件都与旅客的交通流线密切相关，均为近人尺度的空间距离。细节的研究处理需要体现精致感。

杭州西站双曲面检票罩棚，装修面层主要为双曲面玻璃和铝板，主龙骨为梯形截面拱形梁，次龙骨为 T 形钢板组合件。类似的罩棚装修传统做法是玻璃和铝板工厂加工，钢龙骨现场下料切割加工，现场焊接作业。经过研究，运用犀牛（Rhino）技术对该罩棚的龙骨结构进行了工业化设计，将梯形主拱和 T 形次龙骨在工厂定制加工。该站相同的检票罩棚共计 18 个，除玻璃和铝板外，对主、次钢龙骨均实现了工业化生产，批量加工（图 2.2.2-11）。

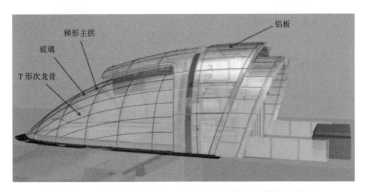

图 2.2.2-11 犀牛（Rhino）软件模拟检票罩棚表皮模型

利用犀牛（Rhino）软件对罩棚龙骨结构体系建模，梯形截面主拱在次龙骨交接处预留 T 形龙骨安装槽口，同时在梯形拱顶面预留 100mm 长的焊接操作手孔。梯形截面主拱在钢构工厂加工好后，整根运输至现场。T 形龙骨按照犀牛（Rhino）软件模型提取的数据下单，分段加工生产（图 2.2.2-12）。

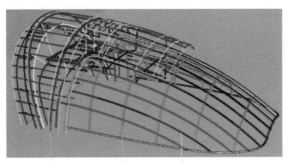

起拱主龙骨（圆形截面）　梯形龙骨　　T 形龙骨

图 2.2.2-12 检票罩棚钢龙骨犀牛（Rhino）模型

现场装配式组拼：对主拱拱脚预埋钢板采用全站仪精确定位，现场焊接。T 形次龙骨无需现场定位，直接插入主拱预留槽口，工人操作简单高效、准确无误。通过预留焊接手孔将主次龙骨在孔内焊接，焊缝隐藏在主拱内部，主次龙骨外面交接处阴角无焊缝，外观美观。次龙骨焊接完成后对预留手孔加盖板封闭，盖板焊缝打磨处理。玻璃和铝板的加工参数均提取自犀牛（Rhino）软件模型，工厂按曲率等相关参数数字化加工。

同样的方式对内云谷罩棚进行精细化建模，形成表皮模型，进而生成龙骨结构体系，通过受力计算，修正龙骨结构体系；依次对罩棚铝板与玻璃的装饰面层进行单元块编号划分，生成材料下单图（图 2.2.2-13、图 2.2.2-14）。

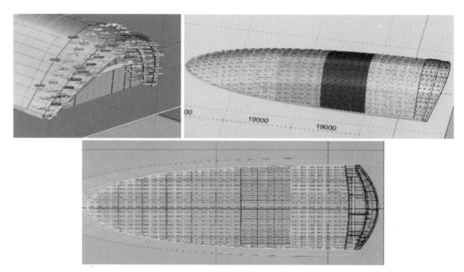

图 2.2.2-13　云谷罩棚铝板与玻璃的材料下单图（1）

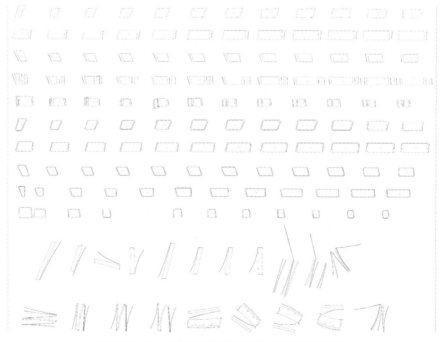

图 2.2.2-14　云谷罩棚铝板与玻璃的材料下单图（2）

2.3　新型工业化装配式装饰技术发展

随着时代的发展，技术的更迭，以及产业化的集成，在装饰及幕墙领域内形成了建构一体化、装配式、工业化的趋势，这些技术在铁路站房中的应用已十分成熟，既符合国家倡导的绿色、环保、节能的方针政策，又满足了国铁集团倡导的"重结构、轻装饰、简装修"的设计指导原则，不仅可以将设计意图完美诠释和呈现，而且工序简洁、施工便利。本节将通过知识点归纳结合案例的进行具体描述。

2.3.1　建构一体化装饰技术

在建构一体化装饰技术的应用实践中，既要符合装饰的观感美，又要达到绿色环保的节约效果。通过技术和管理创新，在设计初期阶段，建立完整的建筑效果控制模式和管理要素，在施工阶段，加强装饰设计和装修施工之间的联系，将建筑结构特点合理地融入建筑装饰中，实现装饰装修与结构的有机结合，利用装饰的表现手法将结构的素颜之美突显出来。

杭州南站项目从设计初期便将建构一体化装饰技术作为重点进行了深入研究。最终在灰空间、金属铝管帘吊顶、十字形钢柱、站台吊顶等部位实现了建构一体化设计，通过虚实结合的表现手法裸露结构本身，体现结构厚重沉稳之美，将钢结构的硬朗与简约的装饰相结合，大大增强了空间层次感和视觉表现力，完美呈现了建筑美的本质及化繁为简的设计语言。

1.轻盈简约的灰空间

"灰空间"也称为"泛空间"，由日本建筑师黑川纪章最早提出，本意指建筑与其外部环境的过渡空间。"灰空间"的存在能够使建筑的室内外空间更加协调融合。杭州南站借鉴了"灰空间"的设计理念，在南北立面幕墙外侧设置了灰空间，旅客乘车进站通过"灰空间"区域后到达站台，视觉效果是由明到灰再到暗，实现了空间的明暗过渡。

杭州南站"灰空间"外侧为铝板幕墙，内侧顶部、侧墙均为金属铝管帘装饰，与候车大厅内的管帘吊顶相呼应。在"灰空间"设计的时候十分重视建构一体化和装饰线条的综合运用，屋面钢构施工完成后"灰空间"骨架就已经基本形成，如果要将结构和建筑理念相结合，就对结构施工提出了较高的要求，施工时更应注重结构自身的施工质量和观感要求。

杭州南站"灰空间"内采用金属铝管帘、十字形钢柱、玻璃天窗的极简装饰，大面积裸露钢结构构件，体现工业风和素颜美，同时为确保列车营运安全，将管帘进行了壁厚和工艺优化，由1.2mm增加至2mm，连接方式由"一字形槽"改为"十字形槽"，大大增强了安全性（图2.3.1-1、图2.3.1-2）。

2.虚实结合的铝管帘

杭州南站候车大厅、"灰空间"等大空间区域均采用了金属铝管帘的吊顶设计。管帘吊顶采用2mm厚铝合金型材圆管，圆管直径100mm，圆管间的净间距100mm，吊灯部位圆管间距300mm。这种大量线条吊顶规律排布的表现手法，与吊顶之上的屋面钢桁架

图 2.3.1-1　灰空间实景图

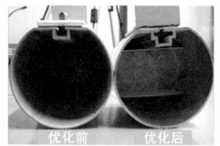

图 2.3.1-2　连接槽优化对比

结构形式呼应，体现出了建筑的韵律之美。铝圆管和屋面钢结构均以白色为基调，整体效果干净整洁、清新淡雅。在施工中，对金属铝管帘开展安装工艺研究，采用了单元板块组装后，结合 2mm 厚定位角码整体反吊的方式，实现了铝管帘吊顶整体平整、缝隙均匀、虚实对比的效果，即用钢结构突显铝管帘，同时铝管帘也映衬钢结构，建构一体化装饰技术体现得较为具体（图 2.3.1-3、图 2.3.1-4）。

图 2.3.1-3　金属铝管帘效果图

图 2.3.1-4　铝管帘南北实景图

3. 刚毅挺拔的十字形钢柱

杭州南站屋盖钢结构长 254.5m，宽 139.58m，屋面桁架最大跨度 42m，钢柱采用组合十字形钢柱，最大截面 1250mm×1250mm，板厚 35mm，共 32 根。十字形钢柱均采用涂刷氟碳漆的做法，候车厅地面距钢柱顶 13m，长细比为 10∶1。钢柱整体视觉纤细修长，配合半透明的管帘吊顶，使整个候车厅显得高雅大气。为实现十字形柱纤细修长的造型效果，结合候车厅的空间布局，对十字形钢柱表面装饰进行了优化。十字形柱表面经过了多达百遍的精细打磨，并采用超支化纤维胶泥进行结构塑形，使十字形柱表面平滑顺直、棱角清晰（图 2.3.1-5、图 2.3.1-6）。

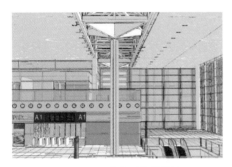 

图 2.3.1-5　十字形柱效果图　　　　　　图 2.3.1-6　十字形柱实景图

4. 安装即装饰的站台吊顶

杭州南站站台装饰受列车振动及风力影响较大，过于复杂的装饰可能对列车运营产生安全隐患。为确保营业线路运行安全，站台顶棚采用裸顶喷灰＋铝板灯槽的极简装修手法。站台顶棚采用深灰色喷涂，两个吊杆涂刷成与顶板近似的深灰色，照明条板灯采用白色基调，两者形成鲜明对比，灯光照亮时从远处看去仿佛灯槽悬浮于结构之下，更加凸显灯槽的效果。整体方案强本减末，既保证运营安全又实现装修简洁美观，与站房的工业风格装饰相匹配（图 2.3.1-7、图 2.3.1-8）。

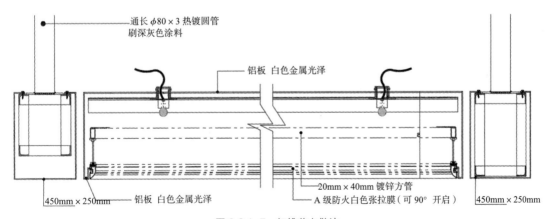

图 2.3.1-7　灯槽节点做法

图 2.3.1-8 站台顶棚效果

2.3.2 内部装饰工业化发展

作为对装修建造方式的深度变革，装配式装修是一种工业化程度更高、表现手法更丰富、成本更节约的装修方式。装配式装修带有标准化设计、工业化生产、装配化施工、信息化协同的工业化思维。2017 年住房和城乡建设部颁布的《装配式混凝土建筑技术标准》GB/T 51231—2016 和《装配式钢结构建筑技术标准》GB/T 51232—2016 中明确给出了装配式装修的定义，装配式装修是采用干式工法，将工厂生产的内装部品，在现场进行组合安装的装修方式。通俗来说，就是用工厂化生产的标准装修部品、部件代替现场加工的装修方式，多以干法安装的方式进行室内空间界面的处理，达到减工序、减手工、减浪费、减污染的"四减"目的，最终实现更精准、更快速的装修建造。

杭州西站的大吊顶雕花穿孔铝板、十字形天窗包梁铝板，双曲面检票罩棚的钢龙骨结构均运用了工业化设计手段，装配化施工工艺。

1. 杭州西站大吊顶工业化装配式施工技术

杭州西站候车层吊顶面积约 5.8 万 m²，吊顶分为十字形天窗与四个象限两大区域，设计理念为四朵白云飘浮于天空。十字形天窗区域的"天空"采用钢构下包铝板＋透光张拉膜的形式，四个象限区域采用双曲面雕花穿孔铝板组成四朵"白云"（图 2.3.2-1）。

图 2.3.2-1 候车大厅吊顶模型图

（1）雕花穿孔铝板双曲面装配式施工技术

"云朵"雕花穿孔铝板以三角单元板块为基本单元，单元板块之间设置 70mm 凹槽缝隙拟合形成双曲面造型。三角单元板块内采用长条形平面板块密拼拼接。存在的问题是钢结构网架为四边形单元，吊顶受力点为四个网架球节点。为了使安装单元与钢结构网架平面布置相匹配，将 2 个三角形单元板块合并为一个四边形单元板块，形成基本装配单元板块进行装配化施工。同时，四边形安装单元板块中的两个三角形基本单元板块按照犀牛（Rhino）模型的拟合角度来进行组拼（图 2.3.2-2）。

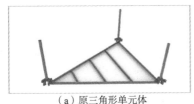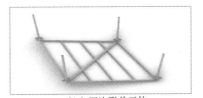

（a）原三角形单元体　　　　　　　（b）四边形单元体

图 2.3.2-2　雕花穿孔铝板三角形单元体优化为四边形单元体

为了获得钢结构网架球型节点的精准空间定位，对已施工完成的钢结构进行三维扫描建模，获得现场钢结构基础模型数据。以钢结构模型为基础，采用犀牛（Rhino）软件对雕花穿孔铝板进行施工建模。

通过对单元板块定位支撑"胎架"的 50mm 间距以及铝板之间 70mm 的凹槽缝隙进行调整，实现单元板块的平板拼接达到整体双曲造型的效果。为实现单元装配板块空间定位精准可控，在单元板块龙骨与屋面钢网架之间设计专用转接件，满足单元板块的微调节。通过犀牛（Rhino）软件对大吊顶进行建模，利用犀牛（Rhino）软件模型的数据出具料单，工厂按照料单进行加工。

杭州西站双曲雕花穿孔铝板采用单元板块装配式反吊的方式，首先，利用"胎架"在地面操作台上进行精准拼装；其次，吊装就位后通过专用转接件对空间连接点进行空间微调节与固定，提高安装精度，实现了工业化加工、装配化作业，提高劳动效率，保证了安全性，提升了装饰效果（图 2.3.2-3、图 2.3.2-4）。

图 2.3.2-3　四边形单元板块吊装　　　　　图 2.3.2-4　穿孔铝板吊顶反吊安装

（2）十字形天窗包梁铝板装配式施工技术

杭州西站候车厅屋顶十字形天窗区域白天满足采光的需求，夜晚亮灯后灯膜实现泛光效果。该区域采用钢结构梁包白色铝单板，中空区域安装张拉膜的装修方案。十字形天窗区域包梁铝板的施工，同样运用工业化生产的理念。首先对铝板构件进行工厂加工，利用犀牛（Rhino）软件建模后提取相关参数下单，然后铝板加工好后在现场地面上组装成三角形拼装单元。最后利用汽车吊和高空作业车进行整体反吊法施工（图2.3.2-5、图2.3.2-6）。

图 2.3.2-5　包梁铝板单元地面拼装

图 2.3.2-6　包梁铝板单元吊装

2. 福州南站装配式石材干挂内幕墙施工技术

福州南站优化室内石材幕墙工艺,龙骨采用全装配式工艺节点,石材为25mm花岗石,经过进行建模受力分析计算,采用吊挂式石材幕墙。

通过现场复核尺寸，精准计算转接件尺寸，完成主次龙骨及转接件工厂化定制。现场通过全站仪、水准仪，精准定位轴线、控制线、主次龙骨定位线、吊顶完成面线，实现现场装配式安装。主龙骨采用60mm×60mm×4mm（40mm×60mm×4mm）热镀锌方钢，次龙骨采用L50×5热镀锌角钢，用不锈钢螺栓连接。主龙骨根部及分段连接处做套芯处理，留20mm伸缩缝，次龙骨安装时可进行横向、纵向调节；石材安装采用专用挂件和M8背栓安装。减少现场焊接，工人操作简单高效（图2.3.2-7～图2.3.2-10）。

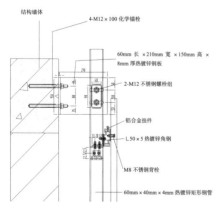

图 2.3.2-7　幕墙龙骨构造示意图

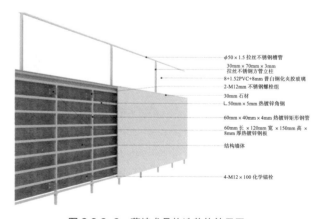

图 2.3.2-8　幕墙龙骨构造整体效果图

图 2.3.2-9　龙骨安装完成后的实景图

图 2.3.2-10　幕墙成品效果实景图

3. 杭州西站信息机房一体化装配式装修技术

机房装饰工程是一项系统工程，是现代科学技术和装饰艺术的高度融合。高铁信息机房与行车安全直接相关，装饰工程必须满足机房内复杂的电子设备和机电设备的各项技术要求，装饰材料的选择要满足吸声、防火、防潮、防变形、抗干扰、防静电等要求。机房一体化装修在综合考虑空间设计、电源系统、空调设备、消防设备、照明设备融合一体的前提下，对装修材料（构件）进行工业化设计，装配式安装，满足建筑、电气、安装、网络等多专业的技术需求，并达到装饰效果要求。

杭州西站信息机房采用了装配式一体化装饰技术，地面为防静电通风活动地板、墙面为模组化彩钢板、顶棚为方形铝扣板。机房墙、顶、地进行了一体化设计，轻钢龙骨连接成一个整体的钢质屏蔽骨架，金属材质的装修材料进行了电气连接，既形成了法拉第笼电磁屏蔽体，又实现了装配化施工，装修工程便捷、高效、美观、协调、舒适（图 2.3.2-11、图 2.3.2-12）。

图 2.3.2-11　机房内机柜安装

图 2.3.2-12　穿孔铝扣板顶棚

机房防静电活动地板，排版时预留空调出风口、玻璃检修口、管线出口等功能需求。机房内设备可在地板下进行自由的电气连接，便于布线和维护，使机房整洁美观。保护各种电缆、电线、信号线及插座，使其不受损坏，有利于设备底部的维修、维护（图 2.3.2-13、图 2.3.2-14）。

图 2.3.2-13　活动地板及玻璃检查板

图 2.3.2-14　内衬岩棉彩钢墙面板安装

机房墙面采用甲级单面彩钢板墙面，彩钢板内衬岩棉板，表面材质采用烤漆钢板、抗静电钢板。彩钢板表面平整光滑、整体性能良好、防火、防水、防潮、隔声、屏蔽、防尘、防静电、易清洁、不易变形。踢脚线采用不锈钢踢脚，高度为100mm。模组化设计的彩钢板活动墙面，安装方便、组合自由、轻松应对使用单位未来对空间变更、设备更新等诸多诉求。

顶棚采用铝合金微孔金属板，在顶棚以上到结构楼板的空间作为机房的回风风库，当不作为风库时，可用来布置通风管道、安装固定照明灯具及走线、安装固定自动火灾探测器，防止灰尘下落。顶棚的主龙骨、副龙骨在龙骨的连接、交叉处都要用自攻螺钉紧固加强连接，并在周边墙板连接处将龙骨与金属墙板连接为一体。

4. 城市通廊圆角方柱装配化铝板安装技术

杭州西站城市通廊的圆角方柱为外包铝单板装饰面。方柱外包铝板的施工工艺已经非常成熟，杭州西站在传统外包铝板施工工艺基础上进行了工业化施工的技术改进，实现了工厂化生产，装配化安装。包柱铝板采取无胶缝密拼形式，由四块平板、四块圆角板组成。铝板安装采用不打钉的卡扣式挂装结构，上下板块水平密缝拼接，左右板块之间设置竖向20mm×20mm凹槽。此安装方式现场操作简单，施工效率高，拼缝美观，方便拆卸，有利于后期维护更换或内部增加管线（图2.3.2-15～图2.3.2-18）。

图 2.3.2-15　柱面铝板安装效果

图 2.3.2-16　铝板挂装节点照片

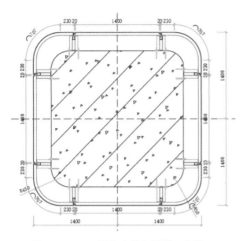

图 2.3.2-17 圆角方柱包铝板示意图

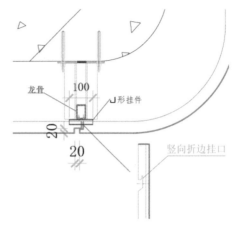

图 2.3.2-18 铝板装配式挂装节点图

5. 杭州南站检票口铝方通格栅装配化施工技术

杭州南站的检票厅墙面、顶面均为铝格栅装饰，铝方管数量众多，顺直度控制难度大。采用了工业化生产与装配化安装的施工方法。将墙体每一格作为一个安装单元，单元内铝方通与一侧的实心穿孔铝板分隔条在现场胎架上组合拼装为一个基本单元，然后逐个单元插接连接。单元板块与墙体龙骨间采用了卡扣式装配挂接构造。为保证格栅稳定性及线条的平滑顺直，将竖向1cm厚空心铝型材分隔条调整为实心铝板激光切割开孔，切割面在工厂进行精细打磨处理，精度控制在 0.1mm 内（图 2.3.2-19 ~图 2.3.2-21）。

图 2.3.2-19 检票口铝格栅安装效果

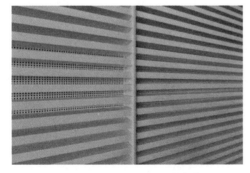

图 2.3.2-20 相邻单元板块插接

图 2.3.2-21 单元板卡扣式挂钩安装

2.3.3 围护体系工业化

围护体系工业化，即幕墙和外装饰的工业化发展，其中装配式工法是幕墙行业未来发展的方向，装配式幕墙避免了构件式幕墙工期长、单元式幕墙价格高昂等缺点，同时大量运用栓锚工艺进行构造处理，安全耐久，施工方便快捷。

装配式幕墙主要特点如下：

幕墙构件尽可能在工厂整体预制，现场整体吊装，工期短，环保节能，减少现场大量的焊接作业；

幕墙宽度分格不局限于一跨或者多跨，高度分格也不局限于楼层的限制，可根据实际工程的体量及施工场地条件限制，确认组件不同的装配规模；

幕墙立柱按需选择，无公母料对插的严格要求，选材多样化，系统多样化；

幕墙系统防水灵活多样化，可按空隙进行构造式防水，也可按现场打胶密封式防水；

幕墙与主体结构的锚固连接须满足结构受力要求和构造要求，并满足方便现场吊装的要求；

为方便加工组装、运输和现场吊装，可增加辅助杆件，在吊装完成后再拆除；

杭州西站的外云谷，郑州南站的高架层大包柱，檐口大吊顶均为装配式幕墙、工业化实践的典型代表。

案例一：

杭州西站外云谷空间高大，设计形式为三段式渐变三维拱面，施工难度大，为提高材料的加工安装精度，完美呈现三维曲面形式，优化设计成装配式幕墙体系。首先将每榀单元板块间的连接节点做优化，将传统L形角码改成直板连接方式，固定在龙骨侧面，避开开缝位置，避免外漏，影响整体观感。整体铝板骨架采用 60mm×40mm×4mm 热镀锌钢方管，表面采用 3mm 铝板（图 2.3.3-1、图 2.3.3-2）。

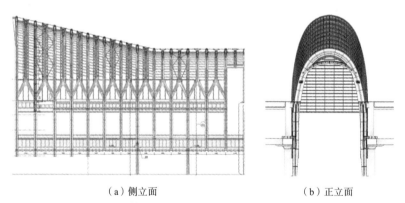

（a）侧立面　　　　　　　　　　　（b）正立面

图 2.3.3-1　杭州西外云谷立面图（由多个异形拱门组成）

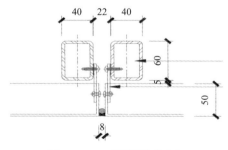

图 2.3.3-2　铝板拼接节点图

由于项目工程体量大、空间高，为降低操作难度，提高装配效率，将每跨内外两面均分成 10 个装配单元体（AB 面）整体提升安装（图 2.3.3-3）。

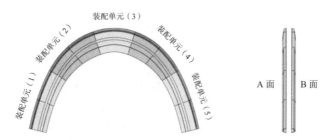

图 2.3.3-3　单跨装配划分图（每跨由正背面各 5 个单元组成）

结合既有的施工经验，将三维模型中的铝板分格，垂直投影到平面上，形成平面定位网格，在现场弹线找到相应的三维转二维垂直投影点，依据铝板与主次龙骨连接的位置关系，确定龙骨点位。如此，可得到精准的龙骨定位尺寸，再在地面拼接出龙骨"胎架"。实现高空作业转地面作业，既控制了精度又提高了制作效率。再结合铝板单元组装图，安装防水钢板和表皮铝板，形成吊装单元后，利用吊车整体提升至拱形钢梁处安装。

具体施工顺序：根据模型找出龙骨定位控制点→犀牛（Rhino）参数化统一下单→现场地面拼装→板块整体吊装。

案例二：

郑州南站高架层包柱及大檐口均采用了装配式铝板幕墙。

以铝板包柱为例，按常规幕墙施工做法，等现场完成主钢构的施工，后续需在空间位置寻找铝板幕墙骨架的空间定位点，不但成本高且难以控制铝板骨架准确位置，无法实现铝板轮廓定位，继而难以实现铝板的下单生产；深化设计过程中，将包柱铝板设计成装配式铝板，利用主钢构生产加工模型，只要将主钢构控制在理论误差范围内，铝板幕墙装配就非常简单快捷。在钢结构主体施工期间，同步完成铝板单元系统的生产，实现进场即安装，无需二次测量定位安装龙骨系统（图 2.3.3-4、图 2.3.3-5）。

图 2.3.3-4　郑州南站台铝板包柱施工过程图

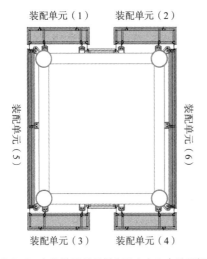

装配单元（1）　装配单元（2）

装配单元（5）　　装配单元（6）

装配单元（3）　装配单元（4）

图2.3.3-5　包柱装配单元划分图（由6个单元组成）

图2.3.3-6　郑州南站台铝板包柱完工图

　　如图2.3.3-6所示，站台大檐口吊顶也是该项目另一施工难点，大面积的白色檐口吊顶铝板平整度较难控制。深化设计过程中，将大顶棚分割成若干个单元板块，首先解决单元板块的平整度，整体拼装后形成大顶棚，以解决大顶棚的平整度问题。首先在工厂完成铝板及骨架的生产装配工作，通过工装保证铝板面的平整度，现场仅需通过螺栓调节有限几个点即可保证整体平整度（图2.3.3-7）。

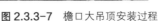

图2.3.3-7　檐口大吊顶安装过程

2.4　新型装饰材料的应用与发展

　　随着科技的发展和技术的进步，新型材料和新型工艺的创新层出不穷，尤其是新材料在高铁站房的应用取得了非常显著的成效。材料作为建筑的外在表达语言，在选材时需要充分了解其特性并采用适当的构筑方式，以呈现建构的逻辑性，达到经济艺术的目的。

　　铁路客站建设过程中新型材料的创新应用，赋予了每座精品客站独有的魅力。站房建设的发展史也是一部新材料、新工艺的进化史。建筑形态的实现从木构造、砖石构造发展到以钢筋混凝土、钢结构、玻璃构成的现代建筑。建构方式的改变对建筑的表现形式起到积极的推动作用。交通建筑得益于大跨度结构体系的技术发展，建筑规模和空间形式也有了规模的飞跃和形式的多样。层出不穷的新型装饰材料极大丰富站房装饰的效果表现。在绿色能源，绿色建造的背景下，发明创新了大批轻质高强、防火性能良好的绿色环保材料。如陶板幕墙、彩色混凝土、泡沫金属、3D 打印材料、气凝胶等新型材料。在未来的铁路客站的建设中，新型绿色节能材料将成为新材料探索发展的方向和趋势，如陶瓷纤维、Low-E 玻璃、LED 照明灯具、PVC 型材乃至防火木结构、竹结构等将迎来广阔的发展前景。

2.4.1　装饰材料的分类

按国家标准《建筑材料及制品燃烧性能分级》GB 8624—2012 的规定，装饰材料按燃烧性能等级应划分为 A 级、B1 级、B2 级、B3 级四类，分别是不燃材料、难燃材料、可燃材料、易燃材料；高铁站房属于人流密集型场所，要求所有的装饰材料均达到燃烧性能等级 A 级。按使用部位和功能，可划分为顶棚装修材料、墙面装修材料、地面装修材料、隔断装修材料、固定家具、装饰织物、其他装修装饰材料七类。下面以高铁站房装饰材料为例，根据使用部位不同分为 6 大类：

（1）地面装饰材料：铁路客站对地面装饰材料有其特殊的管理要求，耐久性好、易更换、易保洁、安全是地面选材用材最主要的四个特征，常用的地面装饰材料，一般是花岗石、瓷砖，这类材料最经济、可靠，并兼具文化艺术性；装饰地毯、塑胶地板、不锈钢、铝型材、铜材、钢板等特殊装饰材料，多用在贵宾室、商务候车、母婴室、室内引导线、变形缝等小空间和特殊部位。与接送旅客相关的停车道、停车场等部位，广泛应用高强水泥、无机耐磨材料、沥青等。近年来，一些新型的地面建材、如新型水磨石瓷砖、无机磨石系统、耐久性强的无机复合地坪等，随着技术和设备工艺的进步，正逐步应用于铁路客站建设中。

（2）墙面装饰材料：目前高铁站房的墙面装饰材料需要满足燃烧性能等级 A 级要求，常用的装饰材料以玻璃、铝板、石材等材料为主。伴随着新型装饰材料的不断涌现，墙面的装饰材料也呈现多样化的发展，陶板、无机磨石、GRG 板、阳极氧化铝蜂窝复合板、覆膜铝板等新型材料的应用，取得了非常好的装饰效果。

（3）顶部装饰材料：顶棚需要整合隐蔽工程的点位，满足消防镂空率的要求，因此顶面的装饰材料以铝条板、冲孔铝板、垂片、铝拉网等材料为主。为满足国铁集团"经济艺术"的要求，目前在基本站台，出站通廊等有较高安全要求及快进快出的空间采用结构裸顶结合仿清水混凝土的手法，简化装修，达到建构一体的装饰效果。随着高铁站房 TOD 的功能升级，超大型站房在满足交通出行的基础上同时也承载了大量的商业功能，结构体系更加复杂。大跨度钢结构体系结合 ETFE 膜结构的设计，为空间带来了充足的自然光线，同时也满足了复合型功能对空间品质的更高需求。

（4）幕墙装饰材料：高铁站房幕墙所选用的材料应符合现行国家标准、行业标准，尚无相应标准的材料应满足设计要求，并经专项技术论证。幕墙材料应满足安全性、耐久性、环境保护和防火要求。幕墙材料不应采用在燃烧或高温环境下产生有毒有害气体的材料。积极采用鉴定合格的环保、节约资源及可循环利用的新材料。常用的幕墙装饰材料，一般是玻璃、石材、铝板等。近年来，由于建设精品站房的要求，一些新型的幕墙装饰材料、如兼具环保与耐久性的陶板、平整度高的蜂窝铝板、适用于复杂异形造型的 GRC 板等，正逐步应用于铁路客站建设中，给铁路客站带来更多艺术表现力。

（5）功能性装饰材料：高铁站房的装修设计首先要以满足功能为主，在安全可靠的前提下，兼具美观要求。如候车大厅、站台层的玻璃栏板需采用安全性高的夹胶玻璃。候车厅内独立的消火栓与景观座椅、绿化相结合，在满足功能的前提下，也起到了美化空间的作用。

（6）文化艺术类装饰材料：作为反映地域文化特征的文化艺术设计是高铁站房传达城市形象，体现"一站一景"的重要组成部分，使用的材料着重表现中国优秀的传统手工艺及精湛的工匠精神，创造了一批优秀的艺术作品，如中国传统的大漆工艺、蛋壳漆画工艺、掐丝珐琅工艺、金属雕刻工艺、立体渐变玻璃等传统工艺与新型材料相结合的手法，创造性地呈现了当地的人文历史和地域文化。

2.4.2 幕墙新材料的应用

1.陶板

目前国内陶板材料应用较为广泛，技术发展也比较成熟，诸如陶土板百叶、双层陶板、保温陶土板、隔声陶土板幕墙等都已在项目中成功应用。其浓厚的人文气息、极富古典的艺术气息赋予建筑庄重而强烈的艺术美感。多用于高档写字楼、办公楼大厅以及地铁车站、火车站候车大厅、机场候机大厅、影视剧院等。

陶土板幕墙属于构件式幕墙，通常由横料或横、竖料（龙骨）加上陶土面板组成。除具有常规玻璃、石材、铝板幕墙所具有的基本特征外，基于陶土的特点，先进的加工工艺和科学的控制手段，在外观、性能上有如下优点：

（1）材料环保：由天然陶土配石英砂，经过挤压成型、高温煅烧而成，没有放射性，耐久性好。

（2）颜色历久弥新：颜色为天然陶土本色，色泽自然、鲜亮、均匀，不褪色，经久耐用，赋予幕墙持久的生命力。

（3）易洁功能显著：表面可分为釉面和毛面两种。釉面陶板室内外均适用，具有良好的易洁功能，比天然石材更不易污染。毛面陶板适用于室内。

（4）性能卓越：陶板幕墙技术性能稳定，抗冲击能力强，满足幕墙的风荷载设计要求；耐高温、抗霜冻能力强；陶板幕墙阻燃性好，安全防火；陶板中空的结构使之降噪效果好，自重轻；陶板的高强度能够满足不同尺寸的随意切割要求。

（5）结构合理，安装方便：干挂系统的组合安装设计，在局部破损的情况下陶板可单片更换，维护方便；陶板幕墙设计结构合理、简洁，能最大地满足幕墙收边、收口的局部设计需要，安装简易方便，无论是平面、转角或其他部位，都能保持幕墙立面连贯、自然、美观。

（6）兼容性好：陶板幕墙具有温和的外观特质，容易与玻璃、金属搭配使用。陶板幕墙可以减少光污染，增强墙面的抗震性能。

（7）配套成本低：由于陶板重量轻，因此陶板幕墙龙骨结构要比石材幕墙更为简易、轻巧，节约幕墙配套成本。

（8）陶板规格：陶板常规厚度为15～30mm不等，常规长度为300mm、600mm、900mm、1200mm，常规宽度为200mm、250mm、300mm、450mm等。陶板还可以根据不同的安装需要进行切割，以满足表达建筑风格的需要（图2.4.2-1）。

图 2.4.2-1　丰台站外立面陶板　　　　　　　图 2.4.2-2　杭州西站蜂窝铝板

2. 蜂窝铝板

蜂窝铝板具有质量轻、强度高，尤其是刚度高的特点，普通铝塑板和铝单板的刚度无法与其相比。板面特别平整，作为外装饰金属幕墙板，其装饰效果尤其突出。具有零色差、隔声、隔热、不燃，现场易加工等众多优异性能，避免了铝塑板和铝单板的缺陷，是外墙装饰最理想的建筑材料，在金属幕墙中应用越来越广泛（图2.4.2-2）。

蜂窝铝板构造：采用高强度合金铝板作为面板与底板，中间用航空粘合剂内粘六角铝箔蜂窝芯，经热压复合成型并在铝板表面施加装饰性或防腐蚀性涂层的一种高档三层全铝结构装饰板材。

蜂窝铝板特点：板材平整度高、安装方便快捷、板材重量轻、强度高、可满足大块面的装饰需要、蜂窝状芯材有利于提高材料的保温性能。

3. GRC（玻璃纤维增强混凝土）异形板

GRC（玻璃纤维增强混凝土）是以耐碱玻璃纤维作增强材料，以硫铝酸盐低碱度水泥为胶结材并掺入适宜集料构成基材，通过喷射、立模浇筑、挤出、流浆等生产工艺而制成的轻质、高强高韧、多功能的新型无机复合材料，与混凝土同等性能及寿命，是一种可再生循环利用的绿色建筑材料（图2.4.2-3）。

优良特性：

抗爆性、抗振性好：GRC制品中均布的玻璃纤维能够有效地防止制品的均裂。GRC变形能力大，抗裂性能强，其抗极限应变可达12000～16000μm。

耐冲击性能优越：GRC制品受到破坏时能大量吸收能量，因此耐冲击性能优越（抗冲击强度25kg/cm）。

强度高，自重轻：抗弯强度达200～300kg/cm，制品薄（可做3～10mm的壁厚），自重轻。

适用于复杂造型：GRC制品加工方便，能做成各种异形制品，赋予设计人员充分的创造力，适应性十分广泛。

环保：GRC 制品为无机复合材料，阻燃、无异味、对人体和环境均无伤害。

耐火性能好：GRC 是一种完全不燃烧的材料。由于纤维在水泥中有高度的阻裂作用，也可作为钢结构、钢筋混凝土表面的覆盖材料，可提高构件的耐火性能。

耐久性好：安全使用期在 60 年以上，强度半衰期超过 100 年。

图 2.4.2-3　黟县东站外立面 GRC　　　　　图 2.4.2-4　随州南站 ETFE 膜

4. 新型膜材料 ETFE（乙烯 - 四氟乙烯共聚物）

近些年随着 ETFE 等新型膜材的出现，在大空间、大跨度、艺术性强的复杂形体的应用方面具有明显优势，轻盈舒展的钢 - 索膜结构备受建筑师的青睐。

近些年国内涌现出了一大批有代表性的大跨度、复杂空间钢 - 索膜结构，比较有代表性的如国家游泳中心"水立方"、天津滨海站（原于家堡火车站）及丰台站、随州南站等均采用该材料。

在汉十铁路上的随州南站是目前国内第一个采用大跨度单元体钢结构 + 单层双曲 ETFE 索膜结构的复杂形体高铁站房（图 2.4.2-4）。

材料性能：

ETFE 是最强韧的氟塑料，它在保持了 PTFE 良好的耐热、耐化学性能和电绝缘性能的同时，耐辐射和机械性能有很大程度的改善，拉伸强度可达到 50MPa，接近聚四氟乙烯的 2 倍。ETFE 是一种坚韧的材料，各种机械性能达到较好的平衡，具有抗撕拉极强、抗张强度高、中等硬度、出色的抗冲击能力、伸缩寿命长等特点。ETFE 还通过了严格的抗燃测试，如 IEEE 383，获得 UL 94 V-0 等级。对大多数化学物质的物理属性影响小，对普通气体和水汽的渗透性低。

ETFE 膜使用寿命为 25 ～ 35 年，是用于永久性多层可活动屋顶结构的理想材料。该膜材料多用于跨距为 4m 的两层或三层充气支撑结构，也可根据特殊工程的几何和气候条件，增大膜跨距。膜长度以易安装为标准，一般为 15 ～ 30m。小跨度的单层结构也可用较小规格。

ETFE 膜材料达到 B1 级、DIN4102 防火等级标准，燃烧时不会滴落，且该膜重量轻，每平方米只有 0.15 ～ 0.35kg。这种特点使其即使在由于烟、火引起的膜融化情况下也具有相当的优势。

5. 彩色混凝土外墙板

普通混凝土的最大不足之处是外观色彩单调、灰暗、呆板，给人以压抑感。于是人们设法使普通混凝土的表面上具有一定的色彩、线条、质感或花饰，产生一定的装饰效果，达到设计的艺术感，这种具有艺术效果的混凝土称为装饰混凝土，是一种绿色装饰材料。

彩色混凝土外墙板集装饰与功能于一体，充分利用混凝土的可塑性和材料的构成特点，在墙体、构件成型时采取适当措施，使其表面具有装饰性的线条、图案、纹理、质感及色彩，以满足建筑在装饰方面的要求，因此，装饰混凝土又被称为"建筑艺术混凝土""视觉混凝土"。以目前发展的趋势，在站房建筑装饰特别是在外墙装饰中，彩色混凝土外墙板的应用比例已越来越高。随着装饰混凝土质量和性能的不断改进和品种的不断增加，装饰混凝土的应用必将越来越广泛（图2.4.2-5）。

图2.4.2-5　林芝站外立面彩色混凝土板　　　　**图2.4.2-6**　西双版纳站镀锌铝板

6. 镀铝锌板

镀铝锌板表面具有光滑、平坦和华丽的星花等特征，基色为银白色。特殊的镀层结构使其具有优良的耐腐蚀性。镀铝锌板正常使用寿命可达25年，耐热性很好，可用于315℃的高温环境；镀层与漆膜层的附着力好，具有良好的加工性能，可以进行冲压、剪切、焊接等，表面导电性很好（图2.4.2-6）。

镀层成分按重量比率分别由55%的铝和43.4%的锌，1.6%的硅组成。镀铝锌板的生产工艺与镀锌钢板和镀铝板的工艺相似，是连续熔融镀层工艺。55%铝锌合金镀层的镀铝锌钢板，当双面暴露于同样的环境时与相同厚度的镀锌钢板相比具有更优越的耐腐蚀性。55%铝锌合金镀层的镀铝锌钢板不仅具有良好的耐腐蚀性，彩涂产品更具有优秀的附着力和柔性。数据显示，55%镀铝锌的综合防腐性能为相同厚度镀锌的4倍。

材料性能：

耐久性好：铝在空气中，可形成不能溶解的氧化物层，在其中起屏障保护作用。

耐热性好：镀铝锌板可用于高达315℃的高温环境。

反射性好：镀铝锌板具有高反射率，它的热反射率几乎是镀锌钢的2倍，非常适合运用于钢构金属屋顶，节能效果好。

2.4.3　室内装饰新材料的应用

近年来，室内装饰新材料层出不穷，一大批独具特色的精品铁路客站在内装的选材上独具匠心。为了更好地体现地域文化特征，创新性运用陶板、彩色混凝土外墙板、GRG异形板等新型装饰材料，并取得了显著的效果，下面以丰台站、杭州西站、嘉兴南站为例，积极探索新型装饰材料在铁路客站中的运用。

图 2.4.3-1　丰台站外立面陶板

图 2.4.3-2　丰台站内装陶板

1. 陶板

丰台站整体设计理念着重体现"喜庆、丰收、辉煌"的设计主题，装饰材料采用色彩丰富的陶板，通过不同层次色彩渐变来表达设计理念。以天然陶土为主要原材料的陶板具有绿色环保、节能、防潮、隔声、透气、色彩丰富等诸多优点，材料本身质朴的质感也与丰台站的设计定位相契合（图 2.4.3-1、图 2.4.3-2）。

图 2.4.3-3　杭州西站 GRG 异形板

2. GRG

杭州西站候车大厅临空面大面积采用 GRG 异形板，避免了传统铝板加工易变形、立面分缝多的缺陷。墙面采用香槟银铝蜂窝复合板，解决了超大铝板平整度的难题（图 2.4.3-3）。

3. 无机磨石

嘉兴站墙、地面采用无机磨石现浇打磨的施工工艺，实现了墙、地一体化的视觉效果。整体空间现代简洁，呼应了站房极简的风格（图 2.4.3-4）。

4. PVDF 膜

杭州西站候车厅大吊顶十字形天窗处

图 2.4.3-4　嘉兴南站无机磨石

采用双层膜结构系统，起到调节过滤光线的作用。在材料选择上，优选机械强度和坚韧度高、高耐磨性、阻燃、低烟、抗紫外线、抗冲击性能和耐候性良好的进口 PVDF 膜，满足设计对透光性能和耐老化阻燃性能的要求（图 2.4.3-5、图 2.4.3-6）。

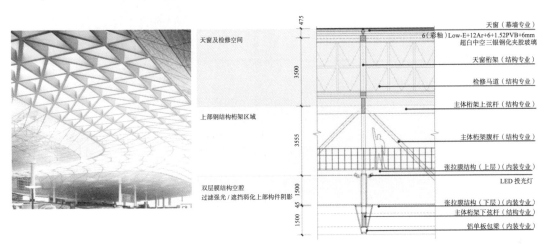

图 2.4.3-5　杭州西站双层膜系统施工节点

图 2.4.3-6　杭州西站大顶棚十字形天窗膜结构

5. 水磨石瓷砖和面砖

杭州西站的卫生间墙地面选用 600mm × 1200mm 的水磨石瓷砖，其优点在于其具有耐磨性能好、耐久性强、色泽保持性好等特点，从材料的性能指标来看，瓷砖燃烧性能等级为不燃级，具有耐腐蚀、耐污损、无异味等特征；其表面硬度可达 6 ~ 8 级，且地面整体铺装时不需要设置温度伸缩缝（图 2.4.3-7）。

6. 覆膜铝板

在铝单板的表面覆一层 PVC 或 PET 膜，应用于公共空间中，具有抗油烟、耐磨损、防潮湿、触感好、效果美观等优势，同时其机械加工性能强，延展性高，尤其是在折弯处不溢白、不爆裂，嘉兴站贵宾厅入口处的弧形造型应用了此种材料（图 2.4.3-8）。

图 2.4.3-7 卫生间 – 水磨石材料

图 2.4.3-8 嘉兴南站贵宾厅入口覆膜铝板

2.4.4 文化艺术表现材料的使用

现阶段，我国社会的主要矛盾是人民日益增长的美好生活需要和不平衡不充分的发展之间的矛盾。随着人民生活水平的提高，人民对精神文化生活的需求也日益增长。高铁站房建设紧跟经济发展的步伐，打造具有文化艺术表现力的精品站房也成为现阶段的发展方向。文化艺术性的材料应用也积累了丰富多样的成功案例，下面以清河站、丰台站、雄安站为例，通过对传统手工艺的创新应用，将中国传统文化用现代的手法融入高铁站房建设中。

清河站集散厅墙面马赛克壁画以"天地合德，百年京张"为创作主题，主壁画将新老京张的建设历程进行艺术化提炼与表现。站房、桥梁、隧道、火车、盾构机、架桥机、铺轨机等元素无处不体现着技术的进步，进而表现出京张铁路精神的传承与弘扬。地面点缀铜板金属雕刻"人字形""苏州码子"等元素，体现出浓郁的铁路文化（图 2.4.4-1、图 2.4.4-2）。

图 2.4.4-1 清河站墙面马赛克文化墙

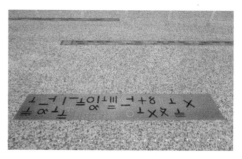

图 2.4.4-2 清河站地面金属装饰

丰台站匾额采用中国传统的大漆工艺结合掐丝珐琅镶嵌工艺，将中国优秀的传统手工艺运用到铁路站房的设计中（图 2.4.4-3）。

候车大厅立柱以文化元素做为装饰点缀，充分发挥高铁站房作为城市形象窗口的作用，并传达地域文化。立体渐变玻璃、蛋壳漆画工艺、石材马赛克等新材料与新工艺的组合应用，可以呈现出丰富的色彩及材质肌理效果，中央光廊 287m 3D 打印背漆玻璃长

图 2.4.4-3　北京丰台站匾额

卷，体现北京山峦起伏的地形地貌（图 2.4.4-4、图 2.4.4-5）。

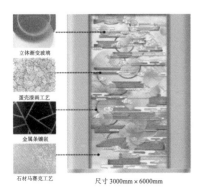

图 2.4.4-4　丰台站柱面文化元素

图 2.4.4-5　丰台站 3D 打印玻璃

雄安站千年轮是为站房单独创作的一件数字艺术装置，是对信息化高速发展的时代做出回应的互动产品。进站玻璃盒子结合古人对二十四节气的描写，文字采用有机玻璃雕刻后填色结合镀金、珐琅等传统工艺，体现了中国博大精深的传统文化与工艺之美（图 2.4.4-6、图 2.4.4-7）。

图 2.4.4-6　雄安站千年轮

图 2.4.4-7　雄安站二十四节气

参考文献

[1] 习近平.习近平在清华大学考察时强调 坚持中国特色世界一流大学建设目标方向为服务国家富强民族复兴人民幸福贡献力量 [EB/OL].[2021-04-19] http://cpc.people.com.cn/n1/2021/0419/c64094-32082039.html.

[2] 交通强国建设纲要 [EB/OL]（2019-09-19）[2019-09-19]http://www.gov.cn/zhengce/2019-09/19/content_5431432.htm.

[3] 国家综合立体交通网规划纲要 [EB/OL].（2021-02-24）[2021-02-24]http://www.gov.cn/xinwen/2021-02/24/content_5588654.htm.

[4] 中华人民共和国国家发展和改革委员会中长期铁路网规划 [EB/OL]https://www.ndrc.gov.cn/xxgk/zcfb/ghwb/201607/t20160720_962188_ext.html.

[5] 陆东福.奋勇担当交通强国铁路先行历史使命 努力开创新时代中国铁路改革发展新局面：在中国铁路总公司工作会议上的报告（摘要）[J].中国铁路，2019（1）：1-8.

[6] 陆东福.强基达标 提质增效 奋力开创铁路改革发展新局面 [N].人民铁道报 2017-01-04.

[7] 王同军.中国智能高铁发展战略研究 [J].中国铁路，2019（1）：9-14.

[8] 卢春房.铁路建设管理创新与实践 [M].北京：中国铁道出版社，2014.

[9] 卢春房.高速铁路工程质量系统管理 [M].北京：中国铁道出版社，2019.

[10] 何华武.创新的中国高速铁路技术（上）[J].中国工程科学，2007（9）：4-18.

[11] 何华武.创新的中国高速铁路技术（下）[J].中国工程科学，2007（10）：4-18.

[12] 王峰，铁路客站建设与管理 [M].北京：科学出版社，2018

[13] 钱桂枫，蔡申夫，张骏，等.走进中国高铁 [M].上海：上海科学技术文献出版社，2019.

[14] 郑健，魏威，戚广平.新时代铁路客站设计理念创新与实践 [M].上海：上海科学技术文献出版社，2021.

[15] 卢春房.铁路建设标准化管理 [M].北京：中国铁道出版社，2013.

[16] 郑健.高铁客站建设管理体系构建与实践 [J].项目管理技术，2011（3）：46-51.

[17] 王峰.高速铁路网格化管理理论与关键技术 [J].石家庄铁道大学学报，2014（27）：51-54

[18] 钱桂枫.铁路精品客站建设实践与高质量发展研究 [J].中国铁路，2021（z1）：10-16.

[19] 王哲浩，甘博捷.铁路客站建设管理创新与发展研究 [J].中国铁路，2021（s1）：39-43.

[20] 王峰.新时代铁路客站建设的设计观念优化 [J].中国铁路，2021（z1）：6-9.

[21] 周铁征，杜昱霖.雄安站站城融合规划设计讨论 [C]// 中国"站城融合发展"论坛论文集.北京：中国建筑工业出版社，2021.

[22] 郑雨.基于新时代智能精品客站建设总要求的北京朝阳站建设策略 [J].铁路技术创新，2020（5）：5-18.

[23] 孟庆军，姚绪辉铁路站房精品工程创新研究 [J].中国铁路，2021（z1）：64-69.

[24] 吉明军，曾丽玉，殷雁.落实客站建设新要求全力打造铁路精品客站 [J]. 中国铁路，2021（z1）：135-139.

[25] 郑云杰.《绿色铁路客站评价标准》的研究与应用探讨 [J]. 铁路工程技术与经济，2017（3）：5-7，44.

[26] 黄家华.京张高铁清河站落实客站建设新理念设计创新探索与实践应用 [J]. 中国铁路，2021（z1）：139-143.

[27] 韩志伟，张凯.智能车站的实践与思考 [J]. 铁道经济研究，2018，26（1）：1-6.

[28] 王洪宇.铁路客站文化性设计研究 [J]. 中国铁路，2021（z1）：17-21.

[29] 周铁征，王青衣，贾慧超.精品客站设计技术研究与创新实践 [J]. 中国铁路，2021（z1）：22-26.

[30] 刘强，孙路静.铁路客站建设中的"文化振兴" [J]. 中国铁路，2021（z1）：33-38.

[31] 方健.京沪高速铁路上海虹桥站新建站房设计 [J]. 时代建筑，2014（6）：158-161.

[32] 赵鹏飞.高速铁路站房结构研究与设计 [M]. 北京：中国铁道出版社有限公司，2020.

[33] Eurocode Structures in seismic regions-design，Part 2：Bridges [S]. Brussels：European Committee for Standardization，1994.

[34] 米宏广，唐虎，常兆中，等.丰台站结构体系研究与设计 [J]. 建筑科学，2020（9）：142-147.

[35] JIZUMI M，YAMADERA N. Behavior of steel minfored concrete members undertorsion and bending fatigue[C]//International Association for Bridge and Structural Engineering IABSE Symposium. Brussels，1990（60）：265-266.

[36] 赵勇，俞祖法，蔡珏，等.京张高铁八达岭长城地下站设计理念及实现路径 [J]. 隧道建设，2020，40（7）：929-940.

[37] 张广平，薛海龙，王杨.雄安站建设新理念系统研究与创新实践 [J]. 中国铁路，2021（s）：50-57.

[38] 中华人民共和国国民经济和社会发展第十四个五年规划和二〇三五年远景目标纲要 [EB/OL]（2021-03-12）[2021-03-13]http：//www.gov.cn/xinwen/2021-03/13/content_5592681.htm.

[39] 智鹏，钱桂枫，林巨鹏.京津冀重点客站工程建造信息化智能化技术研究及应用 [J]. 铁道标准设计，2022（3）：1-9.

[40] 傅小斌，邵鸣.打造人文客站的理论意义与实践探索 [J]. 中国铁路，2021（S1）：

[41] 赵振利.绿色铁路客站创新实践与发展展望 [J]. 中国铁路，2021（S1）：89-94.